Markus Väth

Arbeit – die schönste Nebensache der Welt

MARKUS VÄTH

Arbeit – die schönste Nebensache der Welt

Wie New Work unsere Arbeitswelt revolutioniert

GABAL

Bibliografische Information der Deutschen Nationalbibliothek

Die Deutsche Nationalbibliothek verzeichnet diese Publikation in der Deutschen Nationalbibliografie; detaillierte bibliografische Daten sind im Internet über http://dnb.d-nb.de abrufbar.

ISBN 978-3-86936-720-0

Programmleitung: Dr. Sandra Krebs, GABAL Verlag
Lektorat: Anke Schild, Hamburg
Umschlaggestaltung: Martin Zech Design, Bremen | www.martinzech.de
Titelfoto: dinozzaver / shutterstock.com
Autorenporträt: Jurga Graf, München | www.photo-graf.de
Satz und Layout: Das Herstellungsbüro, Hamburg | www.buch-herstellungsbuero.de
Druck und Bindung: Salzland Druck, Staßfurt

www.gabal-verlag.de
www.twitter.com/gabalbuecher
www.facebook.com/Gabalbuecher

Inhalt

Arbeitszeit ist Lebenszeit – Wertewandel in der Arbeitswelt

Ein Vorwort von Thomas Vollmoeller

Die Arbeitswelt erlebt derzeit einen Paradigmenwechsel, wie es ihn seit der industriellen Revolution nicht gegeben hat. Erfolgte seinerzeit der Übergang von der Agrar- in die Industriegesellschaft während vieler Jahrzehnte, geschieht der heutige Wandel deutlich schneller. So verändert der heutige zentrale Treiber des Wandels, die Digitalisierung, unsere Arbeitsrealität in einer Radikalität, dass vielen Beobachtern mitunter schwindelig wird. Vormals grundsolide Unternehmen müssen aufgeben, andere, die erst seit wenigen Jahren existieren, sind Weltmarktführer. Traditionelle Tätigkeiten verschwinden, neue Jobs entstehen. In praktisch allen Branchen muss der einzelne Mitarbeiter Schritt halten und sich in früher ungeahnter Weise fortbilden und neuen Techniken anpassen.

Dieser Wandel bietet Herausforderungen und Risiken genauso wie Chancen und neue Möglichkeiten. Ein banaler Satz – aber er zeigt, dass jeder Einzelne von uns genauso wenig nur Spielball großer tektonischer Verschiebungen ist, wie wir es als Gesellschaft sind. Ich bin davon überzeugt: Wir haben die Möglichkeit, die Arbeitswelt zu einer besseren zu machen. Wir müssen es nur richtig anstellen. Was mich ermutigt, sind einige Entwicklungen der vergangenen Jahre. So erleben wir nicht nur einen Paradigmenwechsel, sondern gerade bei dem immer größer werdenden Heer der Wissensarbeiter eine Veränderung ihrer Werte. Standen früher klassische Insignien des Erfolgs im Mittelpunkt des Strebens junger Talente, etwa ein hohes Gehalt, ein eindrucksvoller Titel, ein großes Büro und ein schnittiger Dienstwagen, so sind es heute eher Dinge wie Sinnstiftung, Arbeitsatmosphäre, Flexibilität und Selbstverwirklichung, die als erstrebenswert gelten, wie eine Vielzahl von Studien belegt. Das Sabbatical ist gewissermaßen der neue Dienstwagen geworden.

Die gute Nachricht: Der gerade im deutschsprachigen Raum in vielen Branchen grassierende Fachkräftemangel führt dazu, dass diese Anforderungen auch immer leichter durchsetzbar werden. Die Machtverhältnisse haben sich gerade bei den Unternehmen zugunsten der Talente verschoben, die im internationalen Innovationswettbewerb stehen. Dort bewerben sich vielfach die Firmen bei den Talenten und nicht umgekehrt. Wer innovative Köpfe will, muss innovative Arbeitsbedingungen bieten. Arbeitsbedingungen ohne starre Hierarchien, mit weitgehender Autonomie der Mitarbeiter, hoher Flexibilität, was Arbeitszeit und -orte betrifft, um nur ein paar Aspekte zu nennen.

Ich glaube, das ist gut so. Und ich glaube auch, dass diese Entwicklung nicht nur den Menschen, sondern auch den Unternehmen guttut. Denn Ideen, Einfälle und Geistesblitze der Mitarbeiter lassen sich nur erschließen, wenn es eine entsprechende Kultur gibt. Innovationen kann man schließlich nicht befehlen. Kreative Köpfe brauchen Freiräume, müssen Ideen äußern und selbstständig weiterentwickeln können. Müssen die Möglichkeit haben, Auszeiten zu nehmen, sei es zur Regeneration oder um sich ihrem Privatleben zu widmen. Kurz: Soziale und technische Innovationen bedingen einander.

Doch warum gibt es nach wie vor viele Menschen, die nichts spüren von diesen wünschenswerten Arbeitsbedingungen? Ich glaube, dass viele Unternehmen in Deutschland die Zeichen der Zeit noch nicht erkannt haben. Ich glaube auch, dass es kein Zufall ist, wenn deutsche Unternehmen in Rankings der Innovationsfähigkeit viel schlechter abschneiden, als es unserem Selbstverständnis entspricht.

Mein Appell an alle Unternehmer und Personalverantwortlichen: Begeben Sie sich auf die Reise. Trauen Sie sich, Neues auszuprobieren. Es gibt dabei kein absolutes Richtig oder Falsch, denn jedes Unternehmen muss seinen eigenen Weg finden, sein eigenes Modell entwickeln, das für sich, die Branche und seine Mitarbeiter funktioniert. Warum nicht mit der Vier-Tage-Woche experimentieren? Mit Homeoffice für alle? Warum nicht den Abteilungschef wählen lassen? Vertrauensarbeitszeit einführen, nach dem Motto »Erreichbarkeit ist die neue Anwesenheit«? Im Zuge des New Work Awards, den wir jedes Jahr an Unternehmen vergeben, die innovativ und zukunftsweisend arbeiten, sehen wir unterschiedlichste Konzepte und Ansätze, wie es anders geht – und besser als in der Vergangenheit. Und zwar nicht nur in Start-ups, sondern zunehmend auch in mittelständischen Betrieben und sogar Großkonzernen, die sich trauen, neu zu denken. Die Buntheit, Unterschiedlichkeit und Diversität lieber sehen wollen als stromlinienförmige Lebensläufe, die eben auch nur zu stromlinienförmigen Ergebnissen führen. Das macht mich optimistisch. Als führendes Businessnetzwerk im deutschsprachigen Raum engagieren wir uns intensiv dafür, Best Practices aufzuzeigen, Denkanstöße zu geben und den Diskurs zum Thema New Work voranzutreiben – damit die Arbeitswelt für alle ein bisschen besser wird. Denn schließlich ist Arbeitszeit auch Lebenszeit. Zu diesem wichtigen Diskurs liefert das Buch von Markus Väth einen wertvollen Beitrag. Bleibt mir, Ihnen viel Spaß beim Lesen zu wünschen!

Dr. Thomas Vollmoeller
Vorstandsvorsitzender, CEO XING AG

Einführung

Die 50er- und 60er-Jahre waren für Deutschland die Zeit des Wirtschaftswunders, gekennzeichnet von Aufbruchsstimmung und stetig wachsendem Wohlstand. Das Land vibrierte vor Energie und Ideen, man wollte etwas: für sich, seine Familie und sein Unternehmen. Deutschland kam geschichtlich aus der Nacht des Nationalsozialismus, tastete sich durch die Morgendämmerung und freute sich auf den Tag. 1980 fasste die Band Fehlfarben das damalige Lebensgefühl in ihrem Song »Ein Jahr« ironisch zusammen: »Keine Atempause, Geschichte wird gemacht, es geht voran.«[1]

Heute ist die Situation in vielem gleich und doch in vielem anders. Auch heute brechen wir in neue Zeiten auf; die Wegmarkierungen sind gesetzt und werden immer wieder ausgerufen: Digitalisierung, demografischer Wandel, Industrie 4.0, flexible Arbeitszeiten, Generation Y. Verglichen mit den Wirtschaftswunderjahren sind die Herausforderungen also nicht kleiner geworden. Vor 50 Jahren waren wir noch nicht konfrontiert mit einer umfassenden Globalisierung, einer entfesselten Finanzwelt, dem erschreckenden Klimawandel oder einer schnell alternden Gesellschaft. Genau wie unsere Eltern und Großeltern täten wir gut daran, uns heute optimistisch und mit Tatkraft auf die Bewältigung dieser Aufgaben zu konzentrieren.

Doch etwas ist anders. Gut, die Herausforderungen sind vielfältiger geworden, das Spielfeld schwerer zu überschauen, das Wort »Krise« beschreibt schon fast einen Dauerzustand. Doch das ist nicht der entscheidende Punkt. Der ehemalige Bundespräsident Roman Herzog sprach schon 1997 in seiner berühmten Berliner Rede von einem »Ruck«, der durch Deutschland gehen müsse. Mit fast prophetischer Eindringlichkeit bekniete er die Deutschen, die Probleme der Moderne im 21. Jahrhundert tat- und willenskräftig anzugehen: »Der Verlust wirtschaftlicher Dynamik, die Erstarrung der Gesellschaft, eine unglaubliche mentale Depression – das sind die Stichworte der Krise. Sie bilden einen allgegenwärtigen Dreiklang [...]. Es ist ja nicht so, als ob wir nicht wüssten, dass wir Wirtschaft und Gesellschaft dringend modernisieren müssen. Trotzdem geht es nur mit quälender Langsamkeit voran. Uns fehlt der Schwung zur Erneuerung, die Bereitschaft, Risiken einzugehen, eingefahrene Wege zu verlassen, Neues zu wagen. Ich behaupte: Wir haben kein Erkenntnisproblem, sondern ein Umsetzungsproblem. [...] Ich meine, wir brauchen einen neuen Gesellschaftsvertrag zugunsten der Zukunft. Alle, wirklich alle Besitzstände müssen auf den Prüfstand. Alle müssen sich bewegen. Wer nur etwas vom anderen fordert – je nach Standort von den Arbeitgebern, den Gewerkschaften, dem Staat, den Parteien, der Regierung, der Opposition –, der bewegt gar nichts. Zuerst müssen wir uns darüber klar werden, in welcher Gesellschaft wir im 21. Jahrhundert leben wollen. Wir brauchen wieder eine Vision. Visionen sind nichts anderes als Strategien des Handelns. Das ist es, was sie von Utopien unterscheidet.«[2]

Doch von Visionen, einer Kultur des Aufbruchs, einer neugierigen Spannung und einer heiteren Wagnisbereitschaft ist auch 20 Jahre nach Herzogs Rede wenig zu spüren. Ein passiv gestimmtes »Weiter so« in wirtschaftlicher, sozialer, kultureller und politischer Hinsicht ist die Strategie der Wahl. Die berüchtigte »Alternativlosigkeit« merkelscher Entscheidungen wurde hierfür zum geflügelten Wort. Das hat sich bereits auf die nächste Generation übertragen. So fand die Beratungsfirma EY 2014 in einer Befragung unter 4300 Studienabgängern heraus: 32 Prozent wollen ausdrücklich einen Job in der Verwaltung, nur knapp die Hälfte spricht sich klar für eine Karriere in der Privatwirtschaft aus. Jobsicherheit war mit 61 Prozent der wichtigste Faktor bei der Stellensuche – im Gegensatz zur Möglichkeit der selbstständigen Arbeit, die nur für 31 Prozent die entscheidende Rolle spielte.[3] Interessant wäre noch die Frage gewesen, wie viele Studenten ein eigenes Unternehmen gründen wollen.

Die Einstellung dieser jungen Menschen, die künftig unser Land führen und voranbringen sollen, die wichtige Entscheidungen auch für andere im Arbeitsleben treffen werden und deren Mentalität wiederum ihre Kinder prägen wird, scheint mir symptomatisch für die allgemeine Stimmung hierzulande: Risikobereitschaft wie auch (wirtschaftliche) Selbstbestimmung scheinen out zu sein. Wir leben in einem Klima der Fremdbestimmung und lassen als politische Bürger, als arbeitende Menschen oder auch als Privatpersonen immer mehr Dinge für uns bestimmen: vom Mindestlohn über die Frauenquote bis zum kurzlebigen »Paternoster-Gesetz«. Wenn dagegen elementare Bürgerrechte ausgehöhlt werden, wenn beispielsweise der amerikanische Geheimdienst ganze Politikerflure in Brüssel oder Berlin ausspäht, bleiben wir seltsam dumpf und unbeteiligt. Es ist, als ob wir nicht nur nicht erkennen könnten, was wichtig ist, sondern als wäre uns das Wichtige egal.

Was hat dieser Befund nun mit einem Schlagwort wie »New Work« zu tun, mit der Art und Weise, wie wir arbeiten, damit, wer die Spielregeln bestimmt, welche beruflichen Chancen wir haben, wie motivierend Arbeit sein kann? Arbeit ist ein wesentlicher, wenn nicht der wichtigste Teil im Leben eines Menschen. Daher prägen die Umstände unseres Arbeitslebens unser Denken auch in anderen Lebensbereichen. Wer ständig restrukturiert oder entlassen (Personaler-Deutsch: »freigesetzt«) wird, dem geht irgendwann das Selbstbewusstsein flöten. Er erlebt, dass er nicht mehr gebraucht wird. Wer in ständiger Angst um seinen Arbeitsplatz lebt – und das trifft Putzfrauen genauso wie Doktoranden an der Universität –, wird unsicher und erpressbar. Alles wird zweitrangig, Hauptsache, der (schlecht bezahlte) Arbeitsplatz bleibt erhalten. Wer in seiner Abteilung auf Dauer zwei Jobs machen muss statt nur seines eigenen (weil der Kollege wegrationalisiert worden ist), wird irgendwann seelisch und körperlich krank.

Natürlich gibt es auch die Menschen, die fröhlich ihrer Arbeit nachgehen, die morgens gern ins Unternehmen kommen, die gut bezahlt werden oder deren negativer Stress sich in Grenzen hält. Solche Einzelbeispiele können jedoch nicht darüber hinwegtäuschen, dass unser altes Arbeitssystem an seine Grenzen gekommen ist. Damit beschäftigt sich Teil 1 des Buches. Immer mehr arbeitende

Menschen werden psychisch krank, sind dauerhaft gestresst und gehetzt. Mittlerweile haben Psychotherapeuten mehrmonatige Wartelisten. Das System der abhängigen Lohnarbeit inklusive aller Instrumente der Arbeits- und Tarifpolitik hat nicht dafür gesorgt, dass sich Einkommen angleichen. Im Gegenteil geht die Schere zwischen Arm und Reich immer weiter auf. Die permanent beschworene Vereinbarkeit von Beruf und Familie ist in unserer heutigen Arbeitswelt oft nicht umsetzbar. Die individuellen Wünsche prallen an der gelebten Realität der Unternehmen ab. Die bisherige Organisation von Arbeit ist für den Einsatz digitaler Technologien und Produktionsmethoden ungeeignet. Das gilt auch für Managementtheorien, die auf einem veralteten Menschenbild beruhen.

Das alte Arbeitssystem ist an seine Grenzen gekommen

Das System der »alten Arbeit«, das gekennzeichnet ist von vorhersehbaren Karrierepfaden, (unbefristeten) Vollzeitstellen, dem alten Verteilungsmodell »Er Karriere, sie Kinder«, einer geringeren Arbeitsdichte und einer überschaubaren Kommunikation, hatte seine Wurzeln im Aufbruchsdeutschland der 50er- und 60er-Jahre, mit allen Vor- und Nachteilen. Typisch war das »Normalarbeitsverhältnis« als Dreh- und Angelpunkt unseres wirtschaftlichen Alltags, aber die »allgemeine Fixierung auf das Normalarbeitsverhältnis war eine Notlösung des 20. Jahrhunderts. Es ging halt offenbar nicht anders, die meisten haben das irgendwie eingesehen und so getan, als käme das nächtliche Zähneknirschen von irgendetwas anderem als ihrem Job. Aber das Normalarbeitsverhältnis war nur ein Waffenstillstand, bei dem Existenzangstminderung und Karriereversprechen eingetauscht wurden für acht Stunden Lebenszeit am Tag.«[4] Und dieses Modell hat Deutschland bis zur Perfektion verinnerlicht. Mit beeindruckenden Ergebnissen: Von 2003 bis 2008 war Deutschland Exportweltmeister.[5] Allein der Siemens-Konzern hat 2013 rund 4000 Patente angemeldet – das sind 18 pro Arbeitstag.[6] Warum also meckern? Uns geht es doch gut.

Der Himmel mag blau sein, doch die Zeichen eines Sturms mehren sich. »Der Blick auf unseren Anteil an den weltweiten Exporten bescheinigt leider, dass wir an Boden verlieren«, so Anton Börner, Präsident des Verbandes Großhandel, Außenhandel, Dienstleistungen e.V. »Nüchtern müssen wir festhalten, dass die Politik in den vergangenen guten Jahren trotz zahlreicher Mahnungen nicht für unvorhersehbare, doch garantiert kommende, schwierigere Zeiten vorgesorgt hat. Das fällt uns nun auf die Füße.«[7] Noch einmal Roman Herzog: »Innovationsfähigkeit fängt im Kopf an, bei unserer Einstellung zu neuen Techniken, zu neuen Arbeits- und Ausbildungsformen, bei unserer Haltung zur Veränderung schlechthin. Ich meine sogar: Die mentale und die intellektuelle Verfassung des Standorts Deutschland ist heute schon wichtiger als der Rang des Finanzstandorts oder die Höhe der Lohnnebenkosten. Die Fähigkeit zur Innovation entscheidet über unser Schicksal. 20 Jahre haben wir gebraucht, um den Ladenschluss zu reformieren. Die zentralen Herausforderungen unserer Zeit werden wir mit diesem Tempo ganz gewiss nicht bewältigen.«[8]

Die Politik reagiert auf diese zentralen Herausforderungen langsam und auf ihre Weise. Sie entwirft ein *Grünbuch Arbeiten 4.0* als Startpunkt einer gesellschaftlichen Debatte, das schließlich in ein *Weißbuch Arbeiten 4.0* münden soll.[9] Dieses Projekt zeigt das Problem wie unter einem Brennglas: Die Gesellschaft diskutiert ihre Zukunft nicht mehr von sich aus. Es braucht eine staatliche Initiative, um Deutschland mit seiner Zukunft zu konfrontieren. Als ob man Innovationskraft und Lust auf Neues politisch verordnen könnte. Und andererseits: Was für ein Armutszeugnis für unsere intellektuelle Neugier und unsere Lust an der Debatte! Wenn man nicht gerade auf Branchenmessen des Personalwesens geht oder einschlägige Fachbücher und Blogs liest, bekommt man wenig mit von dem fundamentalen Wandel der Arbeitswelt, der uns bevorsteht: ökonomisch, sozial, kulturell. Indem Arbeit als wesenhaft Definierendes auf unser ganzes Menschsein durchgreift, können und dürfen wir die Debatte um unsere zukünftige neue Arbeitswelt und Arbeitskultur weder ignorieren noch staatlich bestellten Beamten überlassen. Wir selbst sollten die Dinge prüfen und entscheidende Fragen stellen: Welche Rolle spielt Arbeit in unserem eigenen Leben? Was am Konzept der »Neuen Arbeit« ist sinnvoll? Und wie wollen wir es individuell, wirtschaftlich und gesellschaftlich umsetzen? All diese Fragen greift New Work auf, bietet neue Perspektiven für die Zukunft der Arbeit und präsentiert Ideen und Impulse – auf individueller, organisatorischer, wirtschaftlicher und gesellschaftlicher Ebene. New Work als Leitgedanke, als »Vision« im herzogschen Sinne ist daher zu verstehen als eine »vertikal integrierte Strategie«: Diese strukturiert und interpretiert die Arbeitswelt von unten nach oben, von klein nach groß, vom einzelnen Menschen über die Organisation bis hin zu einem gesellschaftlichen Entwurf. Ob New Work zu einer echten Vision wird, zu einer kraftvollen Handlungsstrategie oder ob es als Utopie verkümmert und in einem verstaubten Bücherregal langsam stirbt – das entscheiden wir alle. Mit unserem Mut, unserer Neugier und unserer Zuversicht. Um New Work als Vision zu hinterfragen und tatsächliche Strategien abzuleiten, beschäftigen wir uns in Teil 2 des Buches mit wichtigen Dimensionen von New Work.

Zunächst geht es um die *Definition*: Worauf bezieht sich New Work eigentlich? Welche Art von Arbeit soll denn »neu« werden? Reden wir hier nur von der bezahlten Arbeit oder müssen wir den Arbeitsbegriff insgesamt neu definieren? Davon hängt vieles ab. Wir machen es uns zu einfach, wenn wir sagen: In dem Moment, in dem man ausstempelt, gilt New Work nicht mehr. Denn mit New Work ist es wie mit echtem Zeitmanagement: Entweder man praktiziert es über alle Lebensbereiche hinweg (und nicht nur im Berufsleben) oder man lässt es.

Auch die viel diskutierte *Sinnsuche* in der Arbeit sollten wir kritisch betrachten. Ist dieser Trend tatsächlich angemessen oder überfrachten wir damit das Wesen der Arbeit, stellen es in den quasireligiösen Kontext einer »Berufung«, der wir folgen sollten, um glücklich zu werden? Hierzu kann man den parallelen Trend zur Spiritualisierung und Esoterik in der Gesellschaft sicherlich hinzurechnen und dementsprechend beleuchten.

Natürlich geht es auch um die Erfahrung der zeitlichen, örtlichen und technischen *Entgrenzung* in der Arbeitswelt. Der arbeitende Mensch organisiert nicht mehr seinen Job, sondern sein Job organisiert ihn und gibt Tempo und Volumen vor. Dieser Aspekt von New Work wird in der Regel am prominentesten behandelt und bestimmt dessen Darstellung in der Presse, unter Tarifpartnern oder in der Politik. Dennoch ist er eben nur ein Teil von New Work, und vielleicht nicht einmal der wichtigste.

Schließlich fragen wir: Wie wirkt sich New Work auf die Organisation aus, auf die Zusammenarbeit der Menschen? Was macht New Work mit der Führung, mit Abläufen und Prozessen? Wie passt der Mensch in diese neuen Organisationen? Auch hierzu gibt es aktuelle Stichworte wie »Demokratisierung der Arbeitswelt«, »virtuelle Führung« oder »flache Hierarchien«.

Erst mit einer solchen Bestandsaufnahme können wir die Tauglichkeit und Bedeutung von New Work richtig einordnen – zumal sich New Work im Lauf der Jahre verändert hat. Heute sehen wir uns gewaltigen Kräften gegenüber, etwa der Globalisierung, allgegenwärtiger Kommunikation, umfassender Digitalisierung und politischen Umbrüchen. Auch darauf will New Work Rücksicht nehmen und nimmt dafür in Kauf, vom Original abzuweichen. Um diese »zweite Generation« New Work, um aktuelle Strömungen und Initiativen geht es in Teil 3 des Buches. Im Zuge der vielen Umwälzungen, die uns in Wirtschaft und Arbeit begegnen, ergeben sich Dimensionen des New Work, die man nicht mehr mit dem Originalkonzept erfassen kann und die wir entsprechend neu kartografieren müssen.

In der **psychologischen Dimension** ist dies eine neue Qualität der (tatsächlichen oder behaupteten) Selbstverwirklichung des Menschen in der Arbeit, auch als »Subjektivierung« bezeichnet.

In der **sozialen Dimension** sind dies neue Formen der Zusammenarbeit, etwa verstärkte Teamarbeit, Demokratisierung von Entscheidungsprozessen oder neue Führungsansätze.

In der **technologischen Dimension** ist dies ein neues, noch nie dagewesenes Ausmaß an Digitalisierung von Arbeitsprozessen sowohl im Produktions- als auch im Dienstleistungssektor.

In der **organisatorischen Dimension** sind dies neue Formen der strukturellen Gestaltung: Wegfall von Hierarchien, teilautonome Teams, virtuelle Führung etc.

In der **politischen Dimension** sind dies neue Bewertungen der Bedeutung menschlicher Arbeit: Arbeitsschutz, Gesundheit, Lohnentwicklung, soziale Gerechtigkeit.

Insgesamt erleben wir einen Innovationsschub in allen fünf Dimensionen. Noch nie gab es so viele Ideen, Diskussionen und Projekte zur Bewertung und Weiterentwicklung der menschlichen Arbeit wie heute. Das ist grundsätzlich gut so. Wir brauchen diese denkerischen, technologischen und organisatorischen Experimente und die damit gemachten Erfahrungen, um uns in der sich stetig wandelnden Welt zu orientieren. Andererseits geraten in diesen Diskussionen der Ursprungsgedanke des New Work und die originalen Anliegen manchmal aus dem Blick. Umso wichtiger ist auch hier eine sorgfältige Analyse und, daran anknüpfend, eine Auflistung konkreter Impulse für Menschen, Organisationen und die Gesellschaft, wie man heute New Work gestalten und leben kann.

Menschen gehen in der Regel nur zum Arzt, wenn sie krank sind. Trainer wechseln Stammspieler nur aus, wenn es unbedingt nötig ist. Und ein Unternehmen ändert seine Produktpalette in der Regel nur, wenn das bisherige Angebot beim Kunden nicht mehr zieht. So ist das mit der Veränderung: Sie kostet Kraft und wird daher meist angegangen, wenn es wirklich notwendig ist – und nicht aus Jux und Dollerei. Was im Kleinen für den Patienten gilt, für den Fußballtrainer und das Unternehmen, gilt im Großen für die Arbeitswelt und das kapitalistische Wirtschaftssystem. Auch hier müssen wir uns großen Veränderungen und ihren Folgen stellen: dem Vormarsch arbeitsbedingter psychischer Krankheiten, dem Verlust der Work-Life-Balance, der Neupositionierung des Menschen als echtes Subjekt der Wirtschaftswelt sowie dem Ende überkommener Managementmethoden und Menschenbilder.

Diese vier großen Veränderungen, die sich in einem globalen Maßstab abspielen, zwingen uns, das Wesen der Arbeit in der Gesellschaft, unsere Haltung zu ihr und die entsprechende Gestaltung in Organisationen und der Gesellschaft zu überprüfen. Es ist an der Zeit, Arbeit neu zu denken. Es ist an der Zeit für New Work. Die New-Work-Bewegung stellt die großen Fragen:

- Was ist menschenwürdige Arbeit?
- Was ist sinnvolle Arbeit?
- Wie kann man seine arbeitsrelevanten Fähigkeiten optimal entwickeln?
- Wie müssen moderne Organisationen aufgestellt sein?
- Wie sieht eine gerechte, effektive, maßvoll kapitalistische Arbeitsgesellschaft aus?
- Und wie kommen wir dahin?

New Work geht über isolierte Maßnahmen hinaus, es will den Menschen in der Arbeit neu denken. Es geht nicht nur um gesundes Essen in der Kantine oder eine Führungskräftewahl. Es geht auch nicht um »agiles«, das heißt flexibles Projektmanagement oder um das Planieren von Hierarchien. Es geht ums Ganze.

Bei New Work geht es ums Ganze

Das Revolutionäre an New Work ist, dass es die wichtigen Fragen stellt. Das Nützliche an New Work ist, dass es sich den Hauptproblemen der heutigen Arbeitswelt widmet. Und das Schöne an New Work ist, dass es eine Zukunftsvision bietet für eine echte »Menschwerdung der Arbeit«. Lohnt es dafür nicht, Veränderung zu riskieren und Kraft zu investieren? Lohnt es dafür nicht, nachzudenken über eine Zukunft, die Arbeit qualitativ verbessert, die für mehr Menschen Arbeit sinnvoll macht, die Alternativen aufzeigt zu den Extremformen des Kapitalismus? Die Hoffnung gibt, Würde und eine Stärkung der Solidargemeinschaft?

Wer New Work für den Tummelplatz von Romantikern, Philosophen und Theoretikern hält, verkennt überdies dessen wirtschaftliche und soziale Sprengkraft. New Work mag noch im Stadium der Erprobung stecken, doch es wird seinen Weg machen, weg vom

Nice to have hin zur Hauptoption für erfolgreiche Unternehmen und sozial-marktwirtschaftliche Gesellschaften. Mindestens jedoch bekämpft es einige Symptome unseres fehlerhaften Arbeitssystems an der Wurzel: den Vormarsch arbeitsbedingter psychischer Krankheiten, den Verlust der Work-Life-Balance, das wirtschaftliche Selbstverständnis vom Menschen als reinem Produktionsfaktor und den schädlichen Einfluss überkommener und fehlerhafter Managementmethoden.

New Work ist eine Idee, die 30 Jahre nach ihrer Entstehung noch auf den Durchbruch wartet. Man kennt das aus der Wirtschaft: Manche Produkte und Dienstleistungen sind zur Zeit ihrer Erfindung so innovativ, dass die Menschen sie nicht verstehen und sie nicht am Markt andocken können. Doch das Verständnis für die Idee des New Work wächst, das Murmeln der Unzufriedenen wird lauter, die Wirtschaft sucht nach Wegen der Fachkräftesicherung und selbst die Politik startet Projekte zum New Work. Daher gilt in diesem Fall der von Victor Hugo inspirierte Satz: »Nichts ist mächtiger als eine Idee, deren Zeit gekommen ist.«[10] Die Idee ist da. Gestalten wir die Zeit.

TEIL 1

WARUM WIR NEW WORK BRAUCHEN

Depression, Angst, Burn-out – Psycholeiden auf dem Vormarsch

Für die allermeisten Menschen ist Arbeit etwas Selbstverständliches. Sie stehen auf, gehen zur Arbeit, kommen irgendwann wieder nach Hause, erzählen vielleicht ihrem Partner von ihrem Tag, bringen die Kinder ins Bett und suchen sich eine sinnvolle Abendbeschäftigung. Sogar für Menschen ohne Arbeit ist Arbeit etwas Selbstverständliches – als etwas, was zum Leben dazugehört, was sie jedoch nicht haben. Genau wie ein Leben ohne Atmung oder ohne Steuern können sich viele Menschen ein Leben ohne Arbeit nicht vorstellen. Von daher hat das Vorhandensein von Arbeit, aber auch ihre Gestaltung oder ihr Wesen eine enorme Wirkung auf unser Leben, unser Selbstbild, unseren Wohlstand und auch auf unsere Gesundheit. Im Allgemeinen wird unterstellt: Hat man Arbeit, fühlt man sich gebraucht, verdient genug Geld zum Leben, ist sozial integriert und hebt damit auf breiter Front sein Wohlbefinden.

Aber kann Arbeit auch krank machen? Immerhin ist Gesundheit ein sogenanntes »multifaktorielles« Geschehen. Ob jemand gesund ist oder krank, hängt von vielen verschiedenen Faktoren ab, unter anderem von Lebensgewohnheiten, Alter, Ernährung und genetischer Veranlagung. Außerdem zeigen uns Forschungen der Positiven Psychologie und die moderne Motivationsforschung, dass Arbeit einen gesundheitsförderlichen, manchmal geradezu lebensverlängernden Effekt haben kann. Der Psychologe Mihály Csíkszentmihályi hat das in seinem Konzept des Flows festgehalten. »Im Flow vergisst der Ausführende teilweise die Zeit und erlebt quasi eine ›zeitlose‹, erfüllende Qualität in seiner Tätigkeit. Das

Flow-Konzept wurde ursprünglich für Extrem- und Risikosportarten entwickelt und erst später auf die Alltagsarbeit übertragen. ›Im Flow zu sein‹ bedeutet, spielerisch in einer Tätigkeit aufzugehen, in der idealen Balance zwischen Über- und Unterforderung. [...] Der Flow ist der Zenit, der Olymp der Arbeitseffizienz und in diesem Sinne nicht nur ein theoretisches Liebhaberstück für Weltverbesserer, sondern ebenso eine handfeste Größe für Personaler und Führungskräfte.«[11]

Das Flow-Konzept definiert Bedingungen, unter denen Menschen Freude an ihrer Arbeit und Produktivität entwickeln. Unter anderem sind dies das Gefühl der Kontrolle über unsere Arbeit, die Fähigkeit, uns auf unsere Arbeit zu konzentrieren, deutliche Ziele der Aufgabe und ein unmittelbares Feedback zu unseren Erfolgen und Misserfolgen. Und genau diese Faktoren des Gelingens, der Freude am eigenen Tun, eben des Flows, sind in unserer heutigen Arbeitswelt massiv in Gefahr.

Die unkontrollierbaren Faktoren im Arbeitsalltag werden mehr

Ein entscheidender Faktor hierfür liegt in dem Anteil an Arbeitsaufkommen und Prozessen, den wir nicht kontrollieren können – und dieser Anteil steigt stetig. Ob man raucht oder nicht, ist eine persönliche Angelegenheit. Ob man Sport treibt oder nicht, ebenso. Aber gilt das auch für den Aufgabenbereich, für Arbeitsziele, für die Erreichbarkeit via Telefon und E-Mail, für die Einteilung von Arbeitsschichten? Hier sind Zweifel angebracht. Über einige Faktoren des Arbeitsalltags hat man schlicht keine Kontrolle. Manchmal ist dies für das eigene Wohlbefinden oder die Gesundheit egal, manchmal aber eben auch nicht. Und wenn Glück, Produktivität und Flow die positive Seite der Arbeitsmedaille darstellen, haben wir es gleichzeitig mit Stress, ungünstigen Arbeitsbedingungen und Perspektivlosigkeit zu tun – der anderen Seite der Medaille. Diese Medaille hängt uns umso schwerer um den Hals, je mehr Zeit unsere Arbeit in Anspruch nimmt. Als Faustregel gilt immer noch: Wir verbringen mehr Zeit auf der Arbeit als mit unserem Partner. Und jetzt stelle man sich einmal vor, wie einen der Partner jahrelang beeinflusst, einen prägt, aufregt, aber auch beglückt. Und den Schreibtisch sieht man noch öfter als den eigenen Partner! Daher kann man ruhigen Gewissens die These aufstellen, dass Arbeit unsere geistige und körperliche Gesundheit wesentlich beeinflusst.

Dies hat der Gesetzgeber mittlerweile ebenfalls erkannt, wobei er mitunter schon übers Ziel hinausgeschossen ist, so etwa mit dem unsinnigen »Anti-Stress-Gesetz«[12]. Positiv ist jedenfalls, dass auch politisch die Gesundheit der arbeitenden Menschen immer stärker in den Vordergrund rückt. Als eine der wichtigsten Maßnahmen dürfte hier die Erweiterung des § 5 Arbeitsschutzgesetz gelten: Unternehmen müssen nicht nur »physikalische, chemische und biologische Einwirkungen« am Arbeitsplatz analysieren, sondern auch »psychische Belastungen bei der Arbeit«.[13] Denn wenn man vom Zusammenhang zwischen Arbeit und Krankheit spricht, ist ein Trend der postmodernen Lebens- und Arbeitswelt offensichtlich: Das Gehirn wird immer mehr zum zentralen Leidensorgan. Neben der Unkontrollierbarkeit der Arbeitsbedingungen ist dies der zweite Hauptgrund für die Zunahme arbeitsbedingter Krankheiten.

Betrachtet man die Entwicklung der Arbeitsanforderungen über die letzten Jahrzehnte, lässt sich die grobe Formel aufstellen: Es geht immer weniger um Körperkraft und immer mehr um Geisteskraft. Dementsprechend gibt es immer mehr Arbeitsplätze für *brain worker* (»Kopfarbeiter«). Das Fraunhofer-Institut hat 2013 sogar einen speziellen »Kopfarbeiter-Index« (KAI) geschaffen, um Fähigkeiten, Ressourcen und Belastungen speziell von Kopfarbeitern zu untersuchen.[14] In dieselbe Richtung geht der zunehmend lautere Ruf der Wirtschaft nach akademisierten Ausbildungsmodellen. Handwerk ist out, der maßgefertigte Bachelor ist in. Mit 522 200 geschlossenen Ausbildungsverträgen wurde im Jahr 2014 folgerichtig ein neuer Tiefstand seit der Wiedervereinigung gemessen.[15]

Eine Studie der ING-DiBa berechnet für Deutschland, dass »Bürokräfte und verwandte Berufe« mittelfristig mit einer Wahrscheinlichkeit von 89 Prozent durch Roboter bzw. automatisierte Prozesse ersetzt werden, »Anlagen- und Maschinenbediener, Montageberufe« immerhin noch mit einer satten Wahrscheinlichkeit von 69 Prozent.[16] Egal, ob diese hohen Zahlen tatsächlich erreicht werden: Die

Stoßrichtung ist klar. Was automatisiert werden kann, wird automatisiert. Nicht automatisiert werden können bislang »unkopierbare« menschliche Fähigkeiten, etwa Kreativität, Wärme und Mitgefühl, Improvisationsgeschick, zum Teil auch komplizierte handwerkliche Tätigkeiten. Weil sich solche menschlichen Fähigkeiten auf absehbare Zeit eben nicht künstlich erzeugen und damit durch Digitalisierung und Automation ersetzen lassen, haben Akademiker und Führungskräfte, eben Kopfarbeiter, laut der ING-DiBa-Studie auch nur eine »Ersetzungswahrscheinlichkeit« von zwölf Prozent. Dafür sind diese Berufsgruppen besonderen mentalen Belastungen ausgesetzt – ein reichhaltiges Tätigkeitsfeld für medizinische Anbieter wie Neurologen, Psychiater und Pharmavertreter.

Eine Überlastung des menschlichen Gehirns und damit ein permanenter neuropsychologischer Ausnahmezustand sind für viele arbeitende Menschen heute Alltag. Arbeitsverdichtung, ständige Erreichbarkeit und Hyperkommunikation fordern vom Einzelnen darüber hinaus ein hohes Maß an Selbststeuerung und geistiger Disziplin. Führungskräfte finden es bequem oder schick, ihren Mitarbeitern möglichst wenig Vorgaben zu machen, allein ein Arbeitsergebnis zu vereinbaren und dann auf dessen Präsentation zu warten. Das verkauft man als Freiheit und Selbstbestimmung, als das Ende von manipulativer, kleinteiliger Kontrolle. Diese als »Kontrolle durch Autonomie« bekannte Mogelpackung setzt lediglich Rahmenbedingungen des Arbeitsprozesses und lässt den Mitarbeiter allein. Psychologisch gesehen, brauchen diese ungeführten Mitarbeiter ein hohes Maß an Selbstorganisation, Überblick, Widerstandsfähigkeit gegen Stress und eine hohe Toleranz gegenüber Unsicherheit.

Das bringt nicht jeder mit. Schlimmer noch: Ebendiese Fähigkeiten verlieren wir immer mehr. Beispiel Konzentration: Einer Auswertung der App »Menthal« zufolge »nutzen Menschen ihr Smartphone drei Stunden täglich und nehmen es im Schnitt alle 15 Minuten zur Hand, mal für ein paar Sekunden, meistens länger. Viel Zeit und Aufmerksamkeit für das Leben jenseits des Maschinchens bleibt da nicht mehr.«[17] Amerikanische Untersuchungen bringen Ähnliches an den Tag: Wir werden immer impulsiver, ablenkbarer, ignorieren teilweise anwesende Menschen zugunsten virtueller Chats und Likes. Neue Technologien haben in 20 Jahren die anspruchsvollsten Funktionen unserer Großhirnrinde erheblich beeinträchtigt: Impulskontrolle, Konzentration, Planung.[18] Neuropsychologische Forschungen zeigen, dass unser Geist für die Anforderungen der postmodernen Arbeitswelt schlecht gerüstet ist. Unser 100 000 Jahre altes Gehirn mit seiner bis heute bewährten Konstruktion muss manchmal vor den Gegebenheiten der Arbeitswelt kapitulieren, die den Wirkprinzipien des menschlichen Denkens und Erlebens zuwiderlaufen. Dabei geht es nicht um Kulturpessimismus, sondern um Evolution. Nicht um Esoterik, sondern um biologische Notwendigkeiten:

- Multitasking reduziert die Produktivität und erhöht die Fehlerraten – geschlechterübergreifend.
- Chronischer Stress erhöht den Cortisolspiegel im Gehirn, lässt es schrumpfen und beeinträchtigt die höheren Hirnfunktionen wie Kreativität, Planung und Problemlösung.
- Ständige Erreichbarkeit versetzt uns in einen permanenten Alarmzustand, selbst wenn wir das nicht bewusst wahrnehmen.
- Arbeitsverdichtung und Termindruck lassen keine Zeit für Pausen – die wiederum Voraussetzung sind für hohe Produktivität in den Stoßzeiten.
- Kleinteiliges Spezialistentum verwehrt uns den Blick aufs »große Ganze« unserer Aufgabe. Geringere Motivation und subjektive Sinnlosigkeit des eigenen Tuns sind die Folge.

Das sind nur einige Phänomene, die unseren Arbeitsalltag prägen, die aber große Auswirkungen haben auf unser Wohlbefinden und unsere geistige Gesundheit. So schreibt die Bundespsychotherapeutenkammer bereits 2013: »Knapp 14 % aller betrieblichen Fehltage gingen 2012 auf psychische Erkrankungen zurück. Damit hat sich der Anteil von betrieblichen Fehltagen, die durch psychische Erkrankungen bedingt sind, seit 2000 fast verdoppelt. Diese Zunahme läuft der allgemeinen Entwicklung entgegen, dass der Anteil betrieblicher Fehlzeiten aufgrund körperlicher Erkrankungen seit Jahren stetig abnimmt. 2012 waren psychische Erkrankungen die zweithäufigste Ursache für Arbeitsunfähigkeitstage.«[19]

Belastungen, Stress und Neuropsychologie hin oder her: Will unser Geist nicht geprüft werden? Menschen lieben doch die Herausforderung, das Problemlösen! Ewige Entspannung wäre doch eine Qual! Genau hier liegt in der Tat auch die Chance von Arbeit als glückspendendem Element des Lebens. Herausforderungen meistern, Probleme lösen, immer weiter gehen – auch das ist Menschsein. Auch das können wir in der Arbeit verwirklichen. Nur darf man einen Aspekt nicht vergessen: den Faktor Zeit.

Man stelle sich einen uralten, klapprigen Opel Kadett vor. Auf der Autobahn kann man damit in der Regel nur 100 km/h fahren (außer es geht bergab), und wenn man einen LKW überholt, hat man sofort jemanden hinter sich, dem es nicht schnell genug geht. Was tun? Man tritt das Gaspedal durch, schickt ein Stoßgebet an den Schutzengel der Gebrauchtwagenfahrer und versucht, so schnell wie möglich wieder einzuscheren. *Einmal* zu überholen, ist okay. *Zweimal* bereits ein Wagnis, und *ständig* auf der linken Spur zu bleiben, würde einer Todessehnsucht wohl ziemlich nahe kommen. Übertragen auf unsere Arbeitsleistung bedeutet das: Die Arbeitswelt zwingt unser Gehirn, nicht nur einmal oder zweimal zu überholen, sondern permanent auf der linken Spur zu bleiben. Und das Tage, Wochen, Monate, Jahre. Kein Gehirn, kein Motor macht so etwas lange mit.

Wenn man bei sich selbst überprüfen will, ob der »mentale Motor« bereits heiß läuft, geht das ganz einfach: Machen Sie Urlaub. Ihr Körper wird Ihnen sehr schnell zeigen, wo Sie stehen. *Leisure sickness* (»Freizeitkrankheit«) nennt sich dieses Phänomen. Viele Menschen wundern sich, dass sie gerade dann krank werden, wenn der Urlaub beginnt. Nach ihrer Logik müsste die Auszeit den Organismus entlasten. Man sollte nicht müde werden oder krank, sondern im Gegenteil frischer, vitaler, ausgeruhter. Aber so funktioniert unser Organismus nicht. Der Körper merkt bei

***Leisure sickness:* krank im Urlaub**

Urlaubsbeginn: Ich kann loslassen, muss nicht mehr brutal funktionieren. Die Folge: Das Immunsystem fährt herunter, die Anspannung lässt nach, man fühlt sich schwach, bekommt Schnupfen oder Kopfschmerzen. Auch die mentale Unruhe, das Getriebensein legt sich erst nach einer Weile. In der Regel brauchen Menschen vier bis zehn Tage, um geistig in den Urlaubsmodus zu schalten. Doch dann ist der Urlaub meist schon wieder vorbei und die Anspannung fängt von vorne an. In diesem Zyklus aus ständiger Anspannung in der Arbeit und zu kurzer Ruhephase im Urlaub ermüdet und verschleißt unser Gehirn immer mehr. Das Ende vom Lied ist dann manchmal ein handfestes Burn-out, das eine längere Pause buchstäblich erzwingt. Der Organismus wählt das (vorläufige) Ende mit Schrecken statt des Schreckens ohne Ende. Dieser Schrecken ist mittlerweile in vielen Bereichen gut dokumentiert, beispielsweise in der Zahl von Frühverrentungen aufgrund von Depression, in den immer längeren Wartezeiten bei Psychiatern und Psychotherapeuten, im erhöhten Gebrauch von Psychopharmaka oder dem Phänomen des Neurodopings.

In unserem Leben verbringen wir sehr viel Zeit mit Arbeit. Das kann beglückend sein, aber auch belastend. Wenngleich jeder von uns mit Belastungen anders umgeht: Den negativen Einfluss der Arbeitswelt und ihrer Bedingungen insgesamt können wir nicht mehr ignorieren. Die Unkontrollierbarkeit von Arbeitsbedingungen, das Gehirn als zentrales Leidensorgan und Stress durch Arbeitsverdichtung, Termindruck und Hyperkommunikation lassen Dinge wie Glück, Freude an der Arbeit oder gar ein Flow-Erleben sehr schwer aufkommen. Unser Geist kapituliert und reagiert mit Burn-out, körperlichen Krankheiten, Depression, Rückzug oder einer ganz anderen, individuellen »Lösung«. Wären all diese Probleme nur auf die Arbeitswelt beschränkt, könnten wir eine Kompensation aufbauen, zum Beispiel mit einem erfüllten Familienleben. Doch hier deutet sich das zweite Konfliktfeld an. Denn die viel zitierte und viel geforderte Vereinbarkeit von Beruf und Familie lässt sich in unserer Arbeitswelt nur schwer verwirklichen. Man könnte auch sagen: Sie ist eine Lüge.

Kinder, Kino, Karriere – Das Ende der Work-Life-Balance

Stechuhren sind die Scharfrichter der Arbeitsgesellschaft. Jedenfalls waren sie das. Sie urteilten über Arbeit und Freizeit, drinnen und draußen, Werkhalle oder Fußballfeld. Mit einem kalten, klaren Druck protokollierten sie die Anwesenheit eines Arbeitnehmers und damit seine Berechtigung, in den Feierabend zu gehen oder eben nicht. Auch kulturell war der Rhythmus aus Arbeit und Feierabend fest verankert. So sang Sheena Easton im Jahr 1980: »My baby takes the morning train, he works from nine till five and then he takes another home again to find me waitin' for him.« Der Song »9 to 5« über den festen Bürojob ihres Geliebten wurde ihr größter Hit und zum musikalischen Symbol des industriellen Taktes.[20] Bis in die Mitte der 1990er-Jahre hinein dominierte dieser feste Arbeitsrhythmus und bildete mit der Vollzeitstelle und der Tarifbindung den harmonischen Dreiklang sozialer Marktwirtschaft. Doch spätestens mit Beginn der 2000er-Jahre klang der Dreiklang schief, disharmonisch. Das Gefüge von Arbeit und Privatleben lockerte sich, wurde kräftig durcheinandergewirbelt und setzte sich anders wieder zusammen.

Verantwortlich hierfür ist eine einzigartige Kombination mehrerer Faktoren: Globalisierung, Digitalisierung, Subjektivierung und Emanzipation. Ein Faktor allein wäre womöglich schon stark genug, eine Gesellschaft umzuwälzen. Doch diese vier Trends verstärken sich gegenseitig und höhlen – als eine von vielen Folgen – unser Verständnis von Work-Life-Balance aus. Die allgemein akzeptierte Entgrenzung der Arbeitswelt in ihrer zeitlichen, räumlichen und funktionalen Dimension bedeutet im Ergebnis, dass die strikte Trennung von Arbeit und Privatleben Geschichte ist, ein abgeschlossenes Kapitel der Managementliteratur, Abteilung »Relikte des 20. Jahrhunderts«.

Vier zentrale Faktoren: Globalisierung, Digitalisierung, Subjektivierung und Emanzipation

Zunächst sorgt die *Globalisierung* dafür, dass zeitzonenübergreifend gearbeitet wird. Egal, ob Indien oder Hamburg, irgendwer arbeitet immer. Die Arbeitsteiligkeit der Prozesse, das Outsourcing über Länder- und kontinentale Grenzen hinweg und Konzepte wie Lean Production sorgen dafür, dass der Einzelne immer flexibler verfügbar sein muss. War schon die normale Schichtarbeit nicht gerade gesundheitsförderlich, doch immerhin berechenbar, lösen sich die Ruhezeiten mehr und mehr in nichts auf. 22 Uhr in München? Egal, in New York ist es gerade 16 Uhr, das Meeting ist wichtig, also geht da noch was. Globalisierte Prozesse wurden nicht nur ein fester Bestandteil des organisatorischen Alltags, sondern zum Lackmustest für die soziale Einstellung der Unternehmen. Der Mensch bleibt nur noch so lange »im Mittelpunkt«, wie er dem globalisierten, örtlich und zeitlich entgrenzten Produktionsrhythmus ohne Murren folgt. Wer in den globalisierungseuphorischen 1990er-Jahren nicht recht einsah, warum er seinen Nachtschlaf für ein Telefonat mit Hongkong unterbrechen sollte, konnte sich ja etwas anderes suchen. Es standen genug andere vor der Tür, die bereitwillig den Job übernahmen. Anders als heute, wo sich Diskussionen über Fachkräftemangel, über den »Krieg um Talente« oder das Schlagwort der *Caring Company* bei den Unternehmertagungen die Klinke in die Hand geben. Die Segnungen der Globalisierung – die zweifellos vorhanden sind – haben ihren Preis. Der Wohlstand der Weltgemeinschaft wird zumindest in den Industrieländern mit einem Übergreifen der Arbeit in die Privatsphäre bezahlt, mit Überstunden, Burn-out und schlechtem Gewissen gegenüber der Familie.

Parallel zur enthemmten Globalisierung entfaltete die *Digitalisierung* in praktisch allen gesellschaftlichen und wirtschaftlichen Bereichen einen enormen weltweiten Produktivitätsschub und eine

Arbeitsverdichtung in noch nie dagewesenem Ausmaß. So müssen in Deutschland bereits 58 Prozent der Arbeitnehmer »verschiedene Aufgaben gleichzeitig betreuen«, 52 Prozent sehen sich einem »starken Leistungs- und Termindruck« ausgesetzt und immerhin 39 Prozent betonen, dass sie »sehr schnell arbeiten müssten«.[21] Diese Anforderungen sorgen für schädliches Multitasking, permanenten Stress, für verkürzte Pausen und ein Hinauszögern des Feierabends, allein schon aus sozialem Druck heraus. Das Ergebnis: Die Deutschen leisteten 2014 die meisten Überstunden in Europa, durchschnittlich 2,7 pro Woche. Die tatsächliche Zahl dürfte allerdings höher liegen: »Neben Mehrarbeit erwartet mancher Arbeitgeber von seinen Mitarbeitern auch ständige Erreichbarkeit zumindest per Mail – ein Umstand, der in der [...] Statistik nicht berücksichtigt wurde.«[22] Man will schließlich nicht als Faulpelz gelten, der noch an seinem Cappuccino nuckelt, während der wichtige Vertrag staubbedeckt auf dem Schreibtisch schlummert.

Was die Verdichtung von Zeit und Arbeit angeht, gingen in den letzten Jahren technische Quantensprünge und sozialer Anpassungsdruck Hand in Hand. Das große Versäumnis der Digitalisierungsoffensive der letzten 20 Jahre bestand darin, nicht zu fragen: Wie kann uns dieser technologische Fortschritt in unserem Menschsein, in unserer täglichen Arbeit unterstützen? Natürlich sind die Möglichkeiten der neuen digitalen Techniken und ihrer Vernetzung faszinierend. Sie lassen uns Informationen zu jedem Thema finden, erleichtern die Produktion von Waren und das Erbringen von Dienstleistungen. Doch mit der technischen Revolution in Form von Smartphones, Laptops und Industrie 4.0 haben sich auch die Ansprüche an unsere technischen und geistigen Fertigkeiten, an Selbstorganisation und Impulskontrolle erhöht. Wer schon einmal zwei abendliche Stunden sinnlos im Netz gesurft ist, weiß, was gemeint ist. Wir sind oft unkonzentriert, müde, fühlen uns gehetzt und kommen nicht mehr zur Ruhe. Die ständige Erreichbarkeit, die allgegenwärtige digitale Vernetzung ist Segen und Fluch unserer Zeit zugleich. Die Medienberaterin Kati Krause berichtet: »Ich versuchte, Bücher zu lesen – und scheiterte. Ich versuchte, Filme zu gucken – und konnte mich nur wenige Minuten lang darauf konzentrieren. Meine Aufmerksamkeitsspanne war zu einem Würmchen zusammengeschrumpft. Also klammerte ich mich an mein Smartphone und wechselte stundenlang zwischen Facebook, Instagram und Twitter hin und her. Nicht um etwas zu posten – ich konnte ohnehin keinen Gedanken fassen –, sondern um zu konsumieren. Und mit jeder Aktualisierung der Timeline wurde es schlimmer.«[23] In der Gestalt der Social Media zeigt sich die radikalste Variante der zeitlichen und örtlichen Entgrenzung. *Immer online* hat sich zum kollektiven Dauerzustand der Gesellschaft entwickelt, privat und beruflich. Dadurch zerstört die Digitalisierung endgültig die verletzliche Grenze zwischen Arbeit und Privatleben. Diese Grenze wird nicht mehr von der Technik oder sozialen Normen gezogen. Vielmehr muss man sie selbst wieder instand setzen: »Ich […] traf […] eine der wichtigsten Entscheidungen in meinem Leben: Ich löschte die Facebook-App. Danach Instagram. Dann Twitter. Ich stellte alle Benachrichtigungen aus, und das waren viele. Bis auf SMS und Anrufe meiner besten Freunde und Familie war mein Telefon nun still. Plötzlich war die Welt viel kleiner, viel besser zu bewältigen, viel vertrauter. Ich konnte mich erholen.«[24]

Neben der Globalisierung (mit ihrer Auflösung der wirtschaftlich-geografischen Grenzen) und der Digitalisierung (mit ihrer Auflösung der kommunikativen Grenzen) spielt die sogenannte *Subjektivierung* von Arbeit eine immer größere Rolle in der Auflösung der Work-Life-Balance. Subjektivierung bedeutet »eine Veränderung der Arbeitswelt, die mit der Postindustrialisierung einsetzt. Dabei werden […] Prozesse der Entkollektivierung und eine gesteigerte Bedeutung des Individuums ausgemacht. In diesem Zuge wird das Subjekt wieder über seine einzelnen Rollen und Funktionen hinaus in den Blick genommen. So werden Geschlechterfragen, Fragen der Reproduktionsarbeit und Fragen der Wertorientierung von Arbeitern thematisiert.«[25] Es geht also um die Bedeutung des »ganzen Menschen«, um die Rolle des menschlichen Subjekts in der Arbeitswelt.

Der zum Arbeitssubjekt aufgewertete Mensch betont: Ich mache nicht nur einen Job, sondern frage nach dem Sinn meiner Arbeit. Ich will nicht nur ein Rädchen im Getriebe sein und Geld verdienen.

Meine Arbeit stellt einen wichtigen, vielleicht den wichtigsten Teil meines Lebens dar. Und genau hier wird es gefährlich, denn: Grundsätzlich kann man diesen Prozess der Bewusstwerdung begrüßen. Langfristig sollte dieser Trend dazu beitragen, »dumme« Arbeiten, die niemand machen will, abzuschaffen oder an Maschinen zu delegieren. Dazu dürfte schon die Automatisierung industrieller Prozesse noch gewaltig beitragen, die gerade erst in den Kinderschuhen steckt. Doch auch qualifizierte, abwechslungsreiche Arbeit kann zur »dummen« Arbeit werden, wenn man der Sinnsuche in der Arbeit seine Gesundheit opfert, seine Beziehung, seine Mitte. Dann bedeutet Subjektivierung nicht mehr Zentrierung und Selbstvergewisserung des Ich, sondern Überreizung und Auflösung des Ich. Die Arbeit wird unangemessen überladen mit existenzieller Bedeutung für das eigene Leben. Der gesellschaftliche und individuelle Prozess der Subjektivierung ist sinnvoll, das Stellen der Frage: Was trägt Arbeit zu meinem Lebensglück bei? Was und wie will ich arbeiten? Doch die Jagd nach diesem Ideal kann durchaus schiefgehen. Manchmal nutzen auch Unternehmen diese Sehnsucht nach Sinn aus, versprechen keinen dicken Dienstwagen mehr, sondern machen sich die Motivation eines Menschen zunutze, um ihn über die Grenzen seiner Zeit und seiner Belastung hinauszutreiben. »Alles für die Firma« stand auf seinem Grabstein. Subjektivierung stellt somit eine dritte Gefahr der Entgrenzung dar: eine Auflösung des Ich in fragwürdige Abhängigkeiten von eigenen Idealen einerseits und subtil-manipulativen Motivationstechniken andererseits.

Schließlich trägt noch ein vierter Faktor zum Aufweichen der Grenze zwischen Arbeit und Privatleben bei: die *Emanzipation*. Die Emanzipation mit ihrer Auflösung der Geschlechterrollen hat in der Arbeitswelt einiges bewegt. In insgesamt drei historischen Phasen gelang es, die Rolle der Frau im Arbeitsprozess nicht nur zu verankern, sondern aufzuwerten und im Gegenzug die Rolle des Mannes für Vielfalt zu öffnen. In der ersten Phase dieser arbeitsbezogenen Emanzipation ging es noch um die Beteiligung der Frauen am Arbeitsmarkt selbst, zum Beispiel um die Schaffung von Teilzeitstellen für arbeitende Mütter. In der zweiten Phase erweiterte man die gesellschaftliche Perspektive. Unternehmen wurden gedrängt, sich zu bewegen: betriebliche Kindertagesstätten zu schaffen, Arbeit ins Homeoffice zu verlagern und eine Personalentwicklung zu betreiben, die sich nicht mehr am klassischen Dreiklang aus Ausbildung, Berufstätigkeit und Rente orientiert, sondern an immer individuelleren Lebensabschnitten. In der dritten Phase steht die Emanzipation des Mannes im Vordergrund. Männer sollen sich aktiver als bisher an der Kindererziehung beteiligen; manche Männer folgen auch bewusst dem Motto »Weniger Arbeit, mehr Freizeit«. Diesem Trend entgegen stehen immer noch der Mythos der produktiveren Vollzeitstelle (gegenüber Teilzeitmodellen), eine Unkultur des Präsentismus und der Druck von Chefs auf ihre männlichen Mitarbeiter, doch bitte nur die zwei Monate Alibi-Elternzeit zu nehmen. Sonst sei leider, leider die Karriere in Gefahr. Die Emanzipationsbewegung trägt eine enorme Dynamik in traditionelle Rollenbilder hinein und stellt herkömmliche Modelle zur Arbeitszeit und zur Vereinbarkeit von Familie und Arbeit grundlegend infrage. Dieser sozial-disruptive Impuls löst die früher klar geregelte Trennung von Arbeit und Privatleben auf und fordert eine individuelle Alltags- und Arbeitsgestaltung offensiv heraus. Klassische Work-Life-Balance hat keine Zukunft mehr.

Globalisierung, Digitalisierung, Subjektivierung und Emanzipation sind die vier großen Treiber für den Untergang des bisherigen Konzeptes der Work-Life-Balance. Die Auflösung wirtschaftlich-geografischer Grenzen, kommunikativer Grenzen, subjektiver Grenzen der Entfaltung und geschlechtsspezifischer Rollengrenzen führen schließlich zu einem Reset, einer kompletten Neudefinition des Verhältnisses von Arbeit und Privatleben. Diese Neudefinition ist noch längst nicht abgeschlossen, im Gegenteil stecken wir immer noch in der Symptomanalyse und versuchen, Teillösungen für Teilprobleme zu finden. Beispielsweise beantworten nach dem »Arbeitsbarometer 2015« des Personaldienstleisters Randstad immerhin knapp die Hälfte der Befragten auch in ihrer Freizeit umgehend dienstliche Anrufe oder

Neudefinition des Verhältnisses von Arbeit und Privatleben – mit mehr Verantwortung für den Einzelnen

E-Mails.[26] Randstad beschreibt dieses Phänomen mit dem Begriff »Work-Life-Blending«. »Blending« statt »Balance« bedeutet: Jede Biografie ist heute so individuell, dass der Einzelne selbst und für sich die Grenzen ziehen muss, denn die unterschiedlichen Bereiche seines Lebens sind zeitlich nicht mehr klar getrennt, sondern überlappen sich (engl. »to blend«). Somit zeichnet sich eine große Linie der neuen Lebensdynamik bereits ab: Wo institutionelle, organisatorische und kommunikative Grenzen fallen, muss der Mensch die Verantwortung für seine Gesundheit, seine psychische Dynamik und seine Balance übernehmen. Dieser Gewinn an persönlicher Freiheit muss Hand in Hand gehen mit der Fertigkeit der Selbstorganisation, der Entscheidungsfähigkeit und einem soliden Alltagsmanagement.

Nur mithilfe einer gewissen geistigen Klarheit übersteigt der Nutzen die Kosten dieser neuen Freiheit, können wir unsere berufliche und private Individualität ausschöpfen, ohne von den vielen Wahlmöglichkeiten, den permanenten Kommunikationsangeboten und unserer Sucht nach Selbstoptimierung überwältigt zu werden. Aber diese geistige Klarheit, diesen inneren Kompass muss man sich erarbeiten. Wir brauchen zumindest am Anfang ein gerüttelt Maß an mentaler Disziplin. Es kostet eben zunächst Kraft, achtsam nach innen zu schauen, bewusst Grenzen zu setzen und sich entschlossen für oder gegen bestimmte Dinge im Leben zu entscheiden.

Ohne eine solche geistige Klarheit scheitert die Gestaltung von Arbeit und Leben, und zwar aus einem einfachen Grund: Wir kriegen unseren Kopf nicht mehr frei. Selbst wenn wir Fußball spielen, wenn wir unseren Kindern im Sandkasten zuschauen oder wenn wir einkaufen gehen, bleibt die Arbeit immer präsent. Und dabei muss nicht einmal das Smartphone in der Hosentasche klingeln. Viele Menschen berichten immer wieder vom kleinen Mann im Kopf, der von innen an ihre Stirn klopft und ruft: »Hast du an die Mail von Herrn Müller gedacht? Und was ist mit der Besprechung nächste Woche?« Sie möchten einfach mal wieder ihre Ruhe – das gilt übrigens auch für die viel zitierte Generation Y. Hannes Grassegger schrieb dazu in der *Zeit:* »Kürzlich haben deutsche Arbeitgeberverbände gefordert, den Achtstundentag aus dem Arbeitsgesetz zu streichen, weil er angeblich ›Flexibilität‹ mindere. Ohnehin heißt es, die Generation der sogenannten Millennials interessiere sich besonders für die ›Work-Life-Balance‹. Das ist nichts als eine verlogene Verharmlosung der Tatsache, dass die Jungen verzweifelt auf der Suche nach 9-to-5-Jobs sind. […] Die Trennung von Arbeit und Freizeit, von Beruf und Privatleben ist vorbei. Der Kapitalismus kriecht nun in alle Ritzen. Es gibt Studien darüber, wie viele Leute mitten beim Sex kurz ihre Mails checken. Ergebnis: viele. Du wolltest Unabhängigkeit? Dann renn los! Die ganze Welt ist jetzt dein Office. Rund um die Uhr, als Dauerschicht.«[27]

Nicht nur, dass Menschen auch einmal nicht erreichbar sein möchten. Physische Abschottung – wie sie manche Unternehmen bereits mit dem Abschalten der E-Mail-Server praktizieren – ist nur bedingt wirksam. Auch wenn man das Smartphone in den Kühlschrank legen würde, wäre man weiterhin unruhig. Die Arbeit und das Bewusstsein der besagten »Dauerschicht« hat sich derart in das Alltagsdenken gegraben, dass man Gelassenheit und geistige Klarheit braucht, um wieder einen friedvollen Tag zu erleben, an dem man nicht an die Arbeit denkt. Sogar wenn wir als Gesellschaft ab morgen flächendeckend um 17 Uhr die Bänder stoppen und die Bleistifte fallen lassen würden, hätten sehr viele von uns die ersten Wochen Entzugserscheinungen. Denn was sind wir schon ohne unsere Arbeit? Von daher gehört die Zukunft nicht einem starren Konzept wie Work-Life-Balance, sondern innerer Souveränität. Gelassene Entschlossenheit hilft uns, der Arbeit ihren geordneten Platz in unserem Leben zuzuweisen. Kommunikativ erreichbar sein, aber nicht daueralarmiert durch Telefon und E-Mail. Das eigene Leben in die Hand nehmen, ohne sich den Schneid abkaufen zu lassen. Das Gefühl der Sinnerfüllung, ohne von Organisationen oder Positionen emotional abhängig zu sein. Wir müssten nichts mehr ausbalancieren. Wir hätten unsere eigene Dynamik gefunden, im Hier und Jetzt. Von diesem Zustand sind wir allerdings individuell, wirtschaftlich und gesellschaftlich noch weit entfernt.

Der Mensch im Mittelpunkt? – Profitstreben versus Humanismus

Kürzlich sinnierte ein Arbeitgeber auf einer Tagung: »Ich bezahle meine Mitarbeiter für ihre Leistung. Wenn sie die geforderte Leistung nicht bringen, warum sollte ich in sie investieren und sie nicht hinauswerfen?« Dieses Statement bringt den Gegensatz in unserer Wirtschaft auf den Punkt: hier die Maximierung des Profits unter Berücksichtigung der Kapitalgeberinteressen, dort das humanistische Ideal der Menschenförderung jenseits von Effizienz und ökonomischer Verwertbarkeit. Um wenig wird zurzeit so gerungen wie um den Ausgleich dieses Gegensatzes. Man konstruiert Anreizsysteme für Mitarbeiter, um ihrer angeblichen Motivation entgegenzukommen. Es werden große Beträge ins Employer-Branding gepumpt, um das Image des eigenen Unternehmens aufzupolieren und dem möglichen Bewerber zu signalisieren: Bei uns bist du gut aufgehoben! Man macht Workshops für Unternehmenswerte, damit »alle an einem Strang ziehen«. Es läuft eine große Simulationsshow, die krampfhaft versucht, beide Pole der Arbeitswelt – das Streben nach Profit und das Streben nach humanistischem Handeln gegenüber den eigenen Mitarbeitern – zu vereinbaren: »Spiel, Spaß und Spannung bringt die Arbeit. Sinn, Erfüllung, Selbstverwirklichung. Total nette Leute. So erzählen es die Stellenanzeigen, so erzählen es die Führungskräfte. […] In teuren *bullet points* stellen Berater ›den Menschen in den Mittelpunkt‹. Die ›Leidenschaft‹ ist das ›Learning‹! […] Arbeitgeber suchen seit jeher das Rezept, mit dem sie die Belegschaft ›motivieren‹ können. Dabei konstruieren sie eine Wunderwelt, die sie als Normalbild auf eine löchrige Leinwand malen. In immer größere, immer unrealistischere Versprechen verstricken sie sich.«[28]

Wie wahr. Es wird Zeit, der Wirklichkeit ins Auge zu sehen: Wenn es hart auf hart kommt, orientiert sich die Wirtschaft zuerst am Geld, an der Rendite, am möglichen Verlust. Humanismus und »wertschätzender Umgang« sind zweitrangig. Viele Unternehmen legen ihre »humanistische Verkleidung« ganz schnell ab, wenn es zur Nagelprobe kommt. Nicht weil sie böse sind oder dumm, sondern weil Wirtschaft naturgemäß der Profitmaximierung dient. Das ist ihr Wesen. Geld schlägt Ethos, Rendite die »humanistische Investition«. Der ehemalige griechische Finanzminister nennt das den Unterschied zwischen »Lebenswerten« und »Tauschwerten«: »Der Preis einer Ware spiegelt den *Tauschwert* des Gutes, das man zum Verkauf anbietet [...]. Aber der *Lebenswert* [...] ist etwas völlig anderes. Es kann sein, dass [...] Dinge einen enormen Lebenswert haben und gar keinen Tauschwert. Einen Sonnenuntergang zum Beispiel kann man gar nicht verkaufen. [...] Lebenswert und Tauschwert könnten also nicht unterschiedlicher sein. Aber in den heutigen Gesellschaften beurteilen die Menschen sehr häufig alle Werte so, als ob sie Tauschwerte wären. Was keinen Preis hat, was nicht mit Gewinn verkauft werden kann, wird tendenziell als wertlos betrachtet. Und umgekehrt.«[29] Der grundsätzlich sinnvolle Gedanke des Tauschwerts habe sich verselbstständigt und verdränge immer radikaler die Lebenswerte einer Gesellschaft. So werden an sich »unökonomisierbare« Werte zu Tauschwaren degradiert und für diese Preise festgesetzt. Aber wie soll man Wärme und Zuwendung in der Altenpflege in Geld berechnen? Wie die Loyalität eines altgedienten Mitarbeiters? Wie das Leuchten in den Augen eines begeisterten Kunden?

Das Dilemma zwischen Profitmaximierung und humanistischen Werten ist ein ständiges Ringen innerhalb des kapitalistischen Systems; es ist in seinem Betriebssystem verankert und kann nicht überwunden werden. Das ist nicht schlimm; beide Aspekte sind an sich weder gut noch böse. Beide haben ihren wohlverdienten Platz, nur übermächtig werden darf keiner von ihnen. Handelt man nur nach humanistischen Kriterien und vergisst die Anforderungen des Marktes, ist die Gefahr groß, »in Schönheit zu sterben«, an der Wirklichkeit und den Menschen vorbei zu produzieren. Handelt man nach dem Ziel maximalen Profits und vergisst das ethische Fundament, erleben wir moralisch-wirtschaftliche Bankrotterklärungen: Siemens, VW, Deutsche Bank, FIFA – um die eindrücklichsten Fälle der letzten Jahre zu nennen.

Doch auch abseits der großen Unternehmen und ihrer Skandale bekommt man den Eindruck, das Ringen zwischen Profitmaximierung und Humanismus sei entschieden – zugunsten der bedingungslosen Profitmaximierung. Als Entschuldigung dient den Unternehmen in solchen Fällen das angeblich Nächstliegende: die Globalisierung, die Renditeforderung der Aktionäre, der »Markt«, eine Analyse von Unternehmensberatern, das »Geschäftsklima«, der »gesunde Menschenverstand«. Den daraus folgenden Widerspruch zwischen humanistischem Ideal in Form wohlklingender Unternehmensleitbilder und der harten Realität in Form von Restrukturierungen und Subunternehmertum sehen Mitarbeiter allerorten, und er lässt sie zu Recht an der Botschaft zweifeln, der Mensch stehe im eigenen Unternehmen im Mittelpunkt.

Der Widerstreit zwischen Profitstreben einerseits und Humanismus andererseits verbindet sich im traditionellen Managementdenken mit einer unglückseligen Win-lose-Mentalität: Wenn einer gewinnt, muss der andere verlieren. Dieses rivalisierende Einanderausstechen hat seinen Ursprung unter anderem in der westlich-individualistischen Kultur des Verdrängungswettbewerbs, im Entweder-oder. So streben westliche Unternehmen so oft wie möglich nach der Marktführerschaft und sei es in einem noch so unbedeutenden Gebiet. »Weltmarktführer in XY« ziert dann die Stellenanzeigen und soll so die Elite der konkurrenzbewussten High Potentials anlocken. Im asiatischen Raum mit seiner kollektiv orientierten Mentalität dagegen kann man auch gut mit einer Strategie der optimalen Anpassung leben: »Im Unternehmensbereich entspricht die ›westliche‹ Kultur der Annahme, man müsse eine marktbeherrschende Position einnehmen und den Markt ›definieren‹, die ›asiatische‹ Kultur dagegen der Einstellung, man müsse eine Marktnische suchen und sie nach besten Kräften besetzen.«[30]

Asiatische Unternehmen beherrschen mehr als westliche die Wirklichkeit des Sowohl-als-auch. Von ihnen könnte man die Win-win-Lösungen lernen, das Vorankommen zum gegenseitigen Vorteil. Es muss nicht immer einer auf der Strecke bleiben, damit der andere vorankommt.

Die Suche nach diesen viel zitierten, aber selten erreichten Win-win-Lösungen ist allerdings anstrengend und unter Umständen renditegefährdend. Und wer möchte schon seinen Aktionären erklären, dass er die Rendite auf Aktien kürzt, damit mehr Mitarbeiter ihre Jobs behalten? Da bleibt man lieber ideenlos, trinkt mit dem Controller eine Tasse Kaffee und streicht mit spitzem Bleistift die »FTE« raus, die »Full Time Equivalents«: Vollzeitäquivalente. So heißt der Arbeitnehmer in der Sprache der Betriebswirtschaft. Solche Kleinigkeiten sind verräterisch. Wenn Personalmanager, Unternehmensleitungen und Führungskräfte über die Zukunft von Arbeitsplätzen sprechen und ob es sich noch lohnt, jemanden zu beschäftigen, geht es nicht um Herrn Müller oder Frau Meier. Sondern um 40 FTE, »die wir auf 36 reduzieren sollten. Das splitten wir dann noch auf: 16 gehen nach Irland, und von den 20 hier geben wir fünf als Werkverträge raus. Heinz, hast du die Nummer der Zeitarbeitsfirma?« Humanismus? Der Mensch im Mittelpunkt? Genauso könnte man über die Produktion von Schrauben sprechen. Und das tun wir auch.

Dafür verantwortlich ist neben dem natürlichen Widerstreit zwischen Profitmaximierung und Humanismus und dem schädlichen Trend zum einseitigen Gewinn-Verlust-Denken im Management ein dritter Faktor: ein mutloses Personalwesen. Dass man über Menschen als Menschen spricht, dass man menschenwürdig miteinander umgeht, ist die edelste Aufgabe der Personalabteilung eines Unternehmens. Nicht Administration, Buchhaltung oder Zeugnisschreiben – diese Dinge werden in Zukunft sowieso weitgehend automatisiert ablaufen. Die Personalabteilung zieht ihre Existenzberechtigung im Grunde aus der Verteidigung der Menschlichkeit gegen die Zahl. Das ist ihr Job. Ob man das nun »HR Business Partner« nennt oder »Human Resources« in »Human Relations« umbenennt, ist im Grunde egal.

Leider fehlt manchen Personalverantwortlichen hierfür der Mut. So schreibt Jan C. Weilbacher, Chefredakteur des Magazins *Human Resources Manager*: »Ich habe selbst festgestellt, dass zunehmend mancher Personaler aufgrund des Bedürfnisses, endlich am Tisch der Entscheidungen zu sitzen und ›richtiger‹ Manager zu sein, Wesentliches aus den Augen verloren hat. Man will nicht als zu weich gelten, bloß kein Kümmerer sein, und redet hemdsärmeligen Managern nach dem Mund, die einem alten Systemdenken anheften – und ein Menschenbild vertreten, das aus den Anfängen der Industrialisierung stammt.« Schlimmer noch: »Der Linie nach dem Mund zu reden ist das eine, aber ein nicht mehr zeitgemäßes Menschenbild zu vertreten, ist eine Todsünde. Denn das Menschenbild ist der Anfang von allem: wie wir führen, wie wir Organisationen entwickeln, ja sogar wie wir die Digitalisierung angehen.« Weilbacher zieht für die Personalerbranche ein mahnendes Fazit: HR müsse »die Courage haben, ein modernes Menschenbild zu vertreten, auch wenn Geschäftsführung und Linie es anders sehen und die Personaler sich letztendlich vielleicht nicht durchsetzen können. Es geht ums Prinzip, um das eigene Wertesystem. Es ist eine Frage des Berufsethos.«[31]

Wir erleben auf der einen Seite eine Wirtschaft, die geld- und renditegetrieben ist, und auf der anderen Seite den einzelnen Menschen, der in dieses System eingepasst werden soll. Zwischen den Fronten die Personaler, die als Vermittler hin- und herlaufen und versuchen, sich ihre humanistischen Ideale zu erhalten, nachdem sie auf die ökonomische Wirklichkeit der Betriebe geprallt sind. Das Ganze ist ein philosophisches Problem: Kann der Mensch tatsächlich Subjekt seiner Arbeit sein, das heißt, sie in weiten Teilen gestalten, kontrollieren, sinnerfüllend erfahren? Oder ist er vielmehr Objekt, ein Kostenfaktor, den man einsetzt, optimiert und bei Nichtbedarf eben entlässt? Der Kontext der momentanen Arbeitswelt zeigt klar: Hier kann der moderne Mensch kein Subjekt seiner Arbeit sein. Das proklamierte Streben nach Sinn, Spaß und

In der modernen Arbeitswelt ist der Mensch nicht Subjekt, sondern Objekt

Erfüllung setzt Gestaltungsspielraum und Freiheitsgrade voraus, die der arbeitende Mensch in der Regel nicht hat. Daher kann er in heutigen Unternehmen nur Objekt sein, ein Kostenfaktor. Spätestens hier entlarvt sich die Lüge vom »Menschen im Mittelpunkt«. Die These vom Menschen als Mittelpunkt seiner Arbeitswelt setzt ihn als Subjekt voraus, als handelndes, autonomes Wesen. Dass diese Annahme unrealistisch ist, zeigt sich beim Blick in die Zeitung und auf die darin ausgewiesenen Stellenabbauprogramme genauso wie bei den berüchtigten Zielvereinbarungen. Diese sind in der Regel keine Vereinbarungen, sondern Ziel*vorgaben*, die der Mitarbeiter abnicken soll. Mitsprache und Gestaltungsspielraum sehen anders aus.

New Work als neue Philosophie der Arbeitswelt ignoriert den Gegensatz zwischen Profitmaximierung und Ethik nicht, im Gegenteil. Es spricht sich auch nicht gegen den Profit und für die Dominanz der Ethik aus. New Work ist realistisch im Sinne einer strategischen Vision und nicht realitätsfern im Sinne einer Utopie. Unternehmen müssen Gewinne machen, um zu existieren. Aber es geht um einen »humanistischen Kapitalismus«, um eine wahrhaft soziale Marktwirtschaft. Es geht um die Frage: Wie viel Profit wollen wir erwirtschaften? Und zu welchem Preis? Gibt es vielleicht sogar ein Zuviel an Profit? Muss unsere Organisation immer nur wachsen oder erlauben wir uns auch das Szenario des Verlustes, des Schrumpfens (nicht aus der Not heraus wie bei Restrukturierungen oder betriebsbedingten Schließungen, sondern als echte Handlungsmöglichkeit)? Haben wir *Wahlfreiheit* in der Gestaltung unseres Profits? Vielleicht halten manche diese Fragen für unverständlich oder gar absurd. Ein Zuviel an Profit? Bei Zweifeln an der Sinnhaftigkeit dieser Fragen sollte man zum Beispiel Interviews von gescheiterten Start-up-Gründern studieren. »Wir sind zu schnell zu groß geworden«, ist nicht selten eine Erklärung für die Implosion auf dem Weg zum etablierten Unternehmen. Es gibt tatsächlich Fälle, in denen man Profitmaximierung und Wachstum mit Vorsicht genießen sollte und in denen sie kein selbstverständliches Allheilmittel sind.

Stellt man das Wesen des Profits auf den Prüfstand, sollte man fairerweise auch die Ethik zur Diskussion stellen. Was sind »faire«

Gehälter? Wie halten wir es mit Hierarchien oder der Kommunikationskultur? Welches Menschenbild pflegen wir? Ethik und Kultur stehen mit der Profitmaximierung in einem ständigen Spannungsverhältnis. New Work möchte diesen Gegensatz neu diskutieren, mit dem mündigen Mitarbeiter als Grundlage. Der Mensch als Subjekt, die Erfüllung des Versprechens nach Gestaltung und Sinn ist allerdings nur in einem neuen, radikal anderen Kontext von Arbeit denkbar. Ein wenig Demokratisierung und ein paar Werte-Workshops werden da nicht reichen. Das Grundstürzende, das Konflikthafte fällt in der öffentlichen Debatte manchmal unter den Tisch. Frithjof Bergmann beispielsweise, dem Begründer des New Work, ist die Überprüfung des Lohnarbeitssystems innerhalb des kapitalistischen Wirtschaftsmodells zugunsten einer ethischen Debatte äußerst wichtig: »Versucht man einmal, sich die schreckliche Verwüstung und das unendliche Leid, die das Lohnarbeitssystem verursacht hat, vor Augen zu führen [...], dann ist schiere Wut vielleicht eine angemessene Reaktion. [...] Aber bei aller Wut sollte man an den einen, allerwichtigsten Punkt denken und ihn sich gut einprägen: Es gibt Alternativen zum Lohnarbeitssystem. [...] Nichts wäre so bizarr wie die Tatsache, einen Überblick über den Schaden zu haben, den das Lohnarbeitssystem angerichtet hat, und doch auf der verknöcherten Vorstellung zu beharren, dieses System sei etwas Ewiges und uns von der Natur oder von Gott Gegebenes.«[32] Der Spiritus Rector der New-Work-Bewegung fordert eine fundamentale Veränderung des Kapitalismus in seiner jetzigen Form und damit ein neues Gleichgewicht zwischen Profitmaximierung und Humanismus. Radikaler kann man das Wesen der Arbeit heute nicht verändern wollen. Erst unter diesen neuen Vorzeichen, wenn die ökonomische Erpressbarkeit des arbeitenden Menschen vorbei sei, könne man tatsächlich über den Menschen als Subjekt sprechen, über berufliche Sinnfindung und den Menschen im Mittelpunkt des wirtschaftlichen Geschehens.

In dieser Debatte sollten Personalverantwortliche eine Schlüsselposition einnehmen. Sie sind der Mensch gewordene Kompromiss des kapitalistischen Systems zwischen dem Streben nach Profit und dem »menschlichen Faktor« und sollten beiden Seiten verpflichtet sein: dem ökonomischen Selbsterhalt des Unternehmens durch Profitgenerierung und den Forderungen des modernen Menschen nach beruflichem Sinn, Teilhabe, Würde und persönlicher Entwicklung. Das erfordert beruflichen Überblick, philosophisches Interesse und nicht zuletzt persönlichen Mut. Man kann immer für mehr Profit argumentieren – aber für den Verbleib eines »minderleistenden« Mitarbeiters aus Gründen der Unternehmensloyalität? Die Personalfunktion sollte nicht nur Ausführungsorgan der Unternehmensleitung sein, sondern auch Anwalt der Mitarbeiter. Genau dies verwirklicht New Work. Es bringt das Streben nach Profit und das Streben nach Humanisierung der Arbeitswelt an einen Tisch. Von diesem Dialog profitieren letztlich beide Seiten. Das Ergebnis ist eine Win-win-Situation und die Entschärfung eines zentralen kapitalistischen Dilemmas.

Ich Chef, du nix – Steinzeit-Management und seine Folgen

Arbeit an sich, die Tätigkeit, das Element der Produktion, findet nicht im luftleeren Raum statt. Wie ein Fluss eingebettet ist zwischen zwei Ufern, wie ein Bild eingerahmt ist zwischen vier Streben, so ist Arbeit umgeben von einem organisatorischen Korsett. Es gibt definierte Abläufe, Prozesse für dies und das, ein Organigramm, Führungstools und dergleichen mehr. Alles schön dokumentiert, zertifiziert, auditiert und geprüft. Doch ein Korsett kann nicht nur in Form halten, sondern auch die Luft abschnüren. In den seligen Zeiten der Pariser Salons gab es durchaus dramatische Momente, wenn eine der feinen Damen auf ihrem Stuhl wie hingehaucht lag, weil ihr buchstäblich die Luft ausgegangen war. Was tat man nicht alles für eine gute Figur!

Genau genommen, ist das bei heutigen Organisationen nicht anders. Nur tut man es nicht für die Figur, sondern für das Ergebnis. Nach bestem Wissen und Gewissen schnürt man die Organisation in ein Korsett, damit nichts Unvorhergesehenes passiert, damit man allen Eventualitäten begegnet und sich jederzeit vor denjenigen rechtfertigen kann, die einem das Gehalt bezahlen (also in der Regel vor Aktionären oder Eigentümern): Seht doch, wir haben alles getan, was wir konnten. Und das Formblatt A40.2 haben wir auch noch ausgefüllt! Doch den Unternehmen heute ergeht es wie den Damen der Pariser Salons: Sie ersticken an überkommenen Regeln, an starren Prozessen, verkrusteten Strukturen. Die 68er riefen noch: »Unter den Talaren Muff von tausend Jahren!« Die moderne Managementgeschichte hat noch keine tausend Jahre hinter sich, aber trotzdem mieft es teilweise gewaltig. Und das hat mehrere Gründe.

Obwohl es viele Führungskräfte nicht zugeben würden, ist das Menschenbild der sogenannten Theorie X immer noch sehr präsent. Nach dieser Theorie ist ein arbeitender Mensch selten von sich aus motiviert; man muss ihn vielmehr »zum Jagen tragen«. Dafür schafft man Anreize, Prämien, Bonussysteme und weitere Spielsachen: »Der Mensch hat eine angeborene Abneigung gegen Arbeit und versucht ihr aus dem Wege zu gehen, wo irgendwie möglich. Durch seine Arbeitsunlust muss er meistens gezwungen, gelenkt, geführt und mit Strafe bedroht werden, damit er einen produktiven Beitrag zur Erreichung der Organisationsziele leistet. Er will ›an die Hand genommen‹ werden, da er zu wenig Ehrgeiz besitzt, Routineaufgaben vorzieht und nach Sicherheit strebt. Er scheut sich vor jeder Verantwortung. Deshalb muss der Manager jeden Handlungsschritt detailliert vorgeben, energisch anleiten und führen sowie streng kontrollieren. Nur auf diese Weise ist eine effiziente Arbeitsausführung möglich. Entlohnung alleine kann Menschen nicht dazu bringen, sich genügend zu bemühen. Das heißt, bei Zuwiderhandeln gegen die Regeln bedarf es externer Kontrollen und Strafen sowie Zwang.«[33]

In diesem Weltbild ist der Mensch wie ein Maultier, das man beständig prügeln muss, damit es nur einen Schritt weitergeht. Dabei ist das Maultier klug: Anders als das Pferd, das bei Gefahr panikartig flüchtet, bleibt das Maultier abwartend stehen und sondiert die Lage. Es behält einen kühlen Kopf und geht von selbst weiter, wenn es keine Gefahr mehr erkennt. Man müsste es eigentlich gar nicht prügeln. Und den Menschen auch nicht. Von diesem abwertenden Menschenbild jedoch ist unser gesamtes Arbeitssystem durchdrungen. In wie vielen formellen und informellen Personalgesprächen wird subtil mit Kündigung gedroht, wenn man weiter so »unmotiviert« vor sich hinarbeite! Wie selbstverständlich wird davon ausgegangen, dass Hartz-IV-Empfänger erst durch die Kürzung ihrer Bezüge »angespornt« würden, sich endlich zu bewerben. Wie automatisch geht man davon aus, dass Mitarbeiter vor allem »Geld« hören, wenn die Führungskraft »Anerkennung« sagt. Das Menschenbild der Theorie X ist ein intellektuelles Armutszeugnis und gehört in die Mottenkiste der Managementtheorien. Für die Führung im 21. Jahrhundert und die Organisation von Arbeit ist es völlig ungeeignet. Umso schlimmer, dass es gerade in Zeiten der wirtschaftlichen Unsicherheit und der Krise fröhliche Urständ feiert, weil man die eigene Angst und das eigene Minusdenken auf den Mitarbeiter projiziert. Doch nur weil die Führungskraft keine Vision und keine Freude hat, heißt das noch lange nicht, dass es ihrem Mitarbeiter ebenso geht. Wie aber soll ein Blinder einen Sehenden führen?

Parallel zum Menschenbild der Theorie X eroberte im frühen 20. Jahrhundert ein Phänomen die Wirtschaftswelt im Sturm: das fordistische Produktionsprinzip. Der amerikanische Autobauer Henry Ford war nicht nur ein begnadeter Konstrukteur, sondern besessen von einer Idee: Wie kann man die Produktion eines Autos effizienter und billiger machen? Die Antwort lag für ihn auf der Hand: durch kleinteilige Spezialisierung bis zum Exzess. Fortan waren jedem Arbeiter am Fließband spezielle Handgriffe zugewiesen; buchstäblich mit der Stoppuhr in der Hand maß Ford die Zeitspannen, die seine Arbeiter für die Produktion und den Zusammenbau der Autos brauchten. Das Ergebnis war phänomenal – mehr Autos in weniger Zeit in gleicher Qualität. Ford hatte vielleicht nicht die Fabrik erfunden, aber er hatte die entscheidende Produktionsmethode für die Ära des Massenkonsums perfektioniert. Die kleinteilige Fließbandmethode beherrscht bis heute die industrielle Produktion, mit allen Vorteilen für das Produkt und mit allen Nachteilen für den Arbeiter: monotone Tätigkeiten, intellektuelle Verarmung, wenig Bezug zum Gesamtprodukt, einseitige körperliche Beanspruchung, Schichtarbeit. Erst die aktuelle industrielle Revolution aus Digitalisierung, dem Aufkommen personalisierter und individualisierter Produkte und einem Wandel zur Wissensarbeit stellt das fordistische Produktionsmodell infrage. Die reine Massenproduktion wird künftig in viel höherem Maße als heute automatisiert ablaufen. Hingegen werden Arbeitsbereiche relevanter, die nicht von Maschinen abgedeckt werden. Bereiche, die beispielsweise Kreativität oder menschliche Interaktion benötigen. Auch hier liegt die Chance in einer Aufwertung des Menschseins in der Arbeit: weg vom reinen Handlanger hin zum »Entwickler des eigenen Arbeitsselbst«, weg von der »Humanressource« hin zum »arbeitenden Ich«. Die Strömung der Postwachstumsökonomie beispielsweise diskutiert, ob wir die industrielle Massenproduktion nicht allein schon aus ökologischen Gesichtspunkten heraus massiv einschränken sollten. So könnten wir eine ressourcenschonende »Ökonomie des minimalen Kaufens« einleiten und die Epoche des »maximalen Kaufens« beenden.[34]

Während das Menschenbild der Theorie X die Entwicklung von Menschen in Organisationen bestimmte und das fordistische Produktionsprinzip den Arbeitsprozess bis ins Kleinste regulierte, verrichtete ein weiteres Instrument das düstere Werk des Luftabschnürens: der unheilige Dreiklang aus Zentralisierung, Hierarchie und Kontrolle. Nicht umsonst sind diese drei Merkmale prägende Bestandteile einer anderen Organisationsform: des Militärs. Eine Armee funktioniert nach dem Prinzip von Befehl und Gehorsam; Befehlsverweigerung wird hart bestraft. »Ober sticht Unter«, wie es so schön heißt. Alles, was man braucht, um dieses Prinzip zu verwirklichen, sind Rangabzeichen, schriftlich fixierte Befugnisse und ein hübsches Organigramm. Doch was für eine Armee oder einen Flottenverband gut ist, muss noch lange nicht für ein Unternehmen passen. Dass das schlichte Organisationsprinzip von Befehl und Gehorsam allerdings immer noch in deutschen Büros virulent ist, kann man in Bewerbungsgesprächen erkennen. In manchen Unternehmen gehört das schneidige »Und, haben Sie gedient?« tatsächlich immer noch zu den relevanten Fragen der Bewerberqualifikation. Man mag es nicht glauben.

Zentralisierung, Hierarchie und Kontrolle als wichtige Managementprinzipien halten mit den heutigen Märkten, ihrer Schnelligkeit und Dynamik und den globalisierten Anforderungen jedoch immer schlechter Schritt. »Die Sozialtechnologie Management wurde im Industriezeitalter zu einem derartigen Erfolgsmodell, dass wir sie heute praktisch gleichsetzen mit Unternehmensführung und Betriebswirtschaft. Genau da liegt das Problem. Management war eine geniale Idee, um mit trägem Wettbewerb und komplizierter Leistungserbringung umzugehen. Aber es ist ganz schlecht im Umgang mit lebendiger Leistungserzeugung, mit Überraschung und [...] Wissensarbeit«, so der Berater Niels Pfläging. »Management beruht immer auf dem Gedanken der Steuerung des Unten durch das Oben: [...] Stellenbeschreibungen, Organigramme, Personalentwicklungs-Prozesse, Mitarbeiterbeurteilung, Anreizsysteme – da ist überall die Ideologie zentraler Steuerung enthalten. Aber der Dynamik, auf die wir in Märkten treffen, lässt sich nicht wirksam mit Gegenmacht aus dem Top-Management begegnen. Man kann nicht intern steuern, wenn draußen der Markt regiert und uns ständig überrascht. Heute übt der Markt mit seiner Dynamik brutale Macht auf Organisation aus.«[35]

Es ist wie bei einem Dinosaurier: Biss ihm jemand in den Schwanz, brauchte das Nervensignal bis zu fünf Minuten, bevor es das Gehirn erreichte. In dieser Zeit war sein Schwanz vielleicht schon abgeknabbert und der Räuber im Dickicht verschwunden. Manchmal hat man den Eindruck, Unternehmen verhielten sich wie Dinosaurier. Die Kundenfirma spricht mit dem Verkäufer, der Verkäufer geht zum Vertriebsleiter, der zum Vorstand, der Vorstand entscheidet, gibt dem Vertriebsleiter seine Entscheidung bekannt, der Vertriebsleiter instruiert seinen Verkäufer und der kann neu mit dem Kunden sprechen. Wenn dieser das Geschäft nicht schon längst woanders abgeschlossen hat. Bei einem Unternehmen, das nicht sechs Wochen für eine Antwort braucht.

Die Theorie X, das fordistische Produktionsprinzip und der Komplex aus Zentralisierung, Hierarchie und Kontrolle bedingen sich gegenseitig. Wenn man Menschen für unmotivierte Faulpelze hält, muss man sie möglichst kleinteilig kontrollieren. Nichts darf eine undurchsichtige Blackbox bleiben, weder die Arbeitszeit noch das Surfverhalten im Internet noch der Arbeitsablauf. Gleichzeitig muss man die Mitarbeiter in Rollen zwingen, damit sie nicht auf dumme Gedanken kommen und übers Ziel hinausschießen, wenn sie richtig aktiv werden (im Fußball nennt man das »kontrollierte Offensive«). Deswegen muss man beispielsweise »Talentmanagement« betreiben, damit Talente ja nicht zu viel anecken, sondern ihre Kreativität bitte schön in die gewünschte Richtung entfalten. Sonst könnte ja jeder kommen und neue Ideen haben. Und schließlich braucht man die Illusion der Wendigkeit, wenn man doch in Wirklichkeit ein Dinosaurier ist, der erst »Aua« schreit, wenn der Schwanz weg ist. Alle diese Phänomene sind gängige Praxis in Unternehmen, bewusst oder unbewusst. Doch mit ihnen kann man leider die Arbeitsanforderungen des neuen Jahrhunderts schlecht bewältigen – ganz abgesehen von der Kraft, Motivation und Energie, die verpuffen, wenn man als arbeitender Mensch in diesem System nicht atmen kann, weil das Korsett so eng ist.

New Work gibt hier auf ganzer Linie neue Impulse. Es räumt auf mit dem Menschenbild des unmotivierten Faulpelzes und setzt an seine Stelle das mündige, motivierte, handelnde Subjekt. Es revolutioniert Arbeitsprozesse weg von der Kleinteiligkeit hin zu Arbeitsabläufen, die der Logik und den Bedürfnissen der beteiligten Mitarbeiter folgen und nicht dem Dokumentationsterror des Controllings. Es stellt unter den Stichworten Demokratisierung, Dezentralisierung und Digitalisierung neue Modelle der Organisation zur Verfügung, mit denen man dem Korsett aus Zentralismus, Hierarchie und Kontrolle um der Kontrolle willen entkommen kann. New Work erschöpft sich damit nicht im Theoretischen, sondern macht konkrete Vorschläge für eine Verbesserung des Managements. Damit verabschiedet es verkrustete Ideen aus der Frühphase der Industrialisierung und setzt an deren Stelle wegweisende Impulse für die globalisierte, dynamische, postmoderne Arbeitsgesellschaft des 21. Jahrhunderts.

TEIL 2

WAS NEW WORK BEDEUTET

Die Vermessung der neuen Arbeit

Arbeit ist das halbe Leben, sagt man. Jedenfalls früher. Heutzutage hat man den Eindruck, dass Arbeit mehr als das halbe Leben ist. Vielleicht noch nicht das ganze – man muss schließlich essen und schlafen –, doch für einige Menschen ist Arbeit der wichtigste Faktor in ihrem Leben, der Kompass, der Mittelpunkt, um den sich alles dreht. Dabei geht es nicht einmal in erster Linie um die berühmte Sinnsuche im Job, um Erfüllung und das Gefühl, Teil eines großen Ganzen zu sein. Viele Menschen müssen schlicht und ergreifend viel arbeiten, um über die Runden zu kommen. Für Paare mit Kindern beispielsweise etabliert sich daher, allen Modernisierungsbemühungen zum Trotz, das 1,5-Stellen-Modell: Er arbeitet Vollzeit, sie Teilzeit; außerdem versorgt sie die Kinder. 2011 praktizierten in Deutschland 70 Prozent der Paare mit Kindern ein solches Einkommensmodell; 1996 waren es noch 53 Prozent. Im Gegenzug ging die »doppelte Vollzeittätigkeit« im gleichen Zeitraum von 45 auf 25 Prozent zurück.[36] So weit, so traditionell.

Nicht allen gefällt das. Man muss kein Gewerkschafter, Frauenrechtler oder Steuerberater sein, um sich andere Lösungen vorstellen zu können. Jede überlastete Mutter, jeder von seinen Kindern entfremdete Vater, aber auch kinderlose Menschen in der Arbeitsmühle fragen sich: Geht so etwas nicht besser? Kann man Arbeit nicht auch anders leben? Vielleicht nicht unbedingt immer entspannter, aber wenigstens dynamischer, selbstbestimmter? Immerhin leben wir in einer Welt der Individualisierung: Man kann sich sogar seine persönlichen Sportschuhe designen lassen, jeder möchte unverwechselbar sein, Handy-Klingeltöne sind Ausdruck der individuellen Extravaganz. Und vor der Arbeitswelt sollte dieser

Trend haltmachen? Das ist unwahrscheinlich. Auch im Arbeitsleben will der Mensch als handelndes Subjekt seine Arbeit immer stärker selbst gestalten, weg vom Rädchen im Getriebe hin zur »Ein-Mann-Einheit« individueller Selbst- und Sinnbestimmung. Doch allein der Wille dazu reicht nicht. Das politische und soziale Klima muss stimmen, die Technologie muss einen bestimmten Entwicklungsstand erreicht haben und die Arbeit muss auch dafür geeignet sein.

Betrachtet man die Anfänge des New Work, fällt auf, wie lange das Phänomen in den hinteren Regalreihen der Universitätsbibliotheken geschlummert hat. Oder wussten Sie, dass die US-Amerikaner bereits in den frühen 1980er-Jahren damit begannen, derartige Projekte umzusetzen? Unter anderem in der Stadt Flint (die durch die Arbeit des Dokumentarfilmers Michael Moore bekannt wurde). Nahe Detroit, der ehemaligen Autostadt Nummer eins der USA, war der Niedergang der Autoindustrie besonders schmerzhaft zu spüren. Ganze Straßenzüge verwaisten; die Stadt war im Niedergang begriffen. Dort startete man ein radikales Projekt. Wenn nur für sechs Monate im Jahr Arbeit in den Fabriken vorhanden war, sollten die Beschäftigten sechs Monate wie gewohnt arbeiten und die restlichen sechs Monate selbstorganisiert einer Tätigkeit nachgehen, die sie »wirklich, wirklich tun wollten« (eine Formulierung, die zum geflügelten Wort wurde). Dabei wurden sie von New-Work-Teams unterstützt. Nicht mit Geld, sondern mit Wissen, individuellen Potenzialanalysen, Coaching und Sozialarbeit. Und tatsächlich feierte das Projekt Erfolge. Es gelang, die Arbeitskultur in Flint auf neue Füße zu stellen. Aus müden, resignierten Arbeitern wurden Menschen mit Kraft und Perspektive. Und ist es nicht das, was Arbeit bewirken sollte?

Der Ursprung von New Work liegt in den 1980er-Jahren

Arbeit umgibt uns, füllt unser Bewusstsein, hält die Gesellschaft zusammen. Arbeit ist das Zentrum, der Fixpunkt, der archimedische Hebel, um den sich heutzutage alles dreht, von dem sich alles ableitet. An der Arbeit als definitorische Mitte des Lebens kommt man nicht vorbei. Wenn wir uns erholen wollen, dann, um wieder arbeiten zu können. Wenn wir in den Urlaub fahren, dann, um nachher für die Arbeit wieder belastbar zu sein. Wenn wir Dinge finanzieren wollen, tun wir es durch Arbeit (lassen wir mal die Börsenspekulationen, Lottogewinne und das organisierte Verbrechen außen vor). Wenn wir gesetzliche Elternzeiten definieren und fördern, tun wir das mit Blick auf den grundsätzlichen Vorrang des Arbeitsprozesses, von dem wir uns in speziellen Situationen entfernen dürfen, unter der Maßgabe, uns nach der definierten Pause pflichtschuldig wieder unter das Primat der Arbeit zu stellen, ihrer Anforderungen und speziellen Bedürfnisse. Und gerade weil Arbeit ein so zentrales Moment in unserem Leben ist, muss man immer wieder neu über sie nachdenken, über ihr Wesen und ihre Bedeutung für den Menschen, über ihre Organisation und ihre Funktion in der Gesellschaft.

In jüngster Zeit treten nun Faktoren auf den Plan, die ein neues Nachdenken über Arbeit notwendig machen: die viel zitierte Globalisierung der Welt im Allgemeinen und der Arbeitsdynamiken im Besonderen, die Beschleunigung von Kommunikation, die massive Erhöhung der Produktivität durch Digitalisierung, Automatisierung und Robotik sowie der (relativ junge) Impuls der Selbstverwirklichung in der Arbeit. Dies alles verändert den Blick des Menschen auf und seine Stellung innerhalb der Arbeit, und es bilden sich neue Denkmodelle, neue Philosophien für die Arbeitssphäre und ihre Bedeutung für den einzelnen Menschen. New Work ist eine solche Philosophie.

Von Freiheit und Arbeit – Die Anfänge von New Work

Die Idee des New Work wurde in den 1980er-Jahren von Frithjof Bergmann, einem amerikanischen Philosophen, formuliert. Bergmann wurde 1930 geboren und ist ein Mann mit vielen Facetten: In jungen Jahren hielt er sich mit Gelegenheitsjobs, beispielsweise als Arbeiter und Tellerwäscher, über Wasser. Später studierte er Philosophie, promovierte über Hegel und lehrte unter anderem an den

Universitäten von Stanford, Chicago und Berkeley in Kalifornien. Er war aber auch entschlossen genug, seine Idee einer autonomen Lebensweise selbst auszuprobieren. So lebte er mehrere Jahre abgeschieden und ohne technische Hilfsmittel in den Wäldern von New Hampshire. Diese Erfahrung inspirierte seine späteren Ideen und Ausführungen zur ökonomischen Idee des »high-tech self-providing«, wie er es nannte. Diese Hightech-Selbstversorgung wurde zu einem Hauptbestandteil seines New-Work-Konzepts, neben einer ausgeprägten Kapitalismuskritik und dem Konzept des Callings, der Berufung. 1984 schließlich gründete er sein »Zentrum für Neue Arbeit«, das mittlerweile Ableger rund um die Welt hat (in Deutschland: Freiburg und Wuppertal).

Allerdings wirkt selbst mehr als 30 Jahre nach den Anfängen von New Work die Kernforderung von Bergmann fast zu radikal, als dass sie Chancen auf eine Umsetzung hätte. Bergmann plädiert für nichts Geringeres als einen weitgehenden Rückbau des Lohnarbeitssystems, weil es den Menschen versklave und ihn in Jobs zwinge, die er nicht wolle und die ihn langfristig physisch und psychisch zerstörten. Eine solche Forderung erscheint selbst heute sozial und politisch nicht durchsetzbar. Aber diese Forderung stößt die Tür auf zu vielen sinnvollen Fragen: Wie kann man Lohnarbeit heute menschengerechter gestalten? Muss man den Arbeitsbegriff nicht umfassend erweitern, damit man sinnvoll über »Arbeit« bzw. »Neue Arbeit« diskutieren kann? Welche Dimensionen hat eigentlich eine Neuausrichtung von Arbeit, ein tatsächliches New Work? In der Presse tauchen in der Regel nur Fragmente auf, Blitzlichter, spektakuläre Highlights: wenn etwa eine Firma verkündet, ihre Mitarbeiter könnten ihr Gehalt selbst bestimmen, oder wenn ein Online-Netzwerk einen jährlichen Preis für New-Work-Projekte vergibt. Das alles sind gute Nachrichten, aber nur Tropfen im Regen der Informationen, die täglich auf uns einprasseln. Und in die Nachrichten mit großer Reichweite wie *Tagesschau* oder *Heute* schaffen es solche Ereignisse bislang eben nicht. Daher sollten wir zunächst einen Schritt zurücktreten und fragen: Worin besteht New Work? Welche Dimensionen muss man beleuchten, diskutieren, vielleicht auch wieder verwerfen?

Betrachtet man die drei Hauptsäulen des bergmannschen New-Work-Konzepts (Rückbau der Lohnarbeit, Förderung der Hightech-Selbstversorgung, Verfolgen einer beruflichen Vision), erkennt man, dass die beiden ersten Aspekte in der heutigen New-Work-Diskussion praktisch nicht vorkommen; dabei sind diese beiden mindestens so zentral wie die Idee des Callings. Um die Diskussion von New Work vom Kopf auf die Füße zu stellen, müsste man auch diese beiden Aspekte auf den Prüfstand heben. Aber man finde einmal eine Gewerkschaft, einen Arbeitgeberverband oder eine politische Partei, die ernsthaft die Abschaffung der Lohnarbeit diskutieren würde. Solche Funktionäre würden mindestens entlassen, vielleicht aber auch gleich eingewiesen. Doch die kritische Auseinandersetzung mit dem Kapitalismus und die Langfrist-Vision der Hightech-Selbstversorgung gehören eben auch zu New Work, nicht nur die Frage, ob man sich auf der Arbeit wertgeschätzt fühlt oder die Meetingrunde neuerdings »Kuscheln mit Kunden« heißt. Sonst steht irgendwo New Work drauf, wo New Work gar nicht drin ist. Und eine solche Mogelpackung wäre sicher nicht im Sinne des Freiheitsphilosophen und prägenden Begründers Bergmann.

Die drei Hauptsäulen von New Work: Rückbau der Lohnarbeit, Hightech-Selbstversorgung, Calling

Der Begriff »New Work« ist heute durch eine seltsame Unschärfe gekennzeichnet: Viele führen ihn im Mund, doch wenige wissen, was sich dahinter genau verbirgt. Ein deutliches Indiz dafür ist die Tatsache, dass es in den Diskussionen meist um Details der Arbeitsbedingungen geht, die man verbessern könnte: die Arbeitszeit, die Technik, die Führungskultur etc. Die »heißen Eisen« lässt man außen vor: beispielsweise den Rückbau der Lohnarbeit, eine soziale und philosophische Neubewertung von »Arbeit« insgesamt, die Frage nach der Veränderung des kapitalistischen Wirtschaftsmodells. Doch nur wenn man einmal das ganze Bild diskutiert, kann man New Work als das begreifen, was es ist: eine Idee, die eben nicht nur »Produktivität erhöhen« und »Mitarbeiter binden« kann, sondern auch außerhalb der betriebswirtschaftlichen Sprechblasen den arbeitenden Menschen mit Kraft und Perspektive erfüllt. Das zeigt sich deutlich in den von Bergmann formulierten Eckpunkten.

- **Echte Wahlfreiheit auch in der Arbeitswelt.** Bergmann ging es ursprünglich nicht um eine Revolutionierung der Arbeitswelt. Sein Thema war die Freiheit des Willens und der Wahl: »Das Ziel der Neuen Arbeit besteht nicht darin, die Menschen von der Arbeit zu befreien, sondern die Arbeit so zu transformieren, damit sie freie, selbstbestimmte, menschliche Wesen hervorbringt.«[37] Erst in der praktischen Projektarbeit, unter anderem in der damals dahinsiechenden US-Automobilindustrie, bekam New Work den entscheidenden Dreh hin zur Vision einer neuen Arbeitsgesellschaft.

- **New Work als bestmögliche Arbeitsform.** Einmal dahin ausgerichtet, verstand Bergmann sein New-Work-Konzept nicht als »Sahnehäubchen«, als nettes Geschenk, das ein Arbeitgeber seinen Mitarbeitern machen kann. Er betrachtete New Work als zwingende Weiterentwicklung der menschlichen Zusammenarbeit. Ansonsten drohe die Gesellschaft aufgrund von sozialer Ungleichheit, steigender Arbeitslosigkeit und einer Schieflage in der Verteilung von Produktivitätsgewinnen zu implodieren.

- **Veränderung des kapitalistischen Wirtschaftssystems.** Für Bergmann stellt der Kapitalismus in seiner jetzigen Form die Garantie dar für die Zerstörung des Menschen, seiner Umwelt und seiner Zukunft. Doch anders als sozialistisch-kommunistische Denker – von denen er sich immer wieder ausdrücklich abgrenzt – will Bergmann den Kapitalismus nicht abschaffen, sondern weiterentwickeln. Er bestreitet die innovative Dynamik von Arbeit und Produktivität im Kapitalismus nicht, möchte jedoch eine Entwicklung weg von einer Kultur des »maximalen Kaufens« hin zu einer Gesellschaft des »minimalen Kaufens«. Bergmann nennt dies den »dritten Weg« (neben Kapitalismus und Sozialismus).

- **Rückbau der Lohnarbeit.** Bergmann betrachtet das Wesen der Lohnarbeit als Grundübel des kapitalistischen Systems: Sie fördere beim einzelnen Arbeitnehmer psychologische und finanzielle Abhängigkeit, als Folge hiervon Angst um den Arbeitsplatz und Erpressbarkeit, die schließlich Lebensfreude, Produktivität und Kreativität mehr oder minder stark reduzieren. Es gebe »in unserer Kultur eine tief verwurzelte Tradition, die uns daran hindert, Arbeit als etwas Köstliches und sogar Wunderbares anzusehen. In der Tat erfahren viele Menschen ihre Arbeit als eine Art milde Krankheit. [...] Sehr viele Menschen sind gänzlich von ihrer Arbeit abhängig. Sobald ihnen ihre Arbeit genommen wird, sind sie wie Marionetten, deren Fäden durchgeschnitten wurden, so dass sie zu einem kläglichen Häufchen zusammensacken.«[38] Als Alternative zur Lohnarbeit (die in seinem Konzept allerdings nicht komplett entfällt, jedoch nur noch ca. 20 Prozent der Lebensarbeitszeit ausmacht) stellt Bergmann die schon erwähnte Hightech-Selbstversorgung und das sogenannte Calling, die Berufung, vor: Arbeit, die man »wirklich, wirklich tun will«.

Eine realistische Diskussion des gesamten New-Work-Konzepts ist auch deshalb wichtig, weil eine alleinige Betonung des Berufungsaspekts in die Sackgasse führt. Natürlich gefällt es Personalern, Coaches und humanistisch gesinnten Geschäftsführern, den Sinn der Arbeit zu betonen, die Selbstverantwortung und die angeblich möglichen Freiheitsgrade. Doch dabei gerät ein Umstand aus dem Blick, den Bergmann bereits klarsichtig analysiert: die Abhängigkeit des Menschen von der Arbeit an sich. Der moderne, leistungsoptimierte Mensch gründet seinen Selbstwert in ganz überwiegender Weise auf der eigenen Arbeitskraft. Dies gerät ihm immer öfter zur Falle.

Wir reden von »Selbstverantwortung«, »teilautonomen Teams« und »virtueller Führung«, während wir die Trümmer unseres Privatlebens einsammeln und versuchen, uns körperlich und geistig fit zu halten. So nehmen in Deutschland bereits 800 000 Erwerbstätige regelmäßig leistungssteigernde Substanzen ein, die ihnen nicht vom Arzt verordnet wurden: Piracetam (ein Antidementivum), Ritalin (eigentlich ein Medikament gegen Störungen wie ADHS), Modafinil (ein Antiepileptikum), Fluoxetin (ein Antidepressivum) und noch einige andere.[39]

Arbeit bestimmt, wann wir einkaufen gehen, wann wir unsere Familie sehen, wann wir Arztbesuche machen, was wir uns leisten können und was nicht, in welche Stadt wir ziehen. Indem die Arbeit zum Wichtigsten in unserem Leben wird, entscheidet sie über unser Lebensglück. Das haben wir in einer Art stillen Kapitulation akzeptiert. Für viele Menschen ist Arbeit der zentrale Inhalt ihres Lebens.

Wer rastet, der rostet – Zur Dialektik von Arbeit und Nicht-Arbeit

Wir sollten anerkennen, dass wir Arbeit in unserer Gesellschaft verabsolutiert haben, mit allen Vor- und Nachteilen. Wir haben keine Kontrolle mehr über unsere Arbeit; wir sind Holzstöckchen im Fluss der globalisierten, kommunikativ enthemmten, verdichteten Arbeit. Wir werden mitgerissen und müssen nun schwimmen. Es geht nicht mehr um Work-Life-Balance. Für viele Menschen gibt es kein »Life«, kein wertvolles Privatleben mehr. Das Holzstöckchen kommt nie mehr ans Ufer. Vielmehr sehen wir das Ufer nur noch verschwommen von der Mitte des reißenden Flusses aus, der uns in Atem hält und zu einem unbekannten Ziel treibt. Daher müssen wir neu über Arbeit sprechen, über die Bedeutung, die wir ihr in unserem Leben geben, den Preis, den wir für sie zahlen wollen, über die menschengerechte Organisation von Arbeit und schließlich über das Überführen von Arbeit in gesellschaftliche Strukturen und Institutionen. Dafür bietet das New-Work-Modell einen guten Ausgangspunkt.

Denn zurück können wir nicht mehr. Die frühere Industriegesellschaft (oder »Disziplinargesellschaft«, wie Byung-Chul Han sie nennt) gibt es nicht mehr: »An die Stelle von Verbot, Gebot oder Gesetz treten Projekt, Initiative und Motivation. Die Disziplinargesellschaft ist noch vom *Nein* beherrscht. Ihre Negativität erzeugt Verrückte und Verbrecher. Die Leistungsgesellschaft bringt dagegen Depressive und Versager hervor.«[40]

Wir sind längst in diese Leistungsgesellschaft eingetreten, in der wir die Frage nach dem alles beherrschenden psychologischen, soziologischen, ökonomischen und politischen Stellenwert der Arbeit zu wenig diskutieren. Doch genau diesen Streit müssen wir führen, vielleicht ganz neu. Auch das steckt in der Bewegung des New Work: Es geht nicht nur um eine (oberflächliche) Autonomisierung des arbeitenden Subjekts, sondern um eine grundlegende Auseinandersetzung mit der ethischen, zeitlichen und funktionalen Bedeutung von Arbeit in unserer Gesellschaft. Nur so können wir die negativen Folgen eines allmächtigen Arbeitsbegriffs mildern, die sich bereits abzeichnen: massive Zunahme von Depression und Burn-out als Folge einer permanenten Überforderung; massive Zunahme der Verschreibung von Psychopharmaka und leistungssteigernden Mitteln; pandemisches Mobbing als Folge einer immer weiter um sich greifenden Existenzangst; eine Kultur der Angst in den Betrieben, mit der den Arbeitnehmern immer umfangreichere Arbeitsleistungen abgepresst werden.

Bekämpfen wir die bereits sichtbaren Folgen dieses Arbeitstotalitarismus nicht, prognostiziert der Philosoph Han das Nachfolgestadium der Leistungsgesellschaft, die Doping- bzw. Müdigkeitsgesellschaft: »Die Leistungsgesellschaft als Aktivgesellschaft entwickelt sich langsam zu einer Dopinggesellschaft. Inzwischen wird auch der negative Ausdruck ›Hirndoping‹ durch ›Neuro-Enhancement‹ ersetzt.« Diese Leistungsgesellschaft bringe »eine exzessive Müdigkeit und Erschöpfung hervor. […] Der Exzess der Leistungssteigerung führt zum Infarkt der Seele.«[41]

Ausgebrannt von Stress, Hyperaktivität und der postmodernen Verpflichtung, der Beste zu werden, der er sein könnte, sinkt der Mensch ermattet vor das abendliche Fernsehprogramm: »Ich lebe zwar schon, aber etwas sagt mir mit unwidersprechlicher Autorität: Du lebst noch nicht richtig. […] Es ist die Autorität eines anderen Lebens in diesem Leben. Diese trifft mich an in einer subtilen Insuffizienz […]. Sie ist mein innerstes Noch-nicht.«[42] New Work bedeutet, Wege zu entwickeln, die dem Menschen als handelndem Subjekt seine Souveränität und sein Wohlbefinden auch in der Arbeit sichern und zurückgeben.

Wer wissen will, wie intensiv wir unsere Seele der Arbeit verschrieben haben, muss nur den Volksmund befragen. »Müßiggang ist aller Laster Anfang«, »Wer rastet, der rostet« oder »Was du heute kannst besorgen, das verschiebe nicht auf morgen« sind bekannte Beispiele aus dem Fundus mehr oder weniger sinnvoller Volksweisheiten, die sich im Laufe von Jahrzehnten oder Jahrhunderten herausgebildet haben. Sie zeigen den hohen Stellenwert von Arbeit in unserer Kultur, einer Kultur, die sich von der christlich-jüdischen Weltanschauung bis zu den heutigen Lehren des Kommunismus überdeutlich durchgesetzt hat: »Unsere Spezies hat [...] aus dem Zwang zur Arbeit die innerlich empfundene Pflicht zur Arbeit, die ›Arbeitsmoral‹ gemacht. Spiegelbilder dieser Entwicklung zeigten – und zeigen – sich in der Schöpfungsgeschichte des Alten Testaments (›Im Schweiße deines Angesichts sollst du dein Brot essen‹), in den Mönchskulturen des Mittelalters (›Ora et labora‹), im Protestantismus Luthers und Calvins (›Der Mensch ist für die Arbeit gemacht wie der Vogel zum Fliegen‹), aber auch im strengen Arbeitsethos der Linken von Marx bis Lenin (›Wer nicht arbeitet, der soll auch nicht essen‹).«[43]

Es entbehrt nicht einer gewissen Ironie, dass sich in einer weitgehend religionslos gewordenen Gesellschaft die Menschen einem Dogma beugen, das von ebendieser religiös geprägten Kultur der Vergangenheit geschaffen wurde. Man sollte erwarten, dass die Abkehr von der Religion auch ein Hinterfragen der damit transportierten Arbeitskultur im Schlepptau hätte. Doch dem ist augenscheinlich nicht so. So erinnert der religionslos gewordene Mensch an einen Gefangenen, der sich über eine abgelegte Augenbinde freut, aber übersieht, dass ihn noch eine Fußfessel hält. Die Augenbinde der kirchlichen Tradition hat er abgenommen, doch die Fußfessel der drückenden Arbeitsmoral trägt er immer noch. Ohne Fußfessel, aber mit Augenbinde könnte man wenigstens irgendwohin gehen, andersherum nicht. So bleibt auch der postmoderne Mensch ständig unter dem Imperativ der Arbeitspflicht.

Von diesem kulturell geprägten Zentrum der Arbeit aus versucht man, der Peripherie, dem äußeren Gegenüber von Arbeit im Leben, einen Namen zu geben: Privatleben, Work-Life-Balance, Muße, Freizeit. Doch ein echtes Gegenüber, eine echte Dialektik auf Augenhöhe entsteht nicht, kann nicht entstehen, da die Arbeit in unserer Gesellschaft absolut ist. Der Satz »Ich will nicht arbeiten« ist ein Tabu, macht den Sprecher zum Ausgestoßenen, zum Schmarotzer der Wirtschaftskraft, die alle anderen produzieren. Es ist nicht erlaubt, zu nehmen, sondern nur zu geben.

Es gibt kein gleichwertiges Pendant zur Arbeit

Die Arbeit verhält sich wie eine schnell drehende Zentrifuge, die andere Lebensbereiche an den Rand drängt: Familie, Hobbys, Nichtstun, außerberufliches Engagement. Um über eine Neudefinition von Arbeit, um über New Work zu sprechen, fasst man diese verschiedenen Aspekte außerhalb der Arbeitssphäre am besten im Begriff der Nicht-Arbeit bzw. der Anti-Arbeit zusammen. Die »Heiligkeit« der Arbeit spiegelt sich in vielen politischen Signalen und Symbolen. Die Phrase »Sozial ist, was Arbeit schafft«, das politische Ziel der Vollbeschäftigung oder das Abschieben von Arbeitslosen in fragwürdige Weiterbildungen verdeutlichen den enormen Stellenwert von Arbeit in unserer Gesellschaft. Dabei ist mit Hannah Arendt zu fragen: Was wird aus einer Arbeitsgesellschaft, die nichts mehr kann außer Arbeit? Weil wir augenscheinlich nichts anderes mehr können, weil wir entweder erschöpft, gehetzt, einfallslos oder unter Zeitdruck sind, wird der Bereich der Anti-Arbeit zur flüchtigen Projektion, vieldeutig, unsicher, verhandelbar und unterschiedlichen Moden unterworfen. Wir simulieren die Freiheit der Wahl mit unterschiedlichen Ideen und Freizeitprojekten, bleiben jedoch immer unter der Leistungsvorgabe der Arbeit gefangen.

New Work fragt daher nicht nur: Wie kann man Arbeit verbessern? Wie kann man sie menschlicher, sinnvoller oder zukunftsfähiger machen? Sie fragt auch: Wie ist das Verhältnis von Arbeit und Nicht-Arbeit? Gibt es ein Leben außerhalb der Arbeit? Die spontane Antwort könnte lauten: Die Alternative zur Arbeit ist die

Nicht-Arbeit, die Anti-Arbeit. Freizeit als Freiheit. Doch so einfach ist die Sache leider nicht. Auch wenn man den imperativen Charakter der Arbeit in unserer Gesellschaft hinterfragen kann, bleibt Arbeit für den Menschen ein grundsätzlich sinnvoller Vorgang, der ihn erfüllen kann. Man bestätigt sich in seinem Können, lernt neue Dinge, tut eventuell Gutes für andere und sieht im besten Fall einen Sinn in seiner Arbeit, einen persönlichen Beitrag zu einem großen Ganzen.

Daher ist der Impuls zur Flucht aus der Arbeit heraus aufgrund von Überlastung, Sinnleere oder üblen Kollegen verständlich, doch letzten Endes nicht tragfähig. Der Sinnplatz am Tisch des persönlichen Lebens, den die Arbeit besetzt hatte, bliebe leer und könnte auch durch intensive Freizeitbeschäftigung nicht ersetzt werden. Arbeit als Bestätigung unserer Selbstwirksamkeit, unserer Gestaltungsmacht über die Welt und unserer sozialen Teilhabe wird darum immer wichtig bleiben. Freizeit oder Muße als Anker der Erholung haben ihre Berechtigung. Doch New Work propagiert nicht die Abkehr von der Arbeit, sondern die Veränderung der Arbeit hin zu einem Zustand, der den psychologischen Bedürfnissen und den äußeren Arbeits- und Lebensbedingungen des 21. Jahrhunderts entspricht.

Ideen wie eine stärkere Betonung der Freizeit oder Muße sind diskussionswürdig, doch gesellschaftlich kein Ersatz für eine menschengerechtere Arbeit, wie sie der New-Work-Bewegung vorschwebt: »Der Müßiggang ist seit Jahrzehnten stark im Kommen: Es gibt immer mehr Urlaub, Freizeit, Lebensjahre. Die Aktivitätsgesellschaft evakuiert sich in den ›distinguierten Konsum‹ neuer Art, in Beschäftigung mit Problemen, die es zuvor nicht gab. Wenn wohlhabende Menschen sich ein Ehrenamt suchen, Rentner in ihren Schrebergarten schnippeln oder irgendjemand etwas tut, klingt das Echo des Müßiggangs mit. Der Aktivitätsgrad nimmt dabei kaum ab, man wechselt nur die Bewegungsart.«[44]

Muße als Versuch der Freizeit bleibt damit eine Art »gedämpfte Arbeit«, bei der man sich einem tatsächlichen Leerlauf nicht stellen muss. Vielmehr beruhigt man sein an die Arbeitspflicht gemahnendes Über-Ich mit einer gedrosselten Geschwindigkeit, verharrt aber im bekannten Leistungsmodus. Insofern haben wir uns weit vom griechischen Ideal entfernt, das die Muße als echten Gegenpol zur Arbeit kennt. Hier hat die christlich geprägte, abendländische Ethik ganze Arbeit (sic!) geleistet. Und das, obwohl beispielsweise Jesus von Nazareth der Arbeit gegenüber eine eher entspannte Haltung einnahm: »Seht die Vögel unter dem Himmel an: sie säen nicht, sie ernten nicht, sie sammeln nicht in die Scheunen; und euer himmlischer Vater ernährt sie doch. Seid ihr denn nicht viel mehr als sie?«[45] Muße dagegen trägt als schillernden Kern immer noch das Pendel der Unruhe in sich, das Hin-zu-etwas, langsam vielleicht, aber permanent. Stillstand ist keine Option.

Würde man die Muße als feige Form der Arbeit bezeichnen, wäre die Faulheit ihr ehrlicher Bruder. Die Faulheit ist im Reigen der Tätigkeitsfamilie das schwarze Schaf. Arbeit, Hetze, Pflicht, selbst Muße oder Krankheit sind akzeptierte Formen des Daseins. Nur die Faulheit scheint sich allem Zureden zu verweigern. Sie hat keinen guten Leumund. Man darf heutzutage Menschen auf vielerlei Arten beleidigen: Ehrgeizig, egozentrisch, narzisstisch, nachtragend, schwer von Begriff – all das darf man sein. Aber zu behaupten, jemand sei faul, bedeutet das arbeitspolitische Todesurteil. Durchdrungen von der kombinierten christlich-kommunistischen Bewusstseinsformung der »Arbeitsmoral« bleibt dem Faulen der Randplatz am Tisch der gesellschaftlichen Akzeptanz. Dabei macht Faulsein durchaus Sinn, sogar unter ökonomischen Gesichtspunkten. Wer faul ist, strebt nach maximaler Effizienz. Und was bedeutet Produktivitätssteigerung anderes, als die vorhandenen Ressourcen noch besser einzusetzen? Wer optimieren will, sollte von den Faulen lernen.

Gegen eine grassierende »Arbeitssucht« und die Verpönung der Faulheit schrieb bereits im Jahr 1883 ein gewisser Paul Lafargue an, ironischerweise ein Schwiegersohn von Karl Marx. Lafargue erkannte damals die Arbeitswut der Arbeiterklasse als von der »kapitalistischen Bourgeoisie« gewollt und gefördert: »Die Philanthropen nennen diejenigen, die, um sich zu bereichern, Fabriken errichten und Arbeiter für sich arbeiten lassen, Wohltäter der Menschheit – es wäre besser, man vergiftete die Brunnen, man säte die Pest, als inmitten einer ländlichen Bevölkerung kapitalistische Fabriken zu errichten. Wo diese erst ihren Einzug gehalten haben, heißt es: Adieu Freunde, Gesundheit, Freiheit – adieu alles, was das Leben schön, was es wert macht, gelebt zu werden.«[46] Nur ein Rückzug, eine bewusst praktizierte Faulheit könne den Arbeiter vor sich selbst retten. Lafargues Manifest *Das Recht auf Faulheit* ist ein satirisches, mit Fulminanz vorgetragenes Dokument der Selbstbestimmung und schließt mit dem Weckruf: »O Faulheit, erbarme du dich des unendlichen Elends! O Faulheit, Mutter der Künste und der edlen Tugenden, sei du der Balsam für die Schmerzen der Menschheit!«[47]

Arbeit ist aus unserer Leistungsgesellschaft nicht mehr wegzudenken. Man kommt nicht daran vorbei: »Die Arbeit ist so allmächtig geworden, dass es eigentlich gar keinen Gegenbegriff zur Arbeit mehr gibt – mit der Folge, dass alle Versuche, aus diesem totalitären Wert-Zirkel der Arbeit auszubrechen, sich dem Vorwurf des Zynismus aussetzen. Denn eine Gesellschaft ohne Arbeit, so scheint es, ist eine Gesellschaft ohne Mitte, [...] der [...] das orientierende Zentrum und die Koordination abhanden gekommen sind. Gerade deswegen muss eine Vision, die diesen Namen verdient, aus diesem Bannkreis der Arbeit heraustreten und mit dem Tabubruch der Frage nach der Antithese zur Arbeitsgesellschaft beginnen.«[48]

New Work begeht diesen Tabubruch gezielt. Dies betrifft das Wesen der Arbeit an sich, den Gegensatz von Arbeit und Anti-Arbeit und wie wir unterschiedliche Arbeitsformen gesellschaftlich verankern. Der Soziologe Ulrich Beck formuliert es so: »Was also ist die Gegenthese zur Erwerbsgesellschaft? Nicht die Muße-Gesellschaft, sondern die Vision einer im neuen Sinne politischen Gesellschaft.«[49] Beck will das Bewusstsein des Bürgers aus der Daseinsform des klassischen Arbeitnehmers befreien und ihn für andere Formen der Arbeit und für die Lust an der politischen Gestaltung öffnen. Beck argumentiert freiheitlich-politisch, während Bergmann sozialphilosophische Aspekte in den Vordergrund stellt. Doch beide wollen dasselbe: die zukunftsfähige Gestaltung einer Welt, in der Arbeit menschengerecht ist und ihren festen Platz in der individuellen und politischen Welt hat. Die Parallelen zwischen Beck und Bergmann machen deutlich: Man kann New Work nicht getrennt von politischen und sozialen Mechanismen verhandeln. Einfache Prozessveränderungen oder die selbstständige Bestimmung des eigenen Gehalts sind nicht die Essenz von New Work, sondern nur ein kleiner Teil davon. New Work stellt nicht nur die Frage: Wie verändern wir Arbeit?, sondern auch: Wie müssen wir ein System der Arbeit politisch, sozial und gesellschaftlich installieren, damit Menschen nicht mehr massenhaft berufsbedingt erkranken, damit es ein Leben außerhalb der Arbeit gibt, damit die Schere zwischen Arm und Reich sich schließt und damit wir die Fähigkeiten und Potenziale der Menschen voll heben können?

Weniger ist mehr – Arbeit und Produktivität

Jahrtausendelang schon gibt es das Modell »Lohn gegen Arbeit«, so findet es sich bereits in der biblischen Erzählung von den Arbeitern im Weinberg. Doch erst in den letzten 200 Jahren der Industrialisierung wurde aus dem Arbeitnehmermodell das bestimmende Rollenmodell für die formale Gestaltung der Arbeitsbeziehung – und ist es bis heute geblieben.

In mehr oder weniger produktiven Arbeitsweisen und -prozessen fertigen wir Güter oder bieten Dienstleistungen an, verkaufen diese und bekommen Geld dafür. Natürlich gibt es Verwerfungen: Die einen bekommen mehr Geld, die anderen weniger. Manche sind besser ausgebildet, andere schlechter. Doch das uralte Modell, dass man für Leistung bezahlt wird, ist immer noch in Kraft – aber möglicherweise nicht mehr lange. Ulrich Beck bezeichnet unsere Arbeitswelt als »Zweite Moderne«, die, anders als die »Erste Moderne« der Industrialisierung, ihre eigenen Gesetze habe: »Es zerbrechen die Leitideen, die Grundlagen und letztlich auch der Monopolanspruch der in ihrem Ursprung westlich-europäischen Moderne auf Modernität. Im Modell der Ersten Moderne wandelt sich alles dauernd – nicht jedoch die Grundkategorien und Leitideen des sozialen Wandels selbst. Diese aber […] werden in der Zweiten Moderne öffentlich fragwürdig.«[50] Dass das Modell der Ersten Moderne, »Leistung gegen Geld«, möglicherweise aufbricht, sieht man an unterschiedlichen Phänomenen:

- **Die Prekarisierung der Arbeitsverhältnisse schreitet voran.** Der Sektor der schlecht bezahlten Zeitarbeit wächst dramatisch, ebenso die Zahl der Minijobber. Auch die erzwungene Selbstständigkeit (beispielsweise bei den Paketdiensten) oder die Auslagerung von Beschäftigten in schlechter zahlende Tochterfirmen dient letztlich dazu, die Löhne zu drücken. Das führt zu einer Entwertung der Arbeitsleistung an sich. Natürlich kann »der Markt« argumentieren, dass es immer Berufe geben werde, die eben schlechter bezahlt würden als andere. Doch wo liegt die Grenze nach unten? Diese Grenze darf keine kapitalistische Daumenregel, keine ökonomische Formel bestimmen. Diese Grenze ist keine Angelegenheit der Wirtschaft, sondern eine Grenze der Würde. Und die Würde des Arbeitnehmers wird nicht in der Lohnbuchhaltung verteidigt, sondern am Verhandlungstisch der Tarifparteien und vom Erziehungsprinzip der Sittlichkeit (um ein Wort des ehemaligen Verteidigungsministers Peter Struck abzuändern).

- **Bezahlung erfolgt verstärkt nach Ergebnis statt nach Leistung.** Der Werkvertrag feiert fröhliche Urständ, vom hoch spezialisierten Ingenieurbüro bis zum einfachen Dienstleister. Das Ergebnis sind Lieferketten von Sub-Sub-Subunternehmen, die den »Schwarzen Peter« von gerechten Löhnen, sozialer Verantwortung oder Arbeitsschutz hin- und herschieben. Am Ende will es keiner gewesen sein. Interessanterweise widerspricht eine solche Bezahlung der bisherigen kapitalistischen Philosophie »Leistung muss sich lohnen«. Da man Leistung von der Bezahlung entkoppelt, verankert ein solcher Ansatz eine Denkweise, in der die individuelle Anstrengung über das Ergebnis hinaus widersinnig erscheint. Innovationen oder energische Initiative schafft man dadurch eher nicht.

- **Die technische Produktivität potenziert sich.** Wir stehen erst am Anfang der Produktivitätssteigerungen, die mit Digitalisierung, Automatisierung und Robotik ins Haus stehen. Eine Studie der Bank ING-DiBa hat für 31 der 38 Millionen abhängig Beschäftigten in Deutschland (Stand: April 2015) Wahrscheinlichkeiten zu deren Ersetzbarkeit durch Digitalisierung und automatisierte Prozesse errechnet. Fern von Alarmismus konstatiert sie, dass 59 Prozent der untersuchten Jobs durch die fortschreitende Automatisierung mittel- und langfristig gefährdet sind. Am härtesten träfe es laut Studie »Bürokräfte und verwandte Berufe« mit 86 Prozent Wahrscheinlichkeit.[51] Die Studie wirft ein Schlaglicht auf die simple Tatsache, dass immer weniger Menschen benötigt werden, um die gleiche Produktivität zu erwirtschaften.

Besonders der letzte Punkt zeigt ein großes Problem der künftigen Arbeitsgesellschaft. Arbeit *an sich* wird niemals weniger; es gibt immer genug zu tun. Aber für die *bezahlte* Arbeit muss das nicht gelten. Anders formuliert: Die sinnvollen Arbeitsformen und Berufsbilder der Zukunft kennen wir noch gar nicht genau. Vielleicht brauchen wir zukünftig tatsächlich weniger Bürokräfte, weil viele Vorgänge automatisiert werden können. Aber wie wäre es, wenn wir stattdessen dramatisch mehr Lehrer einstellen würden? Im Moment hätte es dieser bildungspolitische Impuls vielleicht schwer, aber die Wirklichkeit lässt sich nur eine begrenzte Zeit ignorieren. Und sie hat einen langen Atem.

Das Dilemma zwischen gesellschaftlicher Fixierung auf bezahlte Arbeit und immer höherer Produktivität wird sich verschärfen. Menschen, die arbeiten wollen, müssen sich daher anders und besser qualifizieren, als dies bisher in der Masse geschieht. Als Folge müssen wir erstens den Bildungs- und Arbeitsmarkt neu ausrichten, nämlich auf Tätigkeiten und Berufe, die in einer zukünftigen Arbeitswelt nachgefragt werden. Zweitens sollten wir darüber nachdenken, die Produktivität von der Arbeitskraft zu entkoppeln. Sprich: Wir sollten Ideen wie das bedingungslose Grundeinkommen ernsthaft diskutieren. Das stellt einen Paradigmenwechsel oder ein »Tabu« (Ulrich Beck) dar. Über Tabus spricht man höchstens im Flüsterton. Doch das Flüstern wird lauter. Immerhin entkoppeln Instrumente wie der Werkvertrag streng genommen bereits Leistung und Entlohnung (auch wenn dies den Anwendern wahrscheinlich nicht bewusst ist).

Ulrich Beck beispielsweise stellt der Erwerbsarbeit des Arbeitnehmers ein Konzept der »Bürgerarbeit« gegenüber. Er argumentiert parallel zu Bergmann, dass in Zukunft bezahlte und bezahlbare Arbeit abnehmen wird und wir uns deshalb Gedanken machen müssen über eine neue Dynamik von Arbeit und Entlohnung: »Von zentraler Bedeutung ist eine gleichmäßige Arbeitszeitverkürzung und eine neue und andere – vor allem geschlechtsneutrale! – Verteilung aller Tätigkeiten in der Gesellschaft, einschließlich der Hausarbeit. Bürgerarbeit ist kein Ersatz für Erwerbsarbeit, aber eine wichtige Ergänzung [...]. Bürgerarbeit ist auch kein Beschäftigungsprogramm für Arbeitslose [...]. Entscheidend ist die Frage, wie Erwerbs- und Bürgerarbeit – auch rechtlich – füreinander durchlässig gemacht werden müssen und können, so dass das Wechseln zwischen diesen beiden Tätigkeitssphären normal wird [...].«[52] Beck greift wesentliche Variablen der Arbeitswelt heraus, die auch die New-Work-Bewegung hinterfragt: Arbeitszeitmodelle, Geschlechtergerechtigkeit, das Zusammenspiel von bezahlter Arbeit, unbezahlter Arbeit und Nicht-Arbeit sowie die Rolle der politischen, sozialen und rechtlichen Umsetzung.

All diese Faktoren machen deutlich, dass wir den Begriff der Arbeit neu deuten müssen. Der erste Kraftakt besteht darin, bezahlte Arbeit, nichtbezahlte Arbeit und Nicht-Arbeit von ihrer Wertigkeit her auf eine Stufe zu stellen, (bezahlte) Arbeit nicht mehr ins alles beherrschende Zentrum unseres persönlichen Lebens zu setzen, sondern vielmehr die Anti-Arbeit aufzuwerten. Nur so können wir souverän über Arbeit in unserer postmodernen Gesellschaft diskutieren. Arbeit ist das halbe Leben; aber eben auch nicht mehr. Über diese angestrebte »Einheit von Arbeit und Nicht-Ar-

Bezahlte Arbeit, nichtbezahlte Arbeit und Nicht-Arbeit auf eine Stufe stellen

beit« schreibt Jean-Yves Boulin: »Es geht [...] um die gelebte Zeit, die sich als Arbeitszeit, Familienzeit, soziale Zeit, bürgerschaftliche Zeit, Freizeit oder Zeit für sich selbst niederschlägt. Und es geht um die Verschränkung dieser verschiedenen Zeitlichkeiten, die man als soziale Organisation der Zeit bezeichnen könnte [...].«[53]

Zweitens sollten wir den Arbeitsbegriff erweitern, denn neue Arbeitsformen erobern den Markt und werden sich in den kommenden Jahren weiter ausbreiten, etwa Zeitarbeit, Ehrenamt, Selbstständigkeit oder Bürgerarbeit. Dieser Umstand und die Tatsache einer ständig steigenden Produktivität führen zu der Frage: Wie bezahlen wir welche Arbeit? Diskutiert werden müssen neue Modelle der Arbeit und der Entlohnung, vielleicht sogar das bedingungslose Grundeinkommen: »Es geht um einen grundlegenden Wandel von Erwerbsarbeit, in dem Ökonomie und Gesellschaft, Betrieb und Markt, Unternehmen und Arbeitskraft, Arbeit und Leben [...] in neuartiger Weise aufeinander bezogen sind. Man kann diesen radikalen Umbruch [...] als ›Auflösung der fordistischen Arbeitsgesellschaft‹ bezeichnen [...].«[54] Diese gesellschaftlichen Diskussionen und ihre politische, soziale und organisatorische Umsetzung sind eine enorme Arbeit. Aber daran sind wir ja gewöhnt.

Zusammenfassung

New Work ist in seiner ursprünglichen Form ein Konzept des amerikanischen Philosophen Frithjof Bergmann und besteht aus drei Säulen: ausgeprägter Kritik am Kapitalismus und am Lohnarbeitssystem, einer technologischen Zukunftsvision der Selbstversorgung (high-tech self-providing) und dem Konzept der arbeitsbezogenen Berufung (Calling).

Von diesen Ursprüngen hat sich die zweite Generation der New-Work-Bewegung entfernt. Das Schlagwort »New Work« wird in der Regel im Zusammenhang mit technischen und organisatorischen Veränderungen in Unternehmen in Verbindung gebracht. Die Hightech-Selbstversorgung spielt praktisch keine Rolle mehr, ebenso wenig die differenzierte Kapitalismuskritik Bergmanns und seine Lösung des »Dritten Weges«. »Beruf als Berufung« existiert als Schlagwort weiter und wurde innerhalb der Strömung »Humanisierung der Arbeitswelt« um neue Dimensionen erweitert, etwa Demokratisierung, Digitalisierung und Dezentralisierung.

Ausgangspunkt der modernen New-Work-Diskussion muss die zentrale Stellung der Arbeit für Individuum und Gesellschaft sein: Arbeit wurde durch die Industrialisierung und die christlich geprägte Arbeitsmoral zum alternativlosen Lebensmodell. Nicht arbeiten ist keine Option. Sämtliche Lebensbereiche sind um die Arbeitssphäre gruppiert. Diesen Verlust an Autonomie und Souveränität über das eigene Leben einzugestehen, ist Voraussetzung für eine Neuausrichtung unserer Arbeitsgesellschaft.

Heute geht es darum, die zentrale Stellung der Arbeit aufzubrechen. Es muss einen gesellschaftlichen Raum für Muße und Faulheit geben. Nur so kann es eine echte Dialektik geben zwischen Arbeit und Nicht-Arbeit. Diese Dialektik wäre historisch nicht neu, sondern ein Wiederaufgreifen vorindustrieller Fähigkeiten.

Ohne diese Dialektik, ohne das Korrektiv von Muße und Faulheit rutschen wir ab von einer Leistungs- in eine Müdigkeitsgesellschaft. Die zentrale Drehung der Arbeit in der Lebensmitte beschleunigt zum schwarzen Loch, das uns zu verschlingen droht.

Aufgrund der Quantensprünge in Digitalisierung, Automatisierung und Technologie werden Produktivität und dafür benötigte Arbeitskraft auseinanderlaufen. Daher müssen wir den gesellschaftlichen Anteil von bezahlter Arbeit, unbezahlter Arbeit und Freizeit (Anti-Arbeit) neu justieren. Dies stellt die Frage nach der (finanziellen) Solidarität in der Gesellschaft in Form des bedingungslosen Grundeinkommens, negativer Einkommenssteuer und ähnlicher Instrumente.

Vom Sinn und Unsinn der Arbeit

Wie wir im vorigen Kapitel gesehen haben, wirft New Work die Frage nach der Neupositionierung der Arbeit in der Gesellschaft auf: Wie sollen bezahlte Arbeit, nichtbezahlte Arbeit und Nicht-Arbeit aussehen und verteilt sein? Ob man nichtbezahlte Arbeit nun »Bürgerarbeit« (Beck) oder »Berufung« (Bergmann) nennt, ist dabei weniger wichtig. Ebenso wenig, ob man die Nicht-Arbeit nun als Freizeit, Müßiggang oder aktiv in der Kletterwand verbringt. Entscheidend ist, diese drei »Aggregatzustände« der menschlichen Aktivität gleichwertig zu diskutieren, den Zustand der Muße und der Faulheit (um dieses Wort ganz bewusst zu verwenden) aus der Tabuzone der menschlichen Gemütsverfassungen herauszuholen und neu ins Spiel zu bringen.

Auf der konkreten Ebene nun geht es um den einzelnen Menschen und darum, wie stark wir einen persönlichen Sinn in unserer Arbeit (oder Nicht-Arbeit!) suchen und sehen. Denn bei vielen Menschen scheint der Spruch »Ich arbeite, also bin ich« keine Übertreibung zu sein. Oft fragen Coaches ihre Klienten, warum sie gerade *diesen* Job machen. Oder ihn eben nicht mehr machen wollen. Manchmal hört man dann, dass es einfach »keinen Sinn mehr mache«. Es sei Zeit für etwas Neues, oder man habe sich in einem System abgekämpft, das man doch nicht ändern könne, oder die vor langer Zeit versprochene Karriere stelle sich als zuckrige Luftnummer heraus. In jedem Fall ist das Sinnmotiv für viele Menschen gerade in der Arbeit so bedeutend, dass es eine Grenze gibt, über die man nicht hinauskommt, ohne die eigenen Ideale, ohne das eigene Sinngefüge ernsthaft zu beschädigen. Nicht selten kommt es zu konkreten »Verkrümmungen der Seele«, die sich in handfesten körperlichen Problemen äußern: Schlaflosigkeit, morgendliches Erbrechen (beim Gedanken an die Arbeit, die auf einen wartet), sozialer Rückzug, Süchte.

So berichtete eine leitende Führungskraft aus der Technologiebranche, dass der Einsatz von Psychopharmaka in der Belegschaft seit Jahren kontinuierlich steige und allmählich beängstigende Ausmaße annehme. Dabei gehe es vor allem um die Bekämpfung von Depressionen und Ängsten oder um das sogenannte Neurodoping, die kognitive Leistungssteigerung per Tablette. Natürlich hat eine solche Selbstreparatur, wie sie überall in Deutschland stattfindet, komplexe Gründe. Doch am Phänomen des individuellen Überwältigtseins, an der Resignation gegenüber den Anforderungen des Jobs hat die Sinnkomponente, das »Warum« einen erheblichen Anteil. Wenn man sich schon aufreibt: wofür eigentlich? Sowenig der Mensch die (unbewusste) Sinnfrage in seinem Leben ignorieren kann, so wenig kann er sie in seiner Arbeit ignorieren.

Die Sinnfrage lauert oft im Hintergrund, wenn Psychopharmaka eingenommen werden

Aus der Gestaltpsychologie wissen wir, dass wir Menschen automatisch versuchen, den Dingen und Ereignissen um uns herum einen Sinn, eben eine »Gestalt« zu geben – inklusive unserer eigenen Entwicklung und den damit verbundenen Glückserlebnissen und Schicksalsschlägen. Wir fragen nach Amokläufen: Warum hat er das getan? Wir fragen nach Trennungen: Warum hat sie mich verlassen? Warum hat er mich betrogen? Wir fragen bei schwerer Krankheit: Warum trifft es gerade mich? Menschen haben einen natürlichen Drang, die Dinge des Lebens zu verstehen, ihnen eine Gestalt zu geben, eine Form, die sie am Ende im übertragenen Sinne in die Hand nehmen und von allen Seiten betrachten können, um schließlich zu sagen: »Jetzt sitzt alles richtig. Ich verstehe es.« Erst dann kehrt Ruhe ein, die tiefe Ruhe des Stimmigen, des in sich Geborgenen. Sinn an sich, das Bewusstsein des eigenen Platzes im Leben ist daher eine Größe, die wir gerade in der Postmoderne mit der Betonung der individualistischen Selbstverwirklichung nicht ignorieren dürfen. Und selbstverständlich kann eine Störung des

Sinngefüges ganz handfeste psychische und körperliche Folgen haben. Deshalb lohnt es sich, das Phänomen des beruflichen Sinns näher zu beleuchten.

Ich arbeite, also bin ich – Zum Begriff »sinnvoller« Arbeit

Wovon sprechen wir, wenn wir »Sinn« sagen, vor allem im Arbeitskontext? »Sinn« in der Arbeit erscheint zunächst als ein etwas blumiges Konzept, unkonkret, schwer zu definieren oder festzuhalten. Der Arzt Joachim Bauer interpretiert den Sinnraum der Arbeit als »Resonanzerfahrung« mit drei Bereichen, nämlich als Resonanz mit mir selbst, mit anderen und mit der Welt: »Indem wir arbeiten, begegnen wir der äußeren Welt, die einst noch unberührte Natur war, deren Angesicht sich im Verlauf von zwölftausend Jahren menschlicher Zivilisation jedoch erheblich verändert hat. Eine zweite Art von Weltbegegnung ist die mit uns selbst. Hier erleben wir […] unseren Körper, unsere Sinne, unsere Potenziale, aber auch unsere Grenzen. […] Schließlich bedeutet die Arbeit aber immer auch eine Begegnung mit anderen, mit unserem sozialen Umfeld. […] Indem sie uns unausweichlich in eine Begegnung mit anderen bringt, berührt die menschliche Arbeit also immer auch Fragen der sozialen Zugehörigkeit, sozialer Hierarchien und der Konkurrenz.«[55] Alle drei Bereiche, so Bauer, könne der Mensch als positiv oder negativ, als glückspendend oder kräftezehrend erleben: »Wo uns das, was wir durch Arbeit zuwege gebracht haben, gefällt und Freude macht, wo wir uns in dem, was wir tun, in unserer Identität wiedererkennen und wo wir für das von uns Geleistete die Anerkennung und Wertschätzung anderer gewinnen, dort wird Arbeit zu einer Resonanzerfahrung. […] Resonanzerfahrungen sind sinnstiftend, sie bedeuten das Erleben von Erfüllung und Glück. […] Wo Resonanzerfahrungen ausbleiben, wird die Arbeit zur Qual.«[56] Nach Bauers Idee vom Resonanzraum kann man von Sinn im beruflichen Kontext sprechen, wenn idealerweise drei Bedingungen erfüllt sind:

- **Hohe Selbstwirksamkeit** (Ich-Dimension). Das Ich fühlt Kraft und Motivation, um sich bestimmten Herausforderungen zu stellen. Diese Dimension ist selbstbezogen und wirft folgende Fragen auf: Was will ich? Was kann ich? Und wie beweise ich es mir? Hier spielt die Passung von eigenen Interessen und Fähigkeiten zur Arbeit eine große Rolle. Erlebt man sich als »selbstwirksam«, als jemand, der eine gewisse Kontrolle über seine Arbeit hat und sich für fähig hält, diese aktiv zu gestalten, kann hier ein wichtiger Sinnanteil entstehen.

- **Soziale Anerkennung** (Du-Dimension). Die Bedingungen der Zusammenarbeit müssen zu uns passen. In dieser Dimension geht es um die Fragen: Für wen tue ich etwas? Was haben andere davon, dass ich auf der Welt bin? Für viele Menschen ist das gute Verhältnis der Kollegen untereinander oder die Beziehung zum Chef mit der wichtigste Faktor, wenn es um Arbeit geht. Nicht umsonst gibt es das Sprichwort: »Man heuert an wegen des Unternehmens, aber kündigt wegen des Chefs.« Das Ich richtet wenig aus ohne ein passendes Du. Der Mensch als soziales Wesen ist evolutionär auf Überleben in der Gruppe ausgerichtet – und damit auf Austausch, Abstimmung, Feedback.

- **Gelungene Transzendenz** (Wir-Dimension). Über dem Ich und dem Du steht das Wir, das Erleben der Welt als Ganzes, als größtenteils nicht beeinflussbare Sphäre. Die Fragen dieser Dimension lauten: Wo ist mein Platz in der Welt? Was ist der Sinn des Lebens überhaupt? Außerhalb des eigenen Wirkkreises konstruiert man eine »Architektur der Transzendenz«, ein philosophisches oder religiöses Sinnmodell, das auch dem Unerklärbaren, Negativen oder Unbeeinflussbaren einen Platz im persönlichen Sinngefüge zuweist. Doch nicht immer gelingt das: »Das Leben ist ein Märchen, erzählt von einem Narren, voller Klang und Wut, das nichts bedeutet«, lässt Shakespeare seinen Macbeth sagen – eine sprachgewaltige Kapitulation vor dem Chaos der Welt.

Im besten Falle suchen und finden wir Sinn in allen drei Dimensionen: dem Ich, dem Du und dem Wir. Angefangen mit der Identifizierung unserer persönlichen Fähigkeiten und Potenziale über ein passendes soziales (berufliches) Umfeld bis hin zu einem Erklärungsmodell der Welt, das uns existenziell trägt. Und spätestens mit der Dimension des Wir, der Welterklärung, wird deutlich, dass Sinn in jedem Fall über den beruflichen Bereich hinausstrahlt. Genau wie im politisch-sozialen Kontext der Aufteilung von bezahlter Arbeit, unbezahlter Arbeit und Nicht-Arbeit, in dem New Work nach den übergreifenden Momenten fragt, muss man persönlichen Sinn als gesamtmenschliches Phänomen begreifen. Sinn in der Arbeit kann nicht losgelöst betrachtet werden vom allgemeinen Lebenssinn; die Verschränkung von Ich-, Du- und Wir-Dimension macht das unmöglich: »Es ist naiv, zu glauben, Führungskräfte – oder Mitarbeiter – würden aufgrund anderer Werte handeln, als sie es im Privatleben tun. Diese schizophrene Zweiteilung gibt es nicht. Das individuelle Wertesystem wird am Werkstor oder vor dem Großraumbüro nicht abgelegt wie ein Sonntagsanzug. Die eigenen Wertemuster bleiben vielmehr Bestandteil das ganze Leben hindurch, auch auf der Arbeit.«[57]

Man sollte die drei Leitfragen der unterschiedlichen Dimensionen gegeneinander abwägen:

- Was kann und will ich arbeiten?
- Welches Umfeld passt zu mir?
- Was ist der Sinn meines Lebens?

Das ist eine große Aufgabe, die prinzipiell niemals vollständig lösbar sein wird. Der Psychologe Viktor Frankl schreibt: »Ich würde sagen, was der Mensch wirklich will, ist letzten Endes nicht das Glücklichsein an sich, sondern ein *Grund* zum Glücklichsein. Sobald nämlich ein Grund zum Glücklichsein gegeben ist, stellt sich das Glück [...] von selber ein. [...] Was aber die gängige Rede von Selbstverwirklichung anlangt, wage ich zu behaupten, dass sich der Mensch nur in dem Maße zu verwirklichen imstande ist, in dem er Sinn erfüllt.«[58]

Ohne Lebenssinn, von dem der berufliche Sinn ein wichtiger Teil ist, erliegt der Mensch laut Frankl einer lähmenden »existenziellen Frustration«: »Der Mensch von heute leidet nicht so sehr am Gefühl, dass er weniger Wert hat als irgendwer anderer, wie [sic] viel mehr unter dem Gefühl, dass sein Sein keinen Sinn hat. […] Der existenziell frustrierte Mensch kennt nichts, womit er sein existenzielles Vakuum […] auffüllen könnte.«[59] Hier schließt sich der Kreis zum New Work, das als Teil einer neuen Arbeitswelt das persönliche Calling, die Berufung, kennt. Eben Arbeit, die man »wirklich, wirklich tun will« (Bergmann). Das existenzielle Vakuum füllt sich mindestens teilweise mit dem Sinn der beruflichen Tätigkeit.

Der berufliche Sinn ist ein wichtiger Teil des Lebenssinns

Doch wie kann das aussehen? Wie erkennt man Arbeit, die man wirklich, wirklich tun will? Erstaunlicherweise können viele Menschen das für sich selbst schlecht beantworten. Sie haben in einer oder mehreren der beschriebenen Sinndimensionen (Ich, Du, Wir) keine befriedigenden Antworten auf die Frage nach einer sinnvollen Tätigkeit gefunden. In der Beratungsarbeit nennt man das die Weg-von-Motivation: Klienten auf Jobsuche wissen in der Regel gut, warum sie von ihrer alten Stelle weg wollen. Doch wohin genau und aus welchem Grund, können sie weniger klar sagen. Manche sind auch unsicher, welche Fähigkeiten und Potenziale sie besitzen oder welche sie stärker beruflich nutzen wollen. Eine Hinzu-Motivation und damit ein kraftvoller Start zur Sinnsuche bleibt somit aus. Die Frage nach einer sinnvollen Arbeit wird so zu einer spannenden Reise zu den eigenen Lebenswerten, den individuellen sozialen Bedürfnissen und den sichtbaren oder noch nicht gehobenen Schätzen der persönlichen Fähigkeiten.

Werden, wer man ist – Das selbstwirksame Ich

Nur wenige Menschen können spontan die fünf wichtigsten Entscheidungen oder Situationen ihres Lebens nennen. Nach kurzem Nachdenken sind dies vielleicht ein Erlebnis aus der Schulzeit, der erste Job, die Heirat oder die Geburt der Kinder. Manchmal sind auch ganz andere Dinge dabei, in der Regel sehr emotionale Momente des Glücks, der Trauer oder der Angst, die sich ins Gedächtnis eingegraben haben. Allen diesen Ereignissen ist gemein, dass sie auch nach Jahrzehnten im Gedächtnis präsent sind – wie Berggipfel, die aus einer Ebene ragen. Man muss sie nicht suchen. Sie sind einfach da, groß, sichtbar und begleiten uns unser ganzes Leben.

Wäre die akademische Psychologie eine Person, könnte man auch bei ihr einige Berggipfel erkennen. Auch die Psychologie als wissenschaftliche Disziplin kennt die Stadien der Kindheit, der Jugend und des Erwachsenseins. Und über ihr gesamtes bisheriges Dasein hinweg hat auch die Psychologie einschneidende Veränderungen erlebt, Ereignisse, die ihr Bewusstsein und die Zukunft des gesamten Faches prägen. Eines dieser Ereignisse war die Wende zur Positiven Psychologie in der zweiten Hälfte des 20. Jahrhunderts. Bis zu dieser Wende galt das Augenmerk der Psychologie vor allem dem Negativen, den menschlichen Defiziten: Ängsten, Depressionen, Psychosen, Neurosen, Schizophrenie etc. Psychologie war vor allem orientiert an *Krankheit*. In der klinischen Psychologie hat sich dieser Ansatz sinnvollerweise bis heute erhalten; denn selbstverständlich ist die Therapie psychischer Leiden eine wichtige Aufgabe. Wenn jemand den Teufel in seiner Waschmaschine sieht, der einem wortreich nahelegt, Barbiepuppen den Kopf abzuhacken, kann man nicht nach dem Positiven suchen, sondern braucht fundierte Ansätze zur Behandlung von Psychosen. Doch für die Suche nach dem Sinn des Lebens und der eigenen beruflichen Existenz bringt ein solch krankheits- und defizitorientiertes Menschenverständnis wenig. Vielmehr ist eine Psychologie der geistigen *Gesundheit* angebracht, die fragt: Was erhält den Menschen gesund? Was macht ihn produktiv? Welche persönlichen Stärken hat er und wie kann er sie ausbauen?

Leider strahlte das defizitäre, krankheitsorientierte Menschenbild der Psychologie auf die Wirtschaft aus, ein Phänomen, das der Wirtschaftswissenschaftler Douglas McGregor in den 1960er-Jahren als Theorie X bezeichnete. Das Menschenbild der Theorie X lässt sich folgendermaßen zusammenfassen: »Der Durchschnittsmensch hat eine angeborene Abneigung gegen Arbeit und versucht, ihr aus dem Wege zu gehen, wo er kann. Weil der Mensch durch Arbeitsunlust gekennzeichnet ist, muss er zumeist gezwungen, gelenkt, geführt und mit Strafe bedroht werden, um ihn mit Nachdruck dazu zu bewegen, das vom Unternehmen gesetzte Soll zu erreichen. Der Durchschnittsmensch zieht es vor, an die Hand genommen zu werden, möchte sich vor Verantwortung drücken, besitzt verhältnismäßig wenig Ehrgeiz und ist vor allem auf Sicherheit aus.«[60]

Wie man unschwer feststellen kann, betrachtet die Theorie X den Menschen als prinzipiell faul, arbeitsresistent und nur durch externe Anreize motivierbar. Ein negativ getränkter Ansatz, der den Menschen in Bezug auf seine Arbeitsfähigkeit und seinen Arbeitswillen fast als krank einstuft. Der Mensch, wie ihn die Theorie X zeichnet, hat wenig Antrieb, einen persönlichen Sinn in der Arbeit zu entwickeln. Dafür ist er viel zu interesselos und träge. Im Umkehrschluss bedeutet das allerdings, dass autoritäre Führung, ausgeprägte Hierarchien und ein explizites System der Belohnung und Bestrafung nicht nur angebracht, sondern geradezu zwingend notwendig sind. Man braucht sich nur in der heutigen Wirtschaft umzusehen, um festzustellen, dass das Menschenbild der Theorie X immer noch weite Teile der Arbeitswelt dominiert – was sehr schlecht zur Postmoderne und ihrem ausgeprägten Individualisierungsstreben und der Sinnfrage auch in der Arbeit passt.

McGregor selbst lehnte die Theorie X ab und entwickelte ein neues Menschenbild, das er Theorie Y nannte: »Die Verausgabung durch körperliche und geistige Anstrengung beim Arbeiten kann als ebenso natürlich gelten wie Spiel und Ruhe. Dem Durchschnittsmenschen ist Arbeitsscheu nicht angeboren. Von anderen überwacht und mit Strafe bedroht werden, ist nicht das einzige Mittel, jemanden zu bewegen, sich für die Ziele des Unternehmens einzusetzen. Zugunsten von Zielen, denen er sich verpflichtet fühlt, wird sich der Mensch der Selbstdisziplin und Selbstkontrolle unterwerfen. […] Die bedeutendste Belohnung ist die Möglichkeit, Bedürfnisse der Persönlichkeit und ihrer Entfaltung zu befriedigen.«[61]

Die Theorie Y ist ein wichtiger Meilenstein auf dem Gebiet der Motivationspsychologie und damit der Frage nach beruflichem Sinn. Erst wenn der Mensch als Wesen definiert ist, das sich selbst motivieren kann und diese Motivation auch in den Beruf investiert, kann er durch persönliches Wachstum, durch Hinterfragen und Entwickeln von Sinn seinem beruflichen Dasein Bedeutung verleihen. Erst dann wird eine Arbeitsform möglich, die den Beruf zur »Berufung« machen will, wie es Bergmann und die New-Work-Bewegung ausdrücken. Diese Berufung – oder schlichter gesagt: der berufliche Sinn – drückt sich in der Stimmigkeit von Selbstwirksamkeit, sozialer Integration und Transzendenz aus, dem Zusammenspiel aus Ich-, Du- und Wir-Dimension.

Aber gerade die Selbstwirksamkeit, also die Kenntnis und kompetente Anwendung der eigenen Fähigkeiten und Potenziale, macht Probleme, schon weil Menschen manchmal nicht sicher sind, welches ihre im beruflichen Kontext nützlichen und befriedigenden Eigenschaften sind. Im Coaching erlebt man mitunter tief verunsicherte Klienten, die mit Mitte 40 noch einmal ihren Berufsweg infrage stellen und in deren Leben die Sinnfrage mit metaphysischer Gewalt einbricht: War das nun alles? Habe ich mein Leben verplempert? Wieso habe ich meinen Kindheitstraum nicht gelebt? Eine solche Sinnsuche als schlichte Midlife-Crisis abzuhaken, wäre zu oberflächlich.

Die heutige Verunsicherung vieler Menschen speist sich aus mehreren Quellen: Unkenntnis der eigenen Fähigkeiten; ein ungünstiges bis schädigendes Arbeitsumfeld; ein restriktives Elternhaus, das darauf bestand, »etwas Richtiges« zu lernen und den exotisch anmutenden Lebenstraum von Anfang an aufzugeben; eine persönliche Überforderung aus dem gesellschaftlichen Zwang heraus, das Beste aus seinem Leben zu machen. Diese Gemengelage zu entwirren, die Fragen und die Antworten zu sortieren, ist unter anderem Aufgabe eines beruflichen Coachings. Die Sinnfrage, die Frage nach den eigenen Fähigkeiten und Wünschen gehört dazu.

Eben das untergründige Bestreben des Menschen, zu werden, wer man ist: »Jeder Mensch trägt eine Einzigartigkeit in sich, die gelebt werden will und die bereits vorhanden ist, bevor sie gelebt werden kann. [...] Die eigentliche Menschwerdung gelingt erst dann, wenn wir in Übereinstimmung mit unserer Bestimmung leben und der Stimme, dem Ruf unseres Schicksals – der Berufung – folgen. Das angeborene Bild unseres Schicksals bewahrt alles in der Gleichzeitigkeit von heute, gestern und morgen.«[62]

Doch wie erkennt man seine eigenen Fähigkeiten? Wie schöpft man seine Potenziale aus und kann seine Selbstwirksamkeit, sein schöpferisches Ich im Beruf entwickeln und leben? Das ist eine Frage, die nicht nur den arbeitenden Menschen selbst umtreibt, sondern auch Organisationen, Führungskräfte, Personaler und die psychologische Forschung. Die manchmal mehr, manchmal weniger seriösen Methoden zur Aufschlüsselung persönlicher Fertigkeiten reichen von ausgefeilten, mehrtägigen Assessment-Centern über psychologische Testverfahren bis hin zu schamanischen Erleuchtungsreisen und Handschriftanalysen (speziell dieses Instrument aus der zu Recht abgeschlossenen psychologischen Steinzeit ist anscheinend nicht totzukriegen). Dabei bleibt die wirkungsvollste Methode von allen weitgehend auf der Strecke: Versuch und Irrtum.

Eigene Fähigkeiten erkennen: am besten durch Versuch und Irrtum

Berufliche Settings auszuprobieren, wäre der Königsweg im Bestreben, die eigenen Fähigkeiten und Potenziale auszuloten.[63] Doch genau diese Möglichkeit bietet sich gerade Berufserfahrenen nicht. Ein Schulabgänger oder Student kann sich durch Praktika einigermaßen orientieren und Fähigkeiten oder Vorlieben testen. Einem 35-, 45- oder gar 55-Jährigen gestattet man dies nicht; ein solches Vorhaben sprengt das enge Korsett des Lohnarbeitssystems und weckt Zweifel an der Zurechnungsfähigkeit des Einzelnen. Ein 45-jähriger Schreiner, der ein Praktikum in einer Bank machen will? Das scheitert schon am Formular des Personalsachbearbeiters, der das dafür vorgesehene Kästchen vermisst. Es ist eine der großen Schwächen des Lohnarbeitssystems und unseres Verständnisses beruflicher Biografien insgesamt, dass Berufserfahrene, die motiviert und möglicherweise durchaus geschickt an ein neues Berufsfeld herangehen wollen, dies oft nicht dürfen – trotz der so oft propagierten und geforderten Flexibilität. So bleibt dem Einzelnen zur Entdeckung der Selbstwirksamkeit – die ein wichtiger Pfeiler des beruflichen Sinngefüges ist – lediglich eine Mischung suboptimaler Möglichkeiten: das Gespräch mit Freunden und Familie, die einem gute Ratschläge geben, der »verzerrte Blick« in die eigene Seele oder die Hilfestellung eines professionellen Beraters, der mit Dialog, Fragen, Feedback und anderen Methoden versucht, den Raum der Selbstwirksamkeit auszuleuchten.

Inzwischen ist die Frage der Selbstwirksamkeit, der beruflichen Sinnfindung und der Entwicklung der eigenen Fähigkeiten vollständig in der modernen Psychologie angekommen. In den letzten 30 Jahren haben beispielsweise das Modell der Salutogenese (wörtl. »Gesundheitsentstehung«) von Aaron Antonovsky und die Positive Psychologie von Martin Seligman immer mehr an Bedeutung gewonnen. Antonovsky prägte den Begriff der Kohärenz, ein Maß für den beruflichen Sinn und damit für eine grundlegende geistige Gesundheit und Leistungsfähigkeit. Er beschreibt das Gefühl der Kohärenz als eine »globale Orientierung, die ausdrückt, in welchem Ausmaß man ein durchdringendes, andauerndes und dennoch dynamisches Gefühl des Vertrauens hat, dass 1. [...] Stimuli [...] strukturiert, vorhersagbar und erklärbar sind; 2. einem die Ressourcen zur Verfügung stehen, um den Anforderungen, die diese Stimuli stellen, zu begegnen; 3. diese Anforderungen Herausforderungen sind, die Anstrengung und Engagement lohnen«[64].

Anders gesagt: Die (berufliche) Umwelt muss dem Menschen *verstehbar, handhabbar* und *bedeutsam* erscheinen. Im günstigen Fall kann der Mensch also einordnen, warum Dinge geschehen, und vielleicht kann er sie sogar steuern. Das Ausmaß der Kohärenz bestimmt zu einem Gutteil die Sinnerfahrung des Menschen. Hohe Kohärenz bedeutet eine hohe Sinnerfahrung, eine niedrige Kohärenz geht einher mit Überforderung, Verwirrung und Perspektivlosigkeit. Antonovskys Modell ist heute eine der Hauptgrundlagen für jede Form von betrieblichem Gesundheitsmanagement und damit aus der angewandten Gesundheitsforschung nicht mehr wegzudenken. Antonovsky machte das Konzept der gesundheitlichen Prävention im großen Stil erst möglich. Wo Therapie nachsorgt und behandelt, soll nach Antonovsky vorausschauend vorgesorgt werden.

Genau wie Antonovsky war auch Martin Seligman in den 1960er- und 1970er-Jahren ein Treiber und Vertreter der Wende in der Psychologie. Seligman trieb ebenfalls die Frage um: Wie werden Menschen glücklich? Wie finden sie Sinn im Leben und im Beruf? Wie erkennen und nutzen sie ihre Fähigkeiten? Seligman gilt als Begründer der Positiven Psychologie (die leider sehr oft mit dem positiven Denken verwechselt wird, mit diesem jedoch gar nichts gemein hat; Seligman selbst hat sich mehrfach von dieser oberflächlichen Manipulationstechnik und ihren schädlichen Wirkungen distanziert). Die Positive Psychologie fragt nach den Ressourcen des Menschen und wie er sie aktivieren kann – für den Beruf oder einen anderen Lebenszweck: »Der Sinn des Lebens besteht darin, sich mit etwas Größerem zu verbünden – und je größer das ist, woran Sie sich halten, desto sinnvoller ist Ihr Leben. Viele Menschen [...] spüren regelrecht einen Hunger nach Wundern und einem Eingreifen Gottes. Eine der verdeckten Folgekosten der zwanghaften Besessenheit heutiger Psychologie mit allem Pathologischen ist, dass sie diese Pilger hat verhungern lassen.«[65]

Während sich die Theorie Y mit der beruflichen Motivation beschäftigt und die Salutogenese die Gesundheit in den Vordergrund stellt, thematisiert die Positive Psychologie das Eingebundensein des Menschen in einen höheren Zweck. Allen drei Strömungen ist jedoch gemeinsam, dass der berufliche Sinn eine immens große Rolle spielt in der Entwicklung und im Lebensglück des Menschen. New Work bündelt nun diese Erkenntnisse aus Psychologie und Soziologie und stellt das sinnbewusste, selbstwirksame Ich ins Zentrum der modernen Arbeitswelt. Fasst man die Vertreter dieser Wende in der Psychologie (McGregor, Antonovsky, Seligman und andere) zusammen, kommt man nicht umhin, zu erkennen, dass Arbeit bzw. Beruf ein wichtiger, vielleicht der wichtigste Teil der Lebensidentität geworden ist.

Projekt Ich – Vom Arbeitszwang zur Selbstausbeutung

Es wäre verführerisch, an dieser Stelle die Suche nach dem Sinn der Arbeit für den Menschen zu beenden. Arbeit kann sinnstiftend sein, auch die Forschung hat das bemerkt, man versucht, die Fähigkeiten der Menschen zu sehen und zu entwickeln. Und die New-Work-Bewegung bindet das Schleifchen drum. Sollen wir also die Frage »Ich arbeite, also bin ich?« einschränkungslos bejahen? Vorsicht ist angebracht. Selbst unter günstigen beruflichen Umständen steht der Mensch unter drei großen Einflüssen, die seine Sicht auf Beruf, seine Fähigkeiten und das ganze Drumherum maßgeblich bestimmen: Kultur, Religion und Zeitgeist.

Der Mensch ist als kulturelles Wesen immer auch ein Produkt seiner Zeit, der jeweils dominanten Kulturströmungen, sozialen und gesellschaftlichen Gegebenheiten und seiner unmittelbaren Lebensumgebung. Ein Kind in einem indonesischen Dorf des 17. Jahrhunderts wird eine andere Einstellung zum Leben und zur Arbeit haben als ein adliges Kind im 18. Jahrhundert oder ein Mittelschichtskind im späten 20. Jahrhundert. Sie alle haben nicht nur Verstand und Gefühl, sondern sind – wie jeder – politischen und kulturellen Prägungen ausgesetzt. Manche dieser Prägungen finden im großen Stil statt und verändern eine Gesellschaft als Ganzes. Über sie diskutiert man dann im Geschichtsunterricht. Die Französische Revolution von 1789, die deutsche Revolution von 1989, aber auch das humboldtsche Bildungsideal gehören dazu.

Gerade der Lebensbereich der Arbeit ist in den letzten zwei Jahrhunderten erheblichen Veränderungen und gesellschaftlich-politischen Strömungen unterworfen gewesen. Vorher war Arbeit schlicht Mittel zum Zweck. Oder wie es John Locke im 17. Jahrhundert ausdrückte: Arbeit um der Arbeit willen ist wider die Natur. Vom Altertum bis weit in die europäische Aufklärung hinein galt Arbeit als etwas, was man eben tun musste: »Dass die individuelle Arbeit ein sinnstiftendes und damit die Existenz des Einzelnen entscheidend prägendes Moment sein sollte, ist ein relativ junges Phänomen [...]. Früher arbeitete man, weil man musste. Nicht, um sich zu verwirklichen. Im griechischen Altertum galt Arbeit als Strafe der Götter. Die Griechen strebten nach einem Ideal aus Grundbesitz, Wohlstand und Tugenden. Arbeit wurde nur im sportlichen und militärischen Bereich geleistet und war im Übrigen Sache der Sklaven. Die Griechen nahmen mit ihrer Teilung der arbeitenden Sklavenbevölkerung von der der Muße frönenden Bürgerschicht die Entwicklung der europäischen Ständegesellschaft vorweg.«[66] Bis zu den Anfängen der Aufklärung galt Arbeit als ein ernsthaftes, notwendiges, aber eher sinnloses Element im Leben der Menschen: »Arbeit bedeutete in der Regel Knochenarbeit und war ein Garant für körperliche Schäden, frühes Altern und einen stillen Tod. Bauern und Handwerker konnten ein Lied davon singen.«[67]

Wie kam es dazu, dass eine lästige Pflicht zum alles überragenden Gut unserer heutigen Kultur wurde? Nun, der gehetzte Büromensch darf sich hier zuallererst bei Martin Luther bedanken. Vielleicht war er auch der erste New-Work-Bewegte? Man weiß es nicht. Jedenfalls machte sich Luther, seines Zeichens Reformator und Rebell gegen das damalige Kirchen-Establishment, vor knapp 500 Jahren daran, die Bibel neu zu übersetzen – und beging einen folgenschweren Fehler, indem er »vollkommen wertneutral als ›Arbeit‹ bezeichnete Tätigkeiten mit ›Beruf‹ übersetzte«[68]. Ein dem Essen und Schlafen gleichrangiger Zeitvertreib wurde von Luther enorm aufgewertet und moralisch aufgeladen, wurde »zur Erfüllung einer von Gott auferlegten heiligen Pflicht, zur *Berufung*«[69].

Arbeit wurde von der Pflicht zur Berufung – mit Luther

Diese Verschränkung von Ökonomie und Religion hatte schwerwiegende Folgen. Einem ökonomisch-theologischen Urknall gleich verband man die Arbeit mit der Sphäre des Göttlichen und machte sie damit zu einem Pflichtauftrag menschlichen Lebens. Die ethische Kategorie der *Arbeitsmoral* war geschaffen. Luther konstatierte: »Der Mensch ist für die Arbeit geschaffen wie der Vogel für das Fliegen.« In der Folge entfesselte der Puritanismus (in den angelsächsischen Ländern) und der Pietismus (im deutschsprachigen Raum) einen Terror der göttlich gewollten Arbeit bis hin zur Perversion, dass Reichtum ein Zeichen göttlichen Wohlgefallens sei: »Man arbeitet nicht allein, dass man lebt, sondern man lebt um der Arbeit willen, und wenn man nichts mehr zu arbeiten hat, so leidet man oder entschläft.«[70] Anders formuliert: Wer arm ist, ist selbst schuld und landet in der Hölle.

Die unheilige Allianz aus religiöser Macht und ökonomischer Notwendigkeit des Überlebens läutete ein neues Zeitalter ein: den Imperativ der Arbeit. Arbeit war nun nicht mehr einfach notwendig, sondern gottgewollt. Im Umkehrschluss wurden Muße und Faulheit geächtet – ein Schlag, von dem sich das kollektive Unbewusste bis heute nicht erholt hat. Der Lebensgenießer, Bohemien oder sinnenfrohe Faulenzer kam allenfalls noch in der romantischen Literatur vor, zum Beispiel in Eichendorffs Novelle *Aus dem Leben eines Taugenichts*. Dort durfte er weiterhin existieren und Sympathien des Lesers sammeln; doch aus dem kulturellen Selbstverständnis des Bürgers verschwand er mehr und mehr. Das heutige Konzept der Muße dagegen hat, wie wir im vorigen Kapitel gesehen haben, nur noch wenig mit dem Mußegedanken eines damaligen Bürgers zu tun. Es ist selbst durchtränkt von Arbeitsmoral und wird zur »gedämpften Arbeit«, zur »Tätigkeit light«. Den Imperativ der Arbeit stellt man nicht infrage: »Am Ende […] sind alle Menschen Arbeiter. Arbeit ist ihre Bestimmung, ohne sie sind sie schlicht verloren, denn erst durch Arbeit werden sie überhaupt zu Menschen. Muße dagegen, das Lebenselixier einer vergangenen Zeit, ist toxisch geworden.«[71]

Mit dem Treibstoff der Religion und ihrer Moral der gottgewollten Arbeit hebt die Rakete einer neuen Gesellschaftsform erst richtig ab: Mitte bis Ende des 18. Jahrhunderts übernimmt der Kapitalismus als dominante Wirtschaftsform das Ruder; der Adel muss dem Bürgertum weichen. Das Bildungswesen wird revolutioniert, die Kindheit unter Schutz gestellt (Bismarck beispielsweise wird das arbeitsfähige Alter von Kindern, die in Fabriken arbeiten müssen, auf neun Jahre *heraufsetzen*). Die Industrialisierung und die technischen Quantensprünge (Dampfmaschine, Glühbirne, Eisenbahn, Telegraf) pflügen die komplette Erwerbslandschaft um und zentrieren sie um die Mechanik der kapitalistischen Arbeitsgesellschaft: »Die bürgerlichen Revolutionen […] fordern das ›Recht auf Arbeit‹

in einem Atemzug mit den Menschenrechten; die sozialistische Revolution findet von vornherein im Namen der ›arbeitenden Klasse‹ statt. Liberale wie Kommunisten entdecken das revolutionäre Potenzial der Arbeit.«[72] Egal, ob Arbeitgeber oder Arbeitnehmer, Kapitalist oder Kommunist: Allen ist Arbeit das Wichtigste. Arbeit ist so weit ins Zentrum des täglichen Lebens gerückt, dass sogar der lutherische »Urknall«, die Verschränkung von Arbeit und himmlischer Erlösung dahinter verblasst – bis heute. Trost und Sinn sucht man inzwischen abseits der kirchlichen Gemeinschaften: auf Esoterikmessen, in Heilsteinen, Shakra-Schütteln oder eben in der Religion der Arbeit.

Der Kapitalismus hat sich als dominante ökonomische Lebensform auf dem Planeten etabliert; nur noch Spielarten werden diskutiert. Doch die Frage nach dem Menschen und seiner Arbeitsrolle im kapitalistischen System bleibt. So formiert sich in den 1970er-Jahren eine Bewegung unter dem Namen »Humanisierung der Arbeit«. Der Mensch soll nicht länger Kanonenfutter für Fabriken und deren Maschinen sein. Globalisierte Prozesse, internationale Zusammenarbeit und eine drastische Zunahme der Dienstleistungen am Menschen machen es notwendig, über die philosophische, psychologische und ökonomische Stellung des Menschen in der Arbeit neu nachzudenken. Die bereits beschriebene Theorie Y von McGregor versucht, die Theorie X nicht nur auf dem Papier, sondern auch in den Herzen und Köpfen der Manager und Investoren zu ersetzen (was schwer genug ist). In den 1970er-Jahren prägt man in den USA den Begriff der *Work-Life-Balance*, ein von Beginn an umstrittenes Schlagwort. Einerseits erkennt es das Recht des Menschen auf Ausgleich und Erholung an, andererseits trennt es die Arbeits- von der Lebenssphäre – eine in der heutigen Praxis unrealistische Annahme. Dennoch ergab der Begriff damals Sinn, als es darum ging, Arbeitszeit, Arbeitsraum und Arbeitsbedingungen (also »Work«) an sich zu betrachten und die Beziehung zwischen der Arbeit und dem Menschen zu hinterfragen.

Die Humanisierung der Arbeitswelt und ihr Versuch, nicht mehr den Menschen an die Arbeit, sondern die Arbeit an den Menschen anzupassen, mündet schließlich in der zeitgenössischen Forderung nach einer *Subjektivierung der Arbeit*. Diese ist »die Konsequenz aus dem Bruch mit traditionellen Organisationsprinzipien: An die Stelle von Fremdorganisation, direkter Kontrolle durch Vorgesetzte tritt die Selbstorganisation und die Aufforderung zu unternehmerischem Handeln. Subjektivierung ist aber nicht nur eine betriebliche Anforderung an die Beschäftigten, sondern steht auch für den *Anspruch der Individuen* nach mehr Entwicklungschancen, mehr Partizipationsmöglichkeiten und mehr Selbstverwirklichung auch und gerade in der Arbeitswelt.«[73] Wie Spiderman sagen würde: Aus großer Macht erwächst große Verantwortung.

Eine Subjektivierung der Arbeit scheint zunächst dem modernen Bedürfnis nach Selbstverwirklichung des Menschen nachzugeben. Man ist kein reiner Abarbeiter mehr, der jede Stunde kontrolliert wird, sondern arbeitet autonom und flexibel. Souveränität scheint greifbar nahe. Doch man beachte die Schattenseiten. Erstens erfordert Subjektivierung Vertrauen seitens der Führungskraft – womit sich viele Führungskräfte schwertun. Denn Vertrauen schenken bedeutet Kontrollverlust ertragen. Zweitens gibt es durchaus Menschen, die rein abarbeiten *wollen* und die explizit kontrolliert werden *wollen*. Subjektivierung wäre hier fehl am Platz. Drittens ist Subjektivierung ein möglicher Stressfaktor: Auch Autonomie und Improvisation muss man handhaben können. Ausgetretene Pfade verlassen heißt eben auch, sich neu durchs Unterholz zu schlagen.

Die Subjektivierung der Arbeit scheint sich ideal mit der Sinnsuche des modernen, arbeitenden Menschen zu verbinden. Man denke an die drei Sinndimensionen (Ich, Du, Wir): Größere Flexibilität und Autonomie erhöhen die erlebte Selbstwirksamkeit, jedenfalls wenn man sie erfolgreich meistert. Auch die nun freiheitlicher zu gestaltende Zusammenarbeit mit anderen und ein höherer kreativer Ausstoß können das soziale Wohlbefinden steigern. Und schließlich können beide Faktoren zu einer gelungenen Transzendenz und einer Identifikation mit der Aufgabe führen. Dennoch sollten wir der Subjektivierung nicht ganz unkritisch begegnen, steht sie doch stellvertretend für ein fundamentales Missverständnis und für eine gefährliche Verkürzung der menschlichen Sinnperspektive.

In der Subjektivierung der Arbeit verbindet sich pietistische Arbeitsmoral mit der totalen Entgrenzung des Arbeitsprozesses: *The sky is the limit.* Einerseits will der moderne Mensch Selbstverwirklichung und Sinn; der Trend der Subjektivierung gibt diesem Streben Nahrung. Andererseits findet sich der Mensch in einem Dickicht aus Informationsflut, Zeitnot und altertümlicher Führung wieder, das diese Selbstverwirklichung hemmt und konterkariert. Der Anspruchsdruck kommt – einmal psychologisch, einmal organisatorisch – von zwei Seiten und belastet die Erfahrung der Transzendenz, das Bewusstsein für den eigenen, richtigen Platz in der Arbeitswelt. In der Dimension der Selbstwirksamkeit verschärft man damit die Zweiteilung zwischen »Performern« und »Verlierern«, zwischen den autonom Fähigen und den abhängig Scheiternden. Wo es keine organisatorischen oder psychologischen Grenzen mehr gibt, wo nur noch Selbstorganisation und Autonomie herrschen, wird auch Scheitern zur selbst verschuldeten Existenzgefährdung.

In der Dimension der Selbstwirksamkeit verschärft sich die Zweiteilung zwischen »Performern« und »Verlierern«

Neben der psychologischen und organisatorischen Überforderung droht in der Transzendenz, in der Wir-Dimension der Arbeit, die Gefahr der existenziellen Überhöhung. Arbeit wird zur Ersatzreligion. Sartre und die Existenzialisten sahen sich noch »zur Freiheit verdammt« und meinten damit das Leben an sich, das menschliche Geworfensein in eine fragwürdige Existenz. Heutige Arbeitnehmer sind nun in ihrer Arbeit oft »zur Freiheit verdammt«. Sie bekommen keine engmaschigen Anweisungen mehr, sondern einen Grundauftrag und sollen selbst sehen, wie und womit sie diesen erfüllen. Die große Chance der Subjektivierung liegt in der erfolgreichen Erfüllung dieses Auftrags, der Reflexion des Erfolgs und damit in einem berechtigten Wachstum des Ich, der verbesserten Fähigkeit zum Du und einer gelungenen Transzendenz, letztlich einer tatsächlichen Sinnfindung. Die Arbeit, die man tut, erfüllt, nützt anderen Menschen und bietet Sicherheit. Auch New Work betont diese Chance der Arbeit mit ihrem Konzept des Callings, der

Arbeit, die man »wirklich, wirklich tun will«. Diese Chance ist real und sollte in einer modernen Personalentwicklung und Unternehmensführung ernst genommen werden.

Allerdings scheinen einige New-Work-Bewegte heute vor allem auf diesen transzendenten Aspekt der Berufung abzustellen. Nach dem Motto: Finde den Job deines Lebens und alles wird gut! Eine solche Überhöhung, eine quasireligiöse Verbrämung der Arbeit ist unangemessen und schadet der menschlichen Entwicklung: »Eine zu starke Identifizierung mit der Arbeit [...] nimmt den Mitarbeitern die notwendige Distanz, über den Aufgaben zu stehen, diese auch lassen und verbessern zu können. Das Loslassen ist in einem Streben nach steter Verbesserung vonnöten. Dieses Loslassen muss gelernt werden.«[74] Mit der Überhöhung der Arbeit und einer falsch verstandenen »Berufung« läuft man in die Falle des »emotionalen Kapitalismus« (Ulrich Renz). Dieser gaukelt uns ein emotionales Engagement vor, eine Teilhabe, von der wir angeblich profitieren. Es gilt nun nicht mehr nur im Konsum: Kaufe dies, und du gehörst dazu!, sondern auch in der Arbeit: Motiviere dich und sei engagiert, und du erfüllst dein Schicksal! Diese Form der emotionalen Gehirnwäsche erschafft einen neuen Typ Arbeitsmensch: »Arbeit ist ihm nicht nur ein Mittel zur Sicherung seiner Existenz, sondern deren Inhalt. Sie ist sein Ansporn, sein Antrieb, der Motor, der ihn durchs Leben treibt, Teil seiner Selbstdefinition, ein Stück von ihm. Sich mit seiner Arbeit zu identifizieren, gilt ihm als Gipfel des Glücks. Als Unglück, wenn ihm dies nicht gelingt.«[75]

Vom positiven Konzept der Subjektivierung zur unkritischen Überhöhung der Arbeit als ultimativem Sinnbaustein der menschlichen Existenz ist es nur ein kleiner, aber verhängnisvoller Schritt. Dort endet der Sinn der Arbeit und beginnt der Unsinn: Weder eine Entfesselung des autonomen Ich noch eine Charmeoffensive von Unternehmenswerten kann die Arbeit zum allein selig machenden ethischen Element stilisieren. New Work bedeutet deshalb nicht nur ein Streben nach Berufung, sondern die reale Veränderung von Arbeitsbedingungen bis hin zur Frage des kapitalistischen Rahmenmodells. Deshalb: Ich arbeite, also bin ich? Ja, aber bitte mit Augenmaß.

Zusammenfassung

Menschen streben nach Sinn in ihrer Arbeit, nach einer Tätigkeit, die sie erfüllt, zu der sie sich aus sich selbst heraus motivieren können und die sie Teil eines größeren Ganzen sein lässt, sie mit einem höheren Zweck verbindet.

Diesen beruflichen Sinn kann man als Resonanzerfahrung beschreiben, als Begegnung mit sich selbst, mit anderen Menschen und mit der Welt an sich. In dieser Begegnung zeigen sich die drei Dimensionen der menschlichen Wirksamkeit: Selbstwirksamkeit (Ich-Dimension), soziale Wirksamkeit (Du-Dimension), Transzendenz (Wir-Dimension).

Menschen fällt es unter Umständen schwer, diese sinnvolle Arbeit zu finden, da sie wenig Kenntnis über ihre natürlichen Fähigkeiten haben und wenig Gelegenheit, sich beruflich zu erproben (außer in der kurzen Übergangszeit von der Schule zur Ausbildung und von der Ausbildung in den Beruf). Komplette Ausbildungs-, Berufs- oder Branchenwechsel sind aufgrund des starren Bildungssystems nur schwer möglich.

Die Psychologie formuliert Konzepte, die den Gedanken des sinnvollen Berufs und des sinnvollen Lebens aufgreifen, etwa die Theorie Y, die Salutogenese und die Positive Psychologie. Diese psychologischen Strömungen gehen nicht von einem defizitären, krankheitsorientierten Menschenbild aus, sondern von einem positiven, an Gesundheit und persönlicher Entwicklung orientierten Menschenbild.

New Work als Konzept einer modernen Arbeitswelt bündelt diese neuen Strömungen aus Psychologie und Soziologie und stellt das sinnbewusste, selbstwirksame Ich in den Vordergrund. Der Mensch wird somit zur Maßgröße für alle technischen, organisatorischen und politischen Initiativen der Arbeitswelt.

Diese Humanisierung der Arbeitswelt mündet schließlich in der Forderung nach einer Subjektivierung der Arbeit im Sinne einer »Subjektstärkung« des Menschen. Diese Forderung hat Vor- und Nachteile: Einerseits dient sie dem

Anspruch der Menschen nach Entwicklung, Teilhabe und Selbstverwirklichung, andererseits kann sie in Form größerer Autonomie und Selbstverantwortung ebenso eine große Bürde sein – bis hin zur existenziellen Überforderung.

Arbeit als entgrenzte Erfahrung

Immer wieder klagen Menschen, sie müssten zu viele E-Mails bearbeiten, hätten zu viele Termine oder zu viele Projekte gleichzeitig. Man gehe abends nach Hause mit dem Gefühl, nichts geschafft zu haben, bleibe unruhig und komme gar nicht richtig im Abend an. Die Krönung wären dann auch noch Schlafstörungen. Im Großen und Ganzen erleben Menschen das als eine sehr unbefriedigende Situation, die mit dem Seufzer endet: »Ich will doch einfach nur einmal wieder das Gefühl: Jetzt ist Ende und gut!«

Man muss kein Psychologe sein, um zu erkennen, dass Menschen, die mit solchen Belastungssituationen und ihren normalen Reaktionen darauf Tag für Tag konfrontiert sind, irgendwann nicht mehr wollen oder können. An anderer Stelle habe ich mich bereits mit dem ernsten Phänomen des »strukturellen Burn-outs« auseinandergesetzt, einer extremen Variante dieser Tag-für-Tag-Überlastung, die zunächst wenig mit der eigenen Persönlichkeit zu tun hat.[76] Nur den Einzelnen und seine angeblich fehlende Stresskompetenz für die Belastung verantwortlich zu machen, erscheint naiv und fahrlässig. Wir haben es mit einem weit größeren Phänomen zu tun, das uns alle in seinen Bann zieht: der umfassenden Entgrenzung der Arbeitswelt in praktisch allen relevanten Bereichen. Es gibt von allem zu viel: zu viele Informationen, zu viele Mails, zu viele Termine, zu viele gleichzeitige Projekte. Die Arbeitswelt wird zum entfesselten Tier, das in seiner Bändigung unsere ganze Kraft verlangt.

Von allem zu viel: zu viele Informationen, zu viele Mails, zu viele Termine

Man könnte meinen, eine wie auch immer geartete Entgrenzung wäre ein relativ neues Phänomen, hervorgerufen durch die Globalisierung, die allumfassende technische Erreichbarkeit, neue Formen der Zusammenarbeit etc. Diese Faktoren sind sicher wesentlich für das Gefühl der Überlastung, doch die Entgrenzung in der Arbeitswelt war in der vorindustriellen Zeit ebenso Alltag wie heute, denn »schon in der bäuerlichen und handwerklichen Gesellschaft der Vormoderne, und selbst noch in der Heimmanufaktur-Wirtschaft des Frühkapitalismus, waren Arbeit, Familie und Freizeit unentwirrbar verquickt [...]. Erst mit der Industrialisierung wurde zwischen dem Leben zu Hause und der Arbeit eine strikte Trennlinie gezogen. [...] Mit dem Ende der Industrialisierung verliert diese Grenze ihre vormalige Klarheit, die postindustrielle Gesellschaft findet quasi zu ihren vorindustriellen Verhältnissen zurück. Erwerbsarbeit und Leben verschränken sich.«[77]

Die Entgrenzung der Arbeit ins Private hinein bzw. das umfassende Bewusstsein des Menschen als entgrenztes arbeitendes Subjekt ist mitnichten eine Erfindung der Postmoderne, sondern eine Angelegenheit, die bereits Jahrhunderte kulturell verwurzelt ist. Doch wenn dem so ist, sollten wir psychologische, soziale und kulturelle Reflexe parat haben, um diese Entgrenzung abzufedern und mit ihr im Alltag zurechtzukommen. Tatsächlich wird sie heute wieder heiß diskutiert, ihre Vor- und Nachteile werden aufs Genaueste unter die Lupe genommen. Momentan »wird ›Entgrenzung‹, ›Entdifferenzierung‹, ›Entstrukturierung‹, ›Abbau von Hierarchien‹ zur scheinbar allgegenwärtigen Erscheinung [...]. Kein Wunder, dass dies einhergeht mit der Feststellung zwar steigender neuer Möglichkeiten durch Öffnung verfestigter Strukturen, aber auch mit dem Bewusstsein, dass das soziale Leben riskanter wird: es birgt die Chance zu neuen Freiheiten, aber auch die Gefahr der Überforderung von Individuen und Institutionen.«[78]

No size fits all – Die vielen Gesichter der Entgrenzung

Wenn wir das Phänomen der Entgrenzung genauer betrachten, stellen wir fest, dass sich Entgrenzung heute – im Gegensatz zu allen früheren, vorindustriellen Perioden – in sehr unterschiedlichen Dimensionen vollzieht: Zeit, Ort, technologische Entwicklung, fachliche Qualifikation, Arbeitsmotivation und Sozialorganisation.[79] Diese sechs Dimensionen treiben die Entgrenzung der Arbeitswelt gleichzeitig voran, manche bedingen sich gegenseitig (wie zum Beispiel technische Erreichbarkeit via Smartphone oder E-Mail und das abendliche Abarbeiten von E-Mails bzw. die Teilnahme an Telefonkonferenzen), andere stehen eher für sich allein (beispielsweise die Vertragspolitik von Unternehmen mit dem immer häufigeren Einsatz von flexiblen Instrumenten wie Werkverträgen etc.).

Anders als der Bauer im 18. Jahrhundert haben wir es somit nicht mit einer abgrenzbaren Belastung, sondern mit einem komplexen Kontrollverlust zu tun, mit einem psychologischen, sozialen und organisatorischen Urknall, bei dem uns unser eigenes (Arbeits-)Leben immer öfter um die Ohren zu fliegen scheint und wir uns verzweifelt bemühen, den Überblick zu behalten. Denn dies wird uns durch die totale Entgrenzung immer schwerer gemacht.

Am stärksten merken das die meisten Menschen an der *zeitlichen* Entgrenzung. Von allen Dimensionen der Entgrenzung (Zeit, Ort, Technik, Qualifikation, Motivation, Sozialorganisation) spielte für unsere vorindustriellen Ahnen die Zeit die wichtigste, wenn nicht sogar die einzige Rolle. Ein Bauer beispielsweise war zeitlich immer verfügbar und konnte wenig delegieren. Daher können wir hier von einer großen zeitlichen Entgrenzung sprechen. Reisen dagegen musste er fast nicht, außer zum Wochenmarkt, um seine Waren zu verkaufen. Technik spielte für ihn noch keine große Rolle und seine berufliche Qualifikation war qua Geburt festgelegt. Er arbeitete, weil er musste, nicht um sich zu verwirklichen, und sein soziales Umfeld war in Form von Großfamilie und Gesinde ziemlich stabil. Im Großen und Ganzen war die Verschränkung von Arbeit und Leben für ihn eine überschaubare Tatsache. Die Entgrenzung wurde ins Ich integriert und erschütterte es nicht substanziell – so wie das heute oft der Fall ist. Außerdem war auch die zeitliche Entgrenzung von festen Rhythmen geprägt: Sonnenaufgang und -untergang, Sonntage als Ruhetage (soweit möglich), der Wechsel der Jahreszeiten. Das ist heute anders. Die zeitliche Entgrenzung ist nicht nur *totaler*, sondern auch höchst *unvorhersehbarer* Natur. Es gibt weder vorgegebene Rhythmen noch technologische, soziale oder psychologische Filter der Erreichbarkeit. Wenn der Chef anruft, ruft er eben an. Wenn das Projekt übermorgen fertig sein muss, arbeitet man eben den Abend auch mal durch.

Nimmt man zur zeitlichen Entgrenzung die Explosion der technischen und kommunikativen Möglichkeiten, erscheint die Ausweitung der beruflichen Kampfzone auf die unterschiedlichsten Orte unseres Lebens, die *örtliche* Entgrenzung, als logische Konsequenz. Arbeit ist ihrer Natur nach expansiv, im wahrsten Sinne des Wortes »raumgreifend«. Sie will getan werden. Arbeit ist zum Moment geworden, das stets auf Umsetzung und Vollendung drängt, das die Oberfläche unseres Bewusstseins besetzt und andere, rivalisierende Impulse verdrängt: Spiel, Muße, familiäre und freundschaftliche Beziehungen. Der Philosoph Alain de Botton schreibt dazu: »Arbeit verwehrt es uns ihrem Wesen nach, sie anders als allzu ernst zu nehmen.«[80] Arbeit stehe »im Zentrum aller Gesellschaften; unsere aber ist die erste, die suggeriert, Arbeit könne mehr als eine Strafe, eine Buße sein. Unsere Gesellschaft ist die erste, die uns zu verstehen gibt, dass wir selbst dann arbeiten sollten, wenn dazu keine finanzielle Notwendigkeit besteht.«[81]

In der Werbung erscheint die Vereinnahmung der vormals arbeitsfreien Räume immer positiv besetzt. Da tummeln sich fröhliche, lachende Menschen auf einer Picknickdecke und haben ihre Laptops auf den Knien. Menschen in schicken Lofts sitzen vor ihren Smartphones und tippen eine nette Mail an ihren Kunden. Auch im realen Leben verwandelt sich der öffentliche Raum in eine Arbeitszone: Laptops bevölkern die Cafés; in Bahnhöfen, auf Flughäfen und an Bushaltestellen glaubt man Menschen in demutsvoll betender Haltung zu sehen, das Haupt abwärts gesenkt – bis man das Smartphone in ihrer Hand bemerkt und weiß, dass gerade Excel-Dateien oder Smileys ausgetauscht werden.

Dieses Beispiel führt uns direkt zur *technologischen* Entgrenzung. Getrieben von immer neuen Quantensprüngen der Informationstechnologie, von immer höheren Übertragungsgeschwindigkeiten, besseren Kommunikationsnetzen, größeren Speichern und verbesserter Software steht der Mensch nicht mehr vor der Herausforderung, kommunikative Brücken zu überwinden. Im Gegenteil: Er kann telefonieren, mailen, chatten, simsen, faxen, skypen, liken, followen, sharen. Der moderne Arbeitsmensch ist mithin ein kommunizierender und damit ein sozialerer Mensch geworden als der Bauer im vorindustriellen Zeitalter. Das bedeutet aber auch: Die Herausforderung liegt zunehmend in der Abwehr von irrelevanter Kommunikation, in ihrer Steuerung, in der produktiven Auswahl. Ein Techniker würde sagen: Wir müssen aus dem Rauschen das Signal filtern. Dabei gibt es immer mehr und immer lauteres Rauschen um uns herum. Außerdem bedeutet technologische Entgrenzung nicht nur eine Entgrenzung der Kommunikation. Das Internet der Dinge steht vor der Tür, die umfassende Vernetzung von Gegenständen, Maschinen, Datenbanken und Menschen rund um den Planeten via Internet. Nach der vorindustriellen Mensch-zu-Mensch-Kommunikation und der industriellen Mensch-Maschine-Kommunikation müssen wir künftig auch die postindustrielle Maschine-Maschine-Kommunikation in unsere Arbeitswelt einbeziehen. Auch das bedeutet eine weitere Entgrenzung, noch mehr Rauschen, eine Erweiterung des unübersichtlichen Spielfeldes.

Während Zeit, Ort und Technik Entgrenzungen der gesamten Lebenssphäre darstellen (mit gravierenden Folgen für die individuelle Arbeit), betrifft die *fachliche* Entgrenzung speziell die Arbeitswelt und die berufliche Qualifizierung des Einzelnen. Wir stehen in der Ausbildung und der beruflichen Weiterqualifizierung möglicherweise vor einer Zeitenwende. Vielleicht bilden wir in zehn Jahren nicht mehr für spezielle Berufsbilder aus, sondern vermitteln modulare Kompetenzen, die wir je nach beruflicher Anforderung zu einem Stellenprofil zusammensetzen. Diese – zumindest theoretische – Entwicklung würde nicht ohne Not erfolgen. Demografischer Wandel, technologische Revolutionen und neue Ansprüche an Produkte und Dienstleistungen schlagen auf die Personalpolitik von Unternehmen durch und damit auf die dafür gesuchten Arbeitnehmer. Ein solch neues Design der Arbeitsanforderungen und -stellen fordert vom Einzelnen das berühmte »lebenslange Lernen« und eine immer größere Flexibilität in der Wahl seiner Arbeitsstelle und in der Gestaltung seiner Biografie. Der Ökonom Richard Sennett bedauert diese Entwicklung, gehe sie doch zulasten der »handwerklichen Einstellung« eines Menschen und seiner Fähigkeit, sich über lange Zeiträume einer speziellen Tätigkeit zu widmen: »Organisationen, in denen die Inhalte sich ständig ändern, erfordern mobile Problemlösefähigkeiten. Das Bestreben, sich sehr intensiv mit einem Problem zu beschäftigen, wäre dysfunktional, da Projekte ebenso abrupt enden, wie sie beginnen. [...] Die Qualifikation besteht darin, unter ganz beliebigen Umständen zur Kooperation fähig zu sein.«[82] Schon heute zeichnen sich immer mehr Patchwork-Lebensläufe ab, durchzogen etwa von Phasen der Erwerbstätigkeit, der Familienpausen oder Sabbaticals. Dieses Patchwork kann – vor allem wenn man über sein Erwerbsleben hinweg verschiedene Berufe lernen und leben muss – das Ich belasten, den »roten Faden des Lebens« angesichts der Vielzahl der Fäden unsichtbar werden lassen.

Die Sinnkomponente der eigenen Arbeit spielt nicht nur in einer Konzentration auf das, was man »wirklich, wirklich tun will« eine Rolle, sondern ebenso in Form einer Gegenbewegung, einer *motivationalen* Entgrenzung. Die Stellung der Arbeit im Leben ist somit einem Zerren in zwei Richtungen, zwei gegensätzlich wirkenden Kräften unterworfen. Die Schwerkraft zieht nach innen und fragt nach der Bedeutung der Arbeit für das eigene Leben, nach der Möglichkeit der Selbstverwirklichung und den Möglichkeiten der Arbeit für das eigene Wohl. So wie der Mond um die Erde kreist, kreist die Arbeit um das Leben; das Leben bleibt jedoch Mittelpunkt. Die Fliehkraft aber zieht nach außen und fragt: Wie passe ich das Leben meiner Arbeit an? Mond und Erde werden vertauscht, Arbeit erschient plötzlich als Zentrum des Daseins, dem sich das Leben zu fügen hat. Das vormals komplette Ich wird auf ein Arbeits-Ich reduziert, wird zum stromlinienförmig funktionalen Ich, abgerichtet und eingenordet für ein Leben unter dem Diktat der Arbeit. In diesem Sinne kann aus der Freiheit der Lebensgestaltung eine Falle werden. Verliert man die Distanz zu seiner Arbeit, verdrängt man andere Lebensbereiche und inspirierende Lebensrollen. Das Ergebnis nennen die Ökonomen ein »Klumpenrisiko«: Setzt man all seinen Wert (oder sein Geld) auf einen speziellen Bereich und nimmt dieser Bereich Schaden, droht das Risiko des Totalausfalls, in diesem Fall mit dem Verlust der Arbeit der Verlust der Identität.

Angesichts der beschriebenen Dimensionen ist es keine große Überraschung, dass es auf der Ebene der Zusammenarbeit und der Organisation zu einer enormen *sozialen* Entgrenzung kommt. Das Sprichwort »Niemand ist eine Insel« war noch nie so aktuell wie heute. Es gibt fast keine Tätigkeit mehr, die man allein im stillen Kämmerlein vollzieht. Man ist praktisch immer Teil eines Teams, einer Abteilung, einer Prozesskette, einer Produktionseinheit. Egal, ob am Band oder im Büro: Jeder arbeitende Mensch ist heute auf die Zusammenarbeit mit anderen angewiesen. Der Unterschied zu früher ist (um im Bild der Insel zu bleiben): Die Inseln bewegen sich. Man kann sich nicht mehr darauf verlassen, in zwei Monaten noch mit denselben Kollegen zusammenzuarbeiten. Rollierende Teams, Jobrotation und andere Instrumente sorgen durchaus gewollt für eine Durchmischung und damit für immer neue soziale Herausforderungen. Durch die technische Kommunikation, die den Raum im globalen Maßstab überwindet, gibt es für eine zeitzonenübergreifende Zusammenarbeit praktisch keine Schranken mehr (außer eventuellen Sprachbarrieren und einer gewissen Müdigkeit bei der Telefonkonferenz abends um 23 Uhr). Die soziale Entgrenzung beschreibt zugleich eine soziale Verdichtung, die Zunahme und Aufwertung menschlicher Kommunikation und Kooperation.

Menschsein reloaded – Entgrenzung als psychologisches Phänomen

Im aktuellen Diskurs um modernes Arbeiten und New Work stehen oft einzelne Formen der Entgrenzung im Mittelpunkt, vor allem die zeitliche, örtliche und technologische Variante. So wichtig die Diskussion um flexible Arbeitszeiten, Homeoffice und Regelungen zur Erreichbarkeit auch sind: New Work ist mehr als eine neue Gleitzeitregelung. New Work beschäftigt sich mit allen sechs Dimensionen, muss sich mit allen sechs Dimensionen beschäftigen, wenn dieses Konzept ein Recht auf Mitsprache an der Ausgestaltung der Arbeitswelt haben will. Dieser umfassende Ansatz droht im Detailgeplänkel um selbst festgelegte Gehälter oder Teamkultur unterzugehen. Gerade das Thema Entgrenzung sollte man in seinen psychologischen Grundzügen ausloten, bevor man die eigenen Mitarbeiter mit neuen Ideen zu flachen Hierarchien oder Homeoffice bespaßt. Nicht selten preist man die Entgrenzung des Einzelnen als neue Freiheit, als neue Möglichkeit der Selbstverwirklichung und einer größeren Produktivität. Im Grunde jedoch missbraucht man damit das New-Work-Konzept zur Leistungsmaximierung im Geist eines selbstausbeuterischen Kapitalismus. Es gibt kein Zuckerbrot und keine Peitsche mehr. Die Peitsche *ist* das Zuckerbrot. Man begrüßt die eigene Unterwerfung unter ein allgegenwärtiges Arbeitssystem. Der Imperativ der protestantischen Ethik, begonnen unter Luther, hat 500 Jahre später zur Vollendung gefunden: Die Arbeitsidentität als Teil des Ich hat das Gesamt-Ich erobert, das bereit ist, fast jeden Preis zu zahlen für die Selbstbestätigung durch Arbeit. Dabei hat sogar der New-Work-Begründer Frithjof Bergmann die heutige Arbeit als subjektiv empfundene »milde Krankheit« bezeichnet, die montags beginne und freitags ende. Wer heute kritiklos unter dem Label New Work die Segnungen des Smartphones oder das Homeoffice preist, scheint weder Bergmanns Originalkonzept zu kennen noch die psychologischen Folgen einer ungehemmten Entgrenzung.

New Work ist nicht unbedingt nur positiv zu sehen, sondern stellt – zumindest im Phänomen der Entgrenzung – einen massiven Eingriff in die Form der Arbeit und damit in die Gestaltung des Lebens dar. Denn Arbeit hat heute, wie wir bereits mehrfach gesehen haben, einen übergroßen Anteil am Leben. Verändert man das Wesen der Arbeit, verändert man das Leben. Daher sollte man in der Entgrenzungsdiskussion einige wichtige Fragen stellen: Was macht eine umfassende Entgrenzung mit dem Menschen? Inwieweit kann eine entgrenzte Arbeitswelt den Menschen fördern? Inwieweit schadet sie ihm? Wie verträgt sich eine massive Entgrenzung mit grundlegenden psychischen Bedürfnissen des Menschen? Angeblich sollte die neue Arbeitswelt, wie sie New Work anstrebt, »menschlicher« sein, »sinnvoller« oder auch »ethischer«. Dazu gehört auch die Frage, ob die Bedingungen der neuen Arbeitswelt den Menschen in seinen psychischen Bedürfnissen fördern.

Grenzen sind ein fundamentaler Bestandteil des menschlichen Lebens, ja der Wirklichkeit an sich. Es gibt Grenzen der Wahrnehmung, geografische Grenzen zwischen Ländern, physikalische Grenzen und viele andere Grenzen mehr. Man kann sagen: Grenzen sind eine Begleiterscheinung des Alltags. Manche bemerken wir, andere nicht. Wenn wir mit dem Auto in eine Sackgasse fahren, sehen wir bewusst, dass wir nicht weiterkommen. Die Mauer am Ende der Straße ist eine physische Grenze, über die wir nicht hinauskommen (außer vielleicht in einem Hollywood-Actionfilm). Das Sichtfeld unserer Augen ist auch begrenzt, nur merken wir das in der Regel nicht bewusst, sondern verbuchen unser relativ eingeschränktes Sichtfeld als normal: Während Fische ein Sichtfeld bis zu 360 Grad abdecken, kommt der Mensch auf maximal 175 Grad.

Auch die menschliche Entwicklung ist eine Entwicklung an Grenzen entlang. Im sehr frühen Lebensalter entwickelt sich das Ich-Bewusstsein des Kleinkinds in der Abgrenzung zur Mutter und anderen Bezugspersonen: Ich bin, der du nicht bist. Das Ich formt sich in der Abgrenzung zum Du. Gelingt dies nicht, können schwere psychische Erkrankungen wie zum Beispiel die Borderline-Störung folgen. Wird das Kind größer, werden andere Grenzen getestet, zum Beispiel die des Willens (manchmal gegen den Willen der Eltern). Das kindliche Ich erobert seine Welt; das kann es aber nur, wenn es Grenzen erkennt und sie überwindet. Ein Kind wächst nicht in einer grenzenlosen Welt auf, im Gegenteil sind Grenzen die Voraussetzung für Wachstum. Das Ich wächst durch Überwindung von Grenzen. Und so geht es weiter in der Jugend und im Erwachsenenalter: Es gibt immer wieder Grenzen, die zur Überwindung auffordern. In diesem Widerspruch zeigt sich die Dialektik menschlicher Entwicklung, von der Entwicklung frühkindlichen Bewusstseins bis zur metaphysischen Aufgabe, den eigenen Tod zu akzeptieren.

In der Psychologie kennt man die sogenannten Kippbilder: Bilder, die gleichzeitig zwei unterschiedliche Motive enthalten, zum Beispiel sehen manche auf einem Bild eine Vase und andere sehen zwei menschliche Gesichter. Die Linien auf dem Bild sind so gezeichnet, dass unser Gehirn sie entweder als Vase oder als Gesichter interpretiert. Jeder normale Betrachter sieht ein Motiv, entweder die Vase oder die beiden Gesichter. Niemand sieht nur Linien. Unser Gehirn versucht, jeder Wahrnehmung eine »Gestalt« zu geben, einen Sinn. Das Gehirn sieht die Linien des Bildes und fragt sich: »Was kann das sein?« Bis es schließlich die Linien zu einer »Gestalt«, entweder Vase oder Gesichter, verschmilzt. Sogar auf der Ebene der unbewussten Wahrnehmung versucht unser Gehirn, diese »Gestalten« zu bilden. Doch eine Gestalt erfordert immer auch eine Grenze drum herum. Sonst wäre alles für unser Gehirn nur fließende Linien. Eine Gestalt, eine Wahrnehmung ist nur denkbar mit einer sinnvollen Begrenzung: Mein Vater und meine Mutter gehören zur Familie, mein Friseur nicht. Das Haus, in dem ich wohne, ist mein Haus, nicht das meines Nachbarn. In meinem Team arbeiten Jonas, Steffi und Dieter. Tobias aus dem dritten Stock gehört nicht dazu.

Grenzen steuern nicht nur unsere Wahrnehmung. Sie sind Teil unserer Identität. Wir *brauchen* Grenzen, um zu definieren, wo bestimmte Dinge anfangen und wo sie aufhören: beispielsweise unsere Familie, unsere Leistungsbereitschaft oder eben auch unsere Arbeit. In diesem Sinne ist der postindustrielle Ruf nach Selbstverwirklichung durch Entgrenzung ein tragischer Irrtum. Entgrenzung stärkt nicht das Ich, fördert nicht die »Gestalten« unseres Lebens, sondern zerstört sie, vermischt sie zu einem Brei. Wir haben zu viele Hierarchien? Weg damit! Entgrenzen wir uns zur regellosen

Selbstorganisation. Ein konventionelles Büro? Ist out. Entweder wir schicken alle gleich ins Homeoffice, wo sie dann grenzverschwimmend erst einmal die Waschmaschine füllen, statt sich an den Projektbericht zu setzen. Oder wir nehmen ihnen in der Light-Version wenigstens ihre angestammten Schreibtische weg und bezeichnen das als modern und kreativitätsfördernd. Es gibt zu viele Vorgänge oder Projekte? Kein Problem. Wir behandeln den Mitarbeiter als »fungible Ressource« und tun so, als sei er das Multitasking-Genie, das wir sowieso schon lange propagieren.[83]

Grenzen sind Teil unserer Identität

Man muss sich Organisationen und Menschen als zwei Parteien vorstellen, die gemeinsam in einem Boot sitzen und zu einer Insel rudern. Beide wollen das Gleiche, aber aus unterschiedlichen Gründen. Der Mensch möchte »Sinn«, »Selbstverwirklichung« oder neudeutsch eine »Challenge«. Die Organisation möchte größtmögliche Produktivität und Profitabilität. Diese erreicht man, wie es heute die Spatzen von den Dächern pfeifen, durch Motivation, und diese braucht wiederum den »zufriedenen Mitarbeiter«. Zufriedenheit schafft Motivation schafft Produktivität. Und was macht den Mitarbeiter heute angeblich zufrieden? Selbstbestimmung, Autonomie, der Wegfall von Beschränkungen. Und so wird der Boden bereitet für die mannigfaltigen Entgrenzungen des Arbeitsalltags, für ständige Erreichbarkeit, Gleitzeit, Autonomie und die Abschaffung von Hierarchien. Alles unter der offiziellen Maßgabe, doch den wahren Willen des wertvollen Mitarbeiters, der Produktivitätskraft des 21. Jahrhunderts, im Blick zu haben. Doch Entgrenzung erschafft oder verbessert nicht die Gestalten des Lebens. Es beschädigt und zerstört sie. Der Mensch ist ein begrenztes Wesen. Ignoriert er seine Grenzen, kann er in ihrer Überwindung nicht wachsen. Dann tritt der Zustand ein, den Sartre mit dem Kernsatz des Existenzialismus beschrieb: Wir sind zur Freiheit verdammt.

Der nächste Schritt auf dem Weg zur entgrenzten Persönlichkeit erscheint logisch: Das funktionale Ego wird zur einzig sichtbaren und relevanten Gestalt. Ohne Grenzen verschwimmen die Dinge auf der anderen Seite: Arbeit, Leben, Hobby, Sinn, alles wird eins. Das Leben schrumpft und schenkt seine Energie der Erhaltung des arbeitenden Ich. Der große Brei geht auf und formt einen mehr oder weniger ansehnlichen Klumpen. Sobald sich andere relevante Gestalten aufgelöst haben und nur noch das arbeitende Ich vorhanden ist, hat man den flexiblen Menschen geschaffen, bereit für den globalen Kapitalismus: belastbar, motiviert, Sinn suchend, aufopferungsbereit – und bindungsvermeidend: »Alle traditionellen Psychologien [...] sehen das Ziel psychischer Entwicklung in der Fähigkeit zu einer emotionalen Bindung bei größtmöglicher Autonomie [...]. Im Gegensatz hierzu glaubt der entgrenzte Mensch, diese Autonomie nur dadurch sichern zu können, dass er sich emotional vom anderen, so gut es ihm möglich ist, entbindet. Dies gelingt ihm dadurch, dass er die emotionalen Bindungskräfte wie Zärtlichkeit, Vertrauen, Erinnern oder Vermissen ausblendet und durch die Pflege von Kontakten ersetzt. Auf diese Weise lässt sich ein Verbundensein mit Anderen herstellen und wahrnehmen, ohne dass mit einem solchen Verbundensein eine Verbindlichkeit gespürt oder ein Angewiesensein gefühlt wird.«[84]

Die Tendenz zur »Entbindung« durchzieht mittlerweile nicht nur die Arbeitswelt mit der viel zitierten Forderung nach Flexibilität. Die Aufgabe sozialer Verpflichtungen tritt auf in Form von Mitgliederschwund bei Kirchen und Parteien, in Form von geplanter »Lebensabschnittspartnerschaft« statt der Ehe mit ihrer lebenslangen Perspektive, in der zur Lifestyle-Diskussion herabgewürdigten Frage des Kinderwunsches. Dagegen blühen soziale Formen, die wenig bis kein Engagement verlangen, keine Verpflichtung und die man einfach konsumieren kann. Facebook ist hierfür das bekannteste Beispiel und ein Paradefall des entgrenzten Menschen. Man gibt sich den Anschein des Sozialen, »teilt« Inhalte, hat »Freunde« und bleibt doch gemeinsam einsam, kreist letztlich nur um die Spiegelung des eigenen Ich. So gibt es Hinweise darauf, dass die Nutzung von Facebook durchaus unglücklich machen kann, da man sich mit seinen

Echte Bindungen nehmen ab, unverbindliche Kontakte zu

»Freunden« permanent vergleicht und vor allem »fremdes Glück« als deprimierend und Ich-bedrohend wahrnimmt.[85]

Was bedeuten diese Befunde für New Work? New Work setzt den mündigen, sich selbst organisierenden, sozial fähigen Menschen ins Zentrum seiner Überlegungen. Die tägliche Entgrenzung jedoch von Zeit, Ort, sozialen Bezugspersonen etc. untergräbt all diese Fähigkeiten und fördert den Menschen nicht. Im Gegenteil: Der postmoderne Mensch verlernt es, sich mit den eigenen Grenzen auseinanderzusetzen, und erzeugt damit eine Art narzisstische Vermeidungsstrategie: »Ich-orientierte Menschen streben nach Grenzenlosigkeit. Sie möchten sich von allem, was sie begrenzen und einschränken könnte, befreien [...]. Umgekehrt versuchen sie alles, was ihnen vorgegeben und aufgegeben ist, was Ausdruck von naturaler und sozialer Bedingtheit, Konvention, Vorgabe und Maßgabe ist, aus der Welt zu schaffen, also zu entgrenzen, indem sie Wirklichkeit neu und anders konstruieren [...]. Ergibt sich die Notwendigkeit, Grenzen überschreiten zu müssen, so versuchen sie nicht, sich mit der Grenze auseinanderzusetzen und sie schließlich zu überwinden und hinter sich zu lassen; vielmehr streben sie danach, die Grenze dadurch zu beseitigen, dass sie die Realität oder sich selbst neu erfinden, sie anders inszenieren, simulieren und virtualisieren. Man stellt sich neu auf oder führt eine Restrukturierungsmaßnahme durch – immer mit dem Ziel, keine Begrenzung mehr spüren zu müssen.«[86] Im Klartext: Unliebsame Leute kann man bei Facebook »entfreunden«, Lebenspartner eher aufgeben. Man beugt sich keiner Religion mehr, sondern bildet sich seine eigene Ethik aus dem Setzkasten von Christentum, Buddhismus oder Heilsteinen. Ist eine Arbeit nicht mehr »spannend«, wird sie eher aufgegeben als früher.

New Work braucht den Ich-festen, grenzbewussten, bindungsfähigen Menschen, doch die heutige Arbeitswelt und ihre Entgrenzung fördern diese zutiefst menschlichen Prinzipien gerade nicht. Daher machen viele New-Work-Verfechter den zweiten Schritt vor dem ersten: Sie installieren Instrumente mit angeblich befreiender Wirkung und lassen doch die grundsätzlichen Bedürfnisse der menschlichen Seele nach Gestalt und Grenze, nach einer Balance zwischen Risiko und Sicherheit, nach einer gesunden Dynamik zwischen Ich und Du außer acht. Einen Gefallen tun sie damit der New-Work-Bewegung nicht. Indem sich Unternehmen, New-Work-Verfechter und Mitarbeiter in ihrem Drang zur Entgrenzung gegenseitig verstärken, reißen sie den Keller des Hauses ein, das sie bauen wollen. Es wäre klug, sich der Entgrenzung in Maßen zu stellen und dem Sprichwort zu folgen: »Vorsicht ist der bessere Teil der Tapferkeit.«

Die Quadratur des Kreises – Vom Mitarbeiter zum Arbeitskraftunternehmer

Die allgegenwärtige Entgrenzung von Zeit, Raum, Technik etc. findet ihren arbeitspolitischen Niederschlag in der sogenannten *Subjektivierung der Arbeit*. Der Mensch als Bewältiger und Begeisterter der entgrenzten Möglichkeiten wird zum bestimmenden Subjekt seiner Arbeit. Erstens soll er die Steuerung bzw. die Verantwortung für sein berufliches Alltagshandeln übernehmen. Er ist nicht mehr Objekt fremder Kontrolle (des Chefs, der Stechuhr etc.), sondern ein sich selbst organisierendes Subjekt. Zweitens erhalten die »subjektiven Funktionen« des Menschen eine größere Bedeutung: Motivation, Kreativität, Engagement, Charakter. Beispielsweise genügt es für einen Buchhalter nicht mehr, kaufmännisch sauber zu arbeiten; vielmehr wird er erst durch sichtbares Engagement zu einem vollwertigen Mitarbeiter des Unternehmens. Die Linien des arbeitspolitischen Zeitgeistes verlaufen also erstens weg von der Fremdbestimmung hin zur autonomen Selbststeuerung und zweitens weg von der Fachqualifikation hin zu einem neuen Kompetenzmodell: »Die immer schnellere Entwertung [des Wissens], aber auch die verstärkte Informatisierung [...] hat die Relevanz der Fachfähigkeiten schon seit längerem in vielen Bereichen gegenüber extrafunktionalen Qualifikationen relativiert. [...] Fundierte Fachfähigkeiten werden auch bei entgrenzten Arbeitskräften selbstverständlich erwartet, aber vor allem müssen sie komplexe Meta-Kompetenzen vorweisen – d.h. Fähigkeiten zum Erwerb, zur Weiterentwicklung und Pflege sowie zur selbständigen Anwendung der unmittelbaren prozessspezifischen Fähigkeiten und Wissensgehalte.«[87]

Aber so einfach und klar, wie es vordergründig vielleicht erscheint, vollzieht sich die Subjektivierung der Arbeit natürlich nicht. Wäre Subjektivierung ein solch eindeutig positives Phänomen, hätten all die New-Work-Vertreter recht, die Selbstorganisation und das Einbringen der eigenen Persönlichkeit als unhinterfragbaren Erfolg feiern. Doch die Dinge liegen komplizierter. Der Zug des Zeitgeistes fährt nicht mit Volldampf in den herrlichen Sonnenaufgang des New Work. Vielmehr ruckelt er teilweise erheblich. Manchmal liegen auch Bäume auf den Gleisen oder er fährt sogar rückwärts. Denn auch wenn Organisationen New Work, Neues Arbeiten oder Arbeiten 4.0 propagieren: Vielen sind die neuen Zeiten nicht geheuer und so sabotieren sie manchmal – bewusst oder unbewusst – ihre eigenen Anstrengungen.

Im Grunde ist es einfach: Kontrolle kann man nur durch Vertrauen ersetzen. Wenn man darauf verzichtet, seine Mitarbeiter ständig zu kontrollieren, muss man ihnen vertrauen, dass sie dennoch die geforderte Leistung bringen. Einen solchen Vertrauensvorschuss können viele Organisationen bzw. deren Führungskräfte nicht leisten. In diesem Fall hat sich zwar New Work in der Unternehmensbroschüre festgesetzt, nicht aber in den entscheidenden Köpfen. Und eine neue Arbeitskultur ist ohne Vertrauen nicht zu machen. Den Mangel an Vertrauen in ihre Mitarbeiter können Führungskräfte natürlich nicht zugeben, und so kommt es zu einem klassischen Phänomen der entgrenzten Arbeitswelt: der sogenannten »indirekten Steuerung«. Die indirekte Steuerung ist das Kind seiner Eltern: der unaufhaltsamen Entgrenzung (und damit der latenten Unkontrollierbarkeit) des Arbeitsraumes einerseits und der traditionellen Kontrollfixierung von Organisationen andererseits. Das Motto heißt: Macht, was ihr wollt, aber seid profitabel! »Das Neue an diesen Steuerungsformen besteht darin, dass sich das Management darauf ›beschränkt‹, den weiteren Rahmen (die technische Ausstattung, strategische Prioritäten etc.) festzulegen und spezifische Ziele vorzugeben (Umsatz, Erträge, Kosten, Termine u.ä.). Die konkrete

Bearbeitung wird weitgehend dezentralen Einheiten und in letzter Konsequenz den Beschäftigten selbst überlassen.«[88]

Das Problematische an dieser Konstellation ist der Umstand, dass Organisationen dennoch nicht von der Kontrolle lassen können. So installiert man schließlich ausgefeilte Controlling-Instrumente, kann Verkaufszahlen in Echtzeit ablesen oder gibt so lange Berichtsanweisungen aus, bis die Mitarbeiter vor lauter Dokumentation nicht mehr zu ihrer eigentlichen Arbeit kommen. Hier beißt sich die Katze in den Schwanz. Die Entgrenzung und gut gemeinte Ermächtigung zur Autonomie entlädt sich schließlich in einer Orgie des Controllings und der Bürokratie. Das passiert, wenn man Verantwortung ohne Vertrauen verteilt. Und nicht zuletzt stiehlt sich die Organisation aus ihrer unternehmerischen Verantwortung, denn sie legt ja »nur« die Rahmenbedingungen fest. Im Klartext: Die zehn Prozent Umsatzsteigerung sind gesetzt. Wenn der Vertriebler das nicht bringt, ist das sein Problem. Der Kapitalismus nach außen in den Markt (Privatisierung von Gewinnen und Sozialisierung von Verlusten) setzt sich intern auf perfide Art fort: Gewinn aus den verwirklichten Unternehmenszielen und Abschiebung der Umsetzung auf den Mitarbeiter.

Wir erleben einen Widerspruch zwischen dem Kontrollbedürfnis der Organisation und der durch Entgrenzung provozierten Kontrollabgabe an die Mitarbeiter – ein alltägliches Spannungsfeld, in dem viele Organisationen heute stehen. Darüber hinaus sind Mitarbeiter dem Widerspruch ausgeliefert, sich selbst kontrollieren zu müssen. Im buchstäblichen Sinne eines Selbst-»Managements« sollen sie für sich und ihre Arbeit unternehmerische Verantwortung wahrnehmen. Das stellt den heutigen Arbeitnehmer vor ganz neue Herausforderungen und schafft einen neuen Typ des arbeitenden Menschen, den »Arbeitskraftunternehmer«: »Die Funktion der Sicherung von Arbeitsleistung durch ›Kontrolle‹ geht […] immer mehr auf die Betroffenen über. Die Fähigkeit zur Selbstdisziplinierung und zur Selbstintegration in den Betrieb wird nun zur zentralen Anforderung, und neue Fähigkeiten (z.B. zur aktiven Produktion und Vermarktung der eigenen Arbeitskraft sowie zur effizienzorientierten Organisation des gesamten Lebens) treten in den

Vordergrund. [...] Der neue Typus von Arbeitskraft erlaubt einen wesentlich umfassenderen betrieblichen Zugriff auf die Potentiale von Menschen und deren Nutzung für ökonomische Zwecke.«[89]

Im Grunde besteht das Ziel von Subjektivierung und indirekter Steuerung in der Erziehung der Arbeitnehmer zu Arbeitskraftunternehmern mit allen Vor- und Nachteilen. Selbstverständlich freuen sich Mitarbeiter über mehr Autonomie und Gestaltungsspielraum – bis sie merken, dass sie letztlich doch kontrolliert werden und ihnen trotz aller Beteuerungen kein Vertrauen geschenkt wird. Und natürlich wollen sich Mitarbeiter engagieren und Sinn finden in ihrer Arbeit – bis sie merken, dass sie von aufgesetzten Werten, Hochglanz-Unternehmensbroschüren und einem »emotionalen Kapitalismus« (Ulrich Renz) hinters Licht geführt wurden. Und Führungskräfte wollen durchaus führen und gestalten – würde man ihnen glaubhaft versichern, dass sie auch für die Pflege sozialer Beziehungen bezahlt würden und nicht nur für die eine Zahl rechts unten auf Seite drei im Quartalsbericht. Alle diese Beispiele resultieren aus einem veränderten Selbstverständnis des arbeitenden Menschen heraus, und dieses Selbstverständnis ist fundamental geprägt von der Erfahrung der Entgrenzung. Subjektivierung, indirekte Steuerung, Arbeitskraftunternehmer: All diese Konzepte ringen mit der täglichen Entgrenzung in Form von Termindruck, abendlichem Mail-Wust oder der Forderung nach Flexibilität.

New Work muss sich dem Phänomen der Entgrenzung stellen und seine Ausdrucksformen und Folgen kritisch diskutieren. Die Entgrenzung des Menschen in die Arbeit hinein (und umgekehrt) kann durchaus ein Weg zur beruflichen und existenziellen Erfüllung sein. Doch wir dürfen einzelne Erfolgsgeschichten nicht für die breite Masse verallgemeinern. Entgrenzung in ihren jetzigen Dimensionen (Zeit, Ort, Technik, Qualifikation, Motivation, Sozialorganisation) bedeutet für den arbeitenden Menschen erst einmal eine zusätzliche Belastung, eine Umstellung seiner Gewohnheiten. Und der psychologische und soziale Aufwand, diese Umstellung zu meistern, wird von vielen Organisationen, ihren Führungskräften, aber auch von den Betroffenen meist massiv unterschätzt. Gerade was die Entgrenzung von Arbeit angeht, stellt New Work enorme

Anforderungen an den Einzelnen, an seine Fähigkeit zur Selbststeuerung und an seine sozialen Kompetenzen: »Die Leistung der Selbststeuerung ist die Leistung der Bewältigung des Problems systematischer Überlastung. Die Beschäftigten müssen neben ihrer ›Kernarbeit‹ (fachliche Tätigkeit) mehr und mehr ›Organisationsarbeit‹ leisten. Organisationsarbeit ist überwiegend ungeplante [...] Arbeit [...]. Sie wird nur sichtbar, wenn Termine platzen, die Qualität nicht stimmt, der Kunde unzufrieden ist usw.«[90]

Im Kontext einer entgrenzten Arbeitswelt muss New Work nicht nur das Positive adressieren, die Selbstentfaltung, eine wie auch immer interpretierte »neue Freiheit«, sondern auch die Stolpersteine, die potenzielle Überforderung, das paradoxe Phänomen der indirekten Steuerung und der »Kontrolle durch Autonomie« (Dieter Sauer). Der Arbeitnehmer als Gestalter seiner Umwelt ist in Form des Arbeitskraftunternehmers Realität geworden. Das Rad lässt sich nicht mehr zurückdrehen. Die Entgrenzung als Konstante des menschlichen Lebens wird bleiben. Es liegt an uns, an den Organisationen, Führungskräften, Mitarbeitern und der Gesellschaft, sie menschlich zu gestalten.

Zusammenfassung

Eine entgrenzte Arbeitswelt ist kein neues Phänomen; vielmehr war auch die vorindustrielle Arbeitswelt entgrenzt: Arbeit und Privatleben durchdrangen sich in hohem Maße. Erst in der industriellen Gesellschaft trennte man Arbeit und Privatleben zeitlich und örtlich; schließlich wurden Begriffe wie »Work-Life-Balance« geprägt.

Der Unterschied zur vorindustriellen Entgrenzung liegt heute in ihrem Ausmaß und ihrer Komplexität. Wir arbeiten nicht nur zeitlich und örtlich entgrenzt, also in flexiblen Arbeitsverhältnissen, im Homeoffice etc. Die Entgrenzung betrifft vielmehr ebenso die technologische Dimension (in Form entgrenzter Kommunikation), die berufliche Qualifikation (in Form unklarer Berufsbilder und sogenannter Metakompetenzen), die individuelle Motivation (Verabsolutierung der Arbeitsrolle und Arbeitsleistung) und die Sozialorganisation (wechselnde Teams, Jobrotation).

Entgrenzung hat auch eine psychologische Bedeutung. Die Entgrenzung nach außen bewirkt eine Entgrenzung nach innen, ein Zerfließen vormals identitätsstiftender Grenzen und Rollentrennungen. Ohne Begrenzung leidet das Ich, da es in allen Lebensperioden die Grenze als definierendes Element braucht. Grenzen können im Reifungsprozess selbstverständlich überschritten werden, aber die entgrenzte Welt ist eine Welt ohne Halt und orientierende Gestalt.

New Work muss sich nicht nur den unterschiedlichen Dimensionen der äußeren Entgrenzung stellen, sondern auch dem Problem der Entgrenzung nach innen. In der Gestaltung moderner Arbeit muss man fragen, wie neue Formen der Zusammenarbeit, der Organisation und der technologischen Unterstützung mit der menschlichen Psyche harmonieren. Die Passung zwischen menschlichem Geist und einer New-Work-Maßnahme ist Voraussetzung für eine produktive Entwicklung der Arbeitswelt.

Diese produktive Entwicklung geschieht in Form der Subjektivierung. Subjektivierung kann der Entgrenzung entgegenwirken, indem man die Bedürfnisse des Menschen an die erste Stelle setzt. Andererseits kann Subjektivierung die Entgrenzung auch verstärken, wenn sich das funktionale Ich absolut setzt und andere Lebensbereiche an den Rand drängt.

Die menschliche Entwicklung geschieht im Spannungsfeld von Autonomie und Bindung. Eine umfassende Entgrenzung schwächt die Bindungsfähigkeit des Menschen und fördert das Unstete, Konfliktscheue, Vermeidende. New Work als Arbeitsphilosophie des mündigen, sozial fähigen und sich selbst organisierenden Menschen muss sich kritisch mit der komplexen Entgrenzung der Arbeitswelt auseinandersetzen.

Die organisatorische Revolution

Man stelle sich ein Meeting in einem durchschnittlichen Unternehmen vor: Auf der einen Seite sitzt ein besorgter Abteilungsleiter und auf der anderen Seite eine nicht minder besorgte Personalerin. »Drei«, wiederholt der Abteilungsleiter. »Drei von acht!« Aktuell seien drei Mitarbeiter wegen massiven Stresses und Burn-out krankgeschrieben. Zwei weitere seien auf der Kippe. »Noch so ein Monat und wir können einpacken«, seufzt die Personalerin. Die beiden wollen die Sache mit einem Stressmanagement-Seminar lösen, die Mitarbeiter sollen wieder fit gemacht werden für die nächste große Belastungswelle. Denn personelle Verstärkung wird es nicht geben, das ist eine Managementvorgabe. Eine solche isolierte Maßnahme durchführen heißt, die Augen vor der Wahrheit zu verschließen: Es ist unwahrscheinlich, dass ein Seminar das Problem lösen wird. Es geht um Führung und um die Schnittstellen zu anderen Abteilungen. Obwohl das dem Abteilungsleiter und der Personalerin klar ist, wollen sie den Mitarbeitern »im Rahmen der Möglichkeiten« trotzdem mit einem Seminar unter die Arme greifen.

Leider ist immer wieder zu beobachten, dass sich Organisationen lieber auf die Symptome eines Missstands konzentrieren und nicht auf die wirklichen Ursachen. Und die sind mannigfaltig: schlecht ausgebildete Führungskräfte, zu wenig Personal, politische Spiele, veraltete Infrastruktur, schwelende Konflikte im Untergrund. Der Reflex der Symptombekämpfung ist verständlich. Menschen gehen Konflikten in der Regel lieber aus dem Weg, wenn sie diese irgendwie vermeiden können. Und Konflikt hieße in vielen Fällen: unangenehme Fragen an das Management, Aufbrechen alter Gewohnheiten und Abläufe, eine ehrliche Bilanz der Umgangs- und

Kommunikationskultur. Das lässt man lieber bleiben und engagiert externe Trainer, Coaches und Berater, die die Kastanien aus dem Feuer holen sollen. Gut für die Beraterbranche, schlecht für die Selbstaktivierungs- und Selbstheilungskräfte der Organisation.

Vom Silo zum Netzwerk – Das systemisch integrierte Unternehmen

Würde man die Symptome, demotivierenden Situationen und Fehlleistungen im System auflisten, die einem Mitarbeiter (oder einer Führungskraft) im Laufe des Berufslebens begegnen, käme unter Umständen ein dickes Buch heraus. Würde man außerdem den Versuch machen, Einzelsymptome in Gruppen zu fassen und deren Ursachen zu beschreiben, könnte man ein solches Buch »Die Krankheiten der fordistisch-bürokratischen Organisation« nennen. Viele Missstände in Organisationen entstehen nicht, weil Führungskräfte bösartig wären oder man selbst die einzige fähige Lichtgestalt in einem desolaten Haufen von Nichtskönnern. Viele Fehler entwickeln sich aufgrund einer Managementphilosophie, die die letzten 70 Jahre die betriebswissenschaftliche Literatur dominiert und sich auf breiter Basis durchgesetzt hat: das Leitbild der fordistisch-bürokratischen Organisation. Dessen Fundament bildet das »Maschinensystem der *großen Industrie* und einer damit korrespondierenden Idee der ›wissenschaftlichen Betriebsführung‹, die strikt zwischen Planung und Ausführung der Arbeit trennt und einer ›bürokratischen Rationalität‹ folgt«[91].

Die Merkmale dieser »wissenschaftlichen Betriebsführung« kann man landauf, landab besichtigen: ausgeprägte, manchmal ins Absurde gesteigerte Hierarchien; funktionale Trennung von Abteilungen (Produktion, Einkauf, Marketing etc.), das berüchtigte »Silodenken«; klar definierte, aber nur für wenige erreichbare »Kaminkarrieren«; Kommunikationsdefizite in der Führung; ein kurzsichtiges Regime aus Kennziffern, das von Richtern im Controller-Anzug exekutiert wird; einfallslose, einseitig auf Geld und Status ausgerichtete Belohnungs- und Bestrafungssysteme. Bis in die 1990er-Jahre hinein konnte man ein solches, im Grunde dummes System noch damit rechtfertigen, dass – unter teils erheblichem Verschleiß von Menschen, Ressourcen und Zeit – wenigstens brauchbare Resultate erzeugt wurden. Es ging mal rauf, mal runter, aber die Maschinerie (!) der Produktion von Waren und Dienstleistungen lief im Großen und Ganzen weiter.

In den letzten 20 Jahren jedoch hat sich die Welt gewandelt. Globalisierung, Digitalisierung, Politik im permanenten Krisenmodus und der demografische Wandel haben das Gesicht der Wirtschaft verändert, ihr neue Bedingungen der Kommunikation, der Produktion und des Marktzuganges diktiert. Märkte wandeln sich ständig, Innovationen erfolgen in immer kürzeren Abständen, Kommunikation beschleunigt sich. So haben auch Organisationen den Impuls der permanenten Reorganisation bzw. der »Vermarktlichung« inhaliert: »Während es in der Perspektive fordistischer Unternehmen darum ging, die konkreten Produktionsabläufe gegenüber den Unwägbarkeiten des Marktes abzuschotten, setzen neue Unternehmensstrategien [...] darauf, den Markt zum Motor einer permanenten Reorganisation der Binnenstrukturen zu nutzen. [...] Vermarktlichung beschreibt eine doppelte Bewegung der Reorganisation: einerseits eine Öffnung des Unternehmens in den Markt [...], andererseits die Hereinnahme von Markt- und Konkurrenzmechanismen in das Unternehmen [...].«[92] Der organisatorische Wandel der letzten Jahre hat ein janusköpfiges Gesicht: Auf der einen Seite dienen die Mechanismen der organisatorischen Anpassung dem Überleben des Unternehmens und damit der Beschäftigungssicherung der Mitarbeiter. Auf der anderen installieren Unternehmen immer häufiger Instrumente zur Überwachung der Mitarbeiter und zur Förderung der Konkurrenz untereinander: Cost- bzw. Profitcenter, interne Börsen zur Projektausschreibung, subtiler Konkurrenzdruck durch »innovative« Arbeitsformen wie Leiharbeit, Zeitarbeit und Werkverträge, Echtzeit-Reporting von Kennzahlen und vieles mehr.

Der Sozialwissenschaftler Andreas Boes sieht die Unternehmen daher heute an einer »Scheidelinie«: »Einerseits werden die Kontrollmöglichkeiten [...] ausgebaut, die Handlungs- und Entscheidungsspielräume eingeengt und Führungskräfte wie Beschäftigte gleichermaßen einem rigiden System von Vorgaben unterworfen. [...] Andererseits werden [...] Möglichkeiten [...] genutzt, um die Transparenz für alle im Unternehmen zu verbessern und die Kommunikations- und Beteiligungsmöglichkeiten zu erweitern.«[93] Boes ist verhalten optimistisch und formuliert mit seinem Modell des »systemisch integrierten Unternehmens« ein neues Leitbild für die Organisation der Zukunft. Im Gegensatz zum alten, fordistisch-bürokratischen Organisationsmodell prägen angepasste oder ganz neue Qualitäten den modernen Unternehmenstyp: organisatorische Offenheit bzw. fließende Unternehmensgrenzen (»open space«, »fluid companies«); konsequente Ausrichtung der Wertschöpfung am Kundennutzen (»customer experience«, »user-generated feedback«); der digitalisierte Raum als zeit- und ortlose Plattform für Arbeit und Kommunikation (»information flow«, »flexible office«); Abbau von Hierarchien bei gleichzeitiger Stärkung demokratischer Teilhabe (»world café«, »liquid feedback«); neue Konzepte der Wissensgenerierung und -verbreitung (»open source«, »knowledge work«), Führung durch Integration und Dialog (»part-time leadership«, »leading as a service«); Betonung der unternehmerischen Motivations- und Sinnkomponente (»commitment«, »calling«).

Spätestens beim Begriff des Callings, der Berufung, stößt man auf die Ursprünge des New Work. Frithjof Bergmann plädiert dafür, sich eine Arbeit zu suchen, die man »wirklich, wirklich tun will«. Hier trifft das individualpsychologische Moment auf die unternehmerische Forderung nach Effektivität und Effizienz – eine nicht ganz unproblematische Situation. Während sich die Frage nach einem sinnvollen, erfüllenden Beruf für den Einzelnen in einem grundsätzlichen, fast transzendenten Zusammenhang stellt, könnten böse Zungen behaupten, ein Unternehmen *benutze* die Suche des Menschen nach beruflichem Sinn für dessen eigene Zwecke der Gewinnmaximierung. Ein eigenständiges Lebensmotiv würde zweckentfremdet und in einem »schmutzigen« Sinne missbraucht, um die Räder des Kapitalismus am Laufen zu halten.

Aber die Ausleuchtung dieses Sachverhalts ist nicht ganz einfach, ein simples Schwarz-Weiß verbietet sich. Bergmann selbst äußert sich wenig zum Wandel von Organisationen; sein Fokus liegt auf dem Menschen als Individuum einerseits und auf dem Wesen des Kapitalismus als Ganzem andererseits. Er betrachtet die kleine und große Perspektive der Arbeit, die mittlere in Form der Arbeitsorganisation lässt er aus. Doch wenn man Bergmanns Haltung zum Kapitalismus und insbesondere zum »pathologischen« Lohnarbeitssystem berücksichtigt, kann man ihn sich schlecht als energischen Verfechter neuer Organisationsformen vorstellen. Bergmann will nicht am System herumdoktern, sondern das System selbst verändern: »Viele Geschäfte, die die Leute mit dem Lohnarbeitssystem machen wollen, erinnern an die aus dem Mittelalter stammenden Geschichten über einen Pakt mit dem Teufel. Oberflächlich betrachtet, hat es den Anschein, dass das Lohnarbeitssystem gefügig und flexibel ist, bereit, alle möglichen Zugeständnisse zu machen – genauso wie der Teufel in diesen Geschichten. Aber [...] es wird Sie ausgelaugt und ausgeweidet zurücklassen, halb erstickt in guten Vorsätzen, die einzuhalten Sie zu geschwächt waren.«[94] So spricht niemand, der viel Energie auf Feinheiten der Organisationsentwicklung verschwendet. So spricht jemand, der etwas grundsätzlich Neues will.

Wir erinnern uns: Die drei Säulen des ursprünglichen New-Work-Konzepts sind die radikale Einschränkung des kapitalistischen Lohnarbeitssystems, das Vorantreiben einer technologischen Hightech-Selbstversorgung für alle und das Verfolgen einer beruflichen Vision (Calling). Daher ist ein Kapitel über eine »organisatorische Revolution« im Sinne des New Work spekulativ. Von allen Bereichen ist die Arbeits- und Unternehmensorganisation diejenige, die im Grunde wenig mit dem Originalkonzept zu tun hat. Die vorigen Kapitel – zur Bedeutung der Arbeit in der Gesellschaft, zur Bedeutung der Arbeit für den Einzelnen und zur Entgrenzung des Menschen in der Postmoderne – haben eine deutliche Verknüpfung

Bergmann zielte nicht auf die Arbeits- und Unternehmensorganisation

mit dem New-Work-Konzept Bergmanns, lassen sich als moderne Diskussionsbeiträge ableiten. Dem ist nicht so bei der Frage nach modernen Organisationsformen – ein Umstand, der oft stillschweigend übergangen wird.

Dennoch ist eine Debatte über moderne Unternehmensorganisation selbstverständlich sinnvoll. Die Wirklichkeit der Wirtschaft und der Welt hämmert gegen die Tür und wird auch nicht so schnell wieder weggehen. Und zur Realität gehören eben auch veränderte Anforderungen der Märkte und der arbeitenden Menschen, eine entfesselte Digitalisierung und damit einhergehend ein enormer »Produktivkraftschub« (Andreas Boes). Interessanterweise wird in der öffentlichen Diskussion gerade die Veränderung von Organisationsstrukturen und -kulturen mit New Work assoziiert, wenn nicht sogar gleichgesetzt. Dabei ist das der Punkt, der Bergmann am wenigsten zu interessieren scheint. Aus dieser Beobachtung folgt zweierlei: Erstens sollten wir den Aspekt der Organisation zum New-Work-Konzept hinzufügen, unter Berücksichtigung des bergmannschen Geistes. Zweitens sollten wir uns hüten, eine New-Work-Diskussion zu führen, die sich fast ausschließlich um Organisationsentwicklung dreht, um Demokratisierung, flache Hierarchien, Empowerment oder Ähnliches. Das sind sinnvolle Themen, aber originär New Work sind sie eher nicht. Doch weil sie sinnvoll sind und weil sie in Form einer anspruchsvollen Realität an die Tür hämmern, möchte ich im Folgenden einige Aspekte der »Organisation von morgen«, des »systemisch integrierten Unternehmens« skizzieren.

Vom Büroregal zum Cloudworking – Zur Psychologie der Digitalisierung

Die Diagnose der Digitalisierung und ihre revolutionäre Bedeutung für die Arbeitswelt ist längst eine Binsenweisheit. Man grenzt beispielsweise verschiedene Arten der Digitalisierung voneinander ab, damit sich die Wolke des Begriffs »Digitalisierung« klärt. Denn die Varianten der Digitalisierung, wie sie uns in der Arbeitswelt begegnen, lassen sich in vier unterschiedliche Kategorien einteilen: die Selbststeuerungsfähigkeit technischer Systeme (z. B. das selbst fahrende Auto), die Vernetzung technischer Systeme, Informationsbestände und Akteure (Mensch-Maschine-Interaktion), technische Assistenzsysteme (z. B. Datenbrillen) und Simulationen auf Basis virtueller Realitäten.[95] Sieht man einmal von Fachdiskussionen in der Industrie und der technischen Forschung ab, die sich um Begriffe wie Smart Factory oder Industrie 4.0 drehen, erkennt man, dass in der öffentlichen Diskussion die Variante der Vernetzung von technischen Systemen, Informationsbeständen und Akteuren dominiert. Diese etwas sperrige Bezeichnung lässt sich in weitere Begriffe auflösen: Cloudworking, Echtzeit-Kommunikation, Echtzeit-Reporting, virtuelle Führung etc. In einer größeren Perspektive geht es um eine neue Definition der Mensch-Maschine-Kommunikation, um die sinnvolle und menschengerechte Nutzung digitaler Technologie. Der Übergang zu dieser sinnvollen Nutzung verläuft nicht geräuschlos, sondern mit Ruckeln und manchmal unter großen Schmerzen. Symptomatisch sind hier E-Mail-Flut, Informationsflut, Termindruck, permanenter Stress oder auch schlicht Hilflosigkeit in der Handhabung Neuer Medien.

Man muss historisch einen großen Bogen schlagen, um die Dimension und die Herausforderung zu erkennen, vor die uns die Digitalisierung stellt. Geht man in der Menschheitsgeschichte zurück, dominierte über Jahrtausende eine Kultur des Mündlichen. Man schrieb nicht, sondern erzählte. Wissen wurde in mündlicher Form weitergegeben. Vergaß jemand etwas oder starb der Wissensträger, verschwanden mit ihm auch seine Kenntnisse aus der Welt. Dennoch vertrat im alten Griechenland der Philosoph Sokrates die Auffassung, Schrift sei schädlich für die Kraft des Denkens und darum zu vermeiden. Denn »diese Erfindung wird in den Seelen derer, die sie erlernen, Vergesslichkeit bewirken, weil sie ihr Gedächtnis nicht mehr üben; denn im Vertrauen auf Geschriebenes lassen sie sich von außen erinnern durch fremde Zeichen, nicht von innen heraus durch sich selbst. Also hast du ein Mittel nicht für das Gedächtnis, sondern eines für die Erinnerung gefunden. Was aber das Wissen angeht, so verschaffst du den Schülern nur den Schein davon, nicht wirkliches Wissen.«[96]

Die Digitalisierungsskeptiker sind also nicht die Ersten, die vor einer Zeitenwende warnen; vielmehr gibt es dafür bedeutende historische Beispiele. Jesus von Nazareth sagte nicht zu seinen Jüngern: »Gehet hin und *schreibt nieder*, was ich gesagt habe«, sondern »Gehet hin und *erzählt* den Menschen, was ich gesagt habe«. Auch der historische Jesus lebte noch in einer Alltagswelt des Mündlichen; die ältesten Evangelien wurden erst rund 70 Jahre nach seinem Tod aufgezeichnet. Im ersten Jahrtausend nach Christus setzte sich dann im europäischen Raum eine Schriftkultur durch, die jedoch auf die adlige und klerikale Elite beschränkt blieb. Erst mit der Erfindung des Buchdrucks durch Johannes Gutenberg im 15. Jahrhundert explodierte die Schriftkultur. Bücher und andere Texte wurden praktisch jedem zugänglich. Gemeinsam mit der später einsetzenden Aufklärung und dem damit verbundenen humanistischen Bildungsideal entwickelte sich eine Kette des Lesens, Schreibens und der Wissensbildung, die Europa auf den Gebieten der Philosophie, Wissenschaft, Technologie und Literatur zum intellektuell führenden Kulturraum machte.

Heute schließlich stehen wir erneut vor einer Zeitenwende. So wie es in der Geschichte einen Übergang von der mündlichen zur schriftlichen Kultur gab, erkennen wir heute einen Übergang von der schriftlichen Papierkultur zu einer digitalen Kultur. Hinter dem scheinbar harmlosen Begriff der Digitalisierung versteckt sich eine Revolution atemberaubenden Ausmaßes. Wir sind wie eine Ameise, die vor einem Berg steht: Wir erkennen nicht einmal, dass es ein Berg ist. Weil er so groß ist und wir so klein. Wir erkennen heute noch nicht einmal im Ansatz, wie sich unser berufliches und privates Leben durch die Digitalisierung verändern wird. All die Phänomene wie Cloudworking, E-Mail oder Liquid Feedback sind Versuche, sind Anfänge. Weil die Ära der Digitalisierung für die Gestaltung von Arbeit so umwälzend sein wird, wäre es Leichtsinn, sich im Rahmen von New Work nicht damit zu beschäftigen. Die Digitalisierung wird das Leben aller Menschen grundlegend prägen. New Work sollte diesen Umstand aufnehmen und mitgestalten. Von allen vier Spielarten der Digitalisierung ist die Mensch-Maschine-Interaktion wahrscheinlich die bedeutendste für die tägliche Arbeit der meisten Menschen. Digitale Systeme dringen immer weiter in den eigenen Arbeitsbereich vor, und man denkt besser heute als morgen über eine sinnvolle Integration von Mensch und Maschine nach. Aus der Perspektive der Psychologie ergeben sich einige Faktoren der Mensch-Maschine-Interaktion, die wir berücksichtigen und diskutieren müssen – auch für eine Gestaltung im Sinne des New Work:

Die Digitalisierung wird das Leben aller Menschen grundlegend prägen

1. Transparenz des Wissens. Mit der Digitalisierung von Abläufen und Dokumenten kommt es zu einer umfassenden Transparenz des Wissens. Mehr Mitarbeiter können potenziell auf mehr Wissen zugreifen. Man kann Informationen und Dokumente teilen, sie gemeinsam bearbeiten oder auch neues Wissen durch Verknüpfungen bilden. Die meisten Organisationen versprechen sich einen solchen Effekt durch die Digitalisierung ihrer Vorgänge; er ist somit erwartet, sozial erwünscht und wird in der aktuellen Diskussion unter Stichworten wie der »lernenden Organisation« zusammengefasst. Allerdings hat die Digitalisierung von Informationen, Dokumenten und Prozessen eine negative Begleiterscheinung: den gläsernen Mitarbeiter. Solange der Mitarbeiter Akten in Papierform bearbeitete, konnte seine Arbeit nicht überwacht werden (es sei denn, in seinem Büro hing eine Videokamera). Er ging irgendwann in die Kaffeeküche, worauf ihn sein Kollege fragte: »Und, was hast du so gemacht?« Und dann antwortete er vielleicht: »Die Akte Schneider durchgearbeitet.« Das konnte der Kollege nun glauben oder nicht. Im Gegensatz dazu lassen sich die Spuren des digitalen Arbeitens in viel größerem Stil nachvollziehen: wann man sich einloggt oder ausloggt, wann man welche Dokumente ansieht und bearbeitet, wann man an wen E-Mails versendet und vieles mehr. Sogar das Arbeiten innerhalb von Dokumenten kann man nachverfolgen. So führte der Onlinehändler Amazon im Juli 2015 eine Funktion ein, mit der sich nachverfolgen lässt, wie viele Seiten in E-Books tatsächlich gelesen werden – und begründete damit ein neues Zahlungsmodell: »Welche Folgen das neue Verfahren langfristig hat, ist noch nicht absehbar. Möglich ist zum Beispiel, dass Autoren beim Schreiben zukünftig mehr darauf achten, sogenannte Cliffhanger sowie wechselnde Spannungsbögen & Co. einzubauen, um die Leser bei der Stange zu halten. Die wiederum dürfen sich sicher sein, dass die Überwachung ihres Leseverhaltens in Zukunft zu- statt abnimmt. Immerhin sind die Daten dann nicht nur für Abrechnungszwecke, sondern auch zu Marktforschungszwecken sprichwörtliches Gold wert.«[97]

Natürlich ist nicht ausgemacht, dass eine Organisation alle Register zur Überwachung ihrer Mitarbeiter zieht. Doch allein die Tatsache, dass sie es könnte, begründet die Forderung nach einer Diskussion im Unternehmen. Wobei hier weniger entsprechend schützende Betriebsvereinbarungen nützen als vielmehr eine Kultur des Vertrauens. Eine Transparenz des Wissens kann die Fähigkeit des Mitarbeiters unterstützen, eine Aufgabe zu wählen und zu gestalten, die er »wirklich, wirklich tun will«: Wissen als Baustein des persönlichen Wachstums. Man hätte mehr Überblick über den Pool an Aufgaben oder Projekten, könnte diese durch eine umfassende Wissensabschätzung besser wählen und hätte innerhalb der gewählten Projekte mehr Zugriff auf Wissensbausteine.

2. Unmittelbarkeit der Kommunikation. Weiterhin beobachtet man bei digitalisierten Prozessen eine starke Unmittelbarkeit der Kommunikation. Der virtuelle Abstand zwischen Sender und Empfänger verringert sich. Man kennt das von der E-Mail. Eigentlich ist die E-Mail ein *asynchrones Medium*. Das Feedback erfolgt verzögert;

nachdem man auf »Senden« gedrückt hat, erwartet man nicht sofort eine Antwort, sondern gesteht dem Kommunikationspartner eine gewisse Antwortzeit zu. Im organisatorischen Kontext ist es interessant, wie lang eine solch akzeptierte Verzögerung dauern darf: eine Stunde? Einen Tag? Länger? Dies regeln die Organisationskultur und das Temperament des Kommunikationspartners. Immer wieder missbrauchen Menschen E-Mails jedoch als *synchrones Medium*. Man schickt eine E-Mail, ruft fünf Minuten später an und beschwert sich, dass der Empfänger noch nicht geantwortet hat. Ein solches Verhalten zeigt, dass der Sender das Wesen der E-Mail nicht verstanden hat und sie falsch einsetzt. Will er eine sofortige Antwort, sollte er telefonieren oder chatten. Aber der Griff zum Hörer und das Verlangen einer sofortigen Antwort verdeutlichen die neue Unmittelbarkeit von Kommunikation: Verzögerung wird nicht mehr gewährt, alles muss schnell geschehen. Der psychologische Entrainment-Effekt, der eigentlich ein sozialpsychologisches Phänomen aus der Teamarbeit beschreibt, erfasst die technische und persönliche Kommunikation: Menschen geraten »in einen ›Zeit-Sog‹, wenn sie gemeinsam Aufgaben bewältigen sollen. Ganz von selbst beschleunigten Versuchsgruppen ihr Arbeitstempo und hielten es auch bei, wenn keine Notwendigkeit dazu bestand und sie vorher langsamer gearbeitet hatten. Im Gegenteil: Einzelne Versuchsteilnehmer, die wieder langsamer arbeiten wollten, wurden zu Außenseitern und fielen schließlich aus der Gruppe heraus.«[98]

Diese Beschleunigung und Unmittelbarkeit des Informationsaustausches stellt ganz neue Herausforderungen an unsere kommunikative Kompetenz. Wir müssen schneller entscheiden, ob wir sofort antworten sollen oder ob es später auch noch reicht – weil wir mehr Kommunikationen verarbeiten müssen als früher. Außerdem sollten wir differenzierte Ausdrucksweisen für die digitale Kommunikation erlernen. So kommt es beispielsweise in sozialen Netzwerken »immer wieder zu Missverständnissen, wenn jemand ironisch wird. Ironie scheint etwas zu sein, was schriftlich schwer zu vermitteln ist. Geübte User benutzen daher manchmal ein sogenanntes *irony tag*, ein ›Ironie-Schild‹, das sich an die Programmiersprache HTML anlehnt: <ironie>...</ironie>. Oder sie setzen einen zwinkernden Smiley, ein Emoticon. Denn wenig ist ärgerlicher, als in einer ansonsten störungsfreien Kommunikation plötzlich – vermeidbaren – Ärger und Missfallen korrigieren zu müssen.«[99] New Work findet hier seinen Platz als soziale Kraft im Hintergrund. Letztlich geht es unter der Perspektive des New Work nicht darum, über welchen Kanal kommuniziert wird, sondern was und in welchem Sound. Bergmann würde wohl die neue Unmittelbarkeit der Kommunikation als Chance betrachten, eine respektvolle Ehrlichkeit in den beruflichen Dialog zu bringen. Denn ehrlich vor sich selbst zu sein im Sinne eines beruflichen und persönlichen Wachstums, bedeutet auch, ehrlich zu anderen zu sein. Die Lüge anderen gegenüber befördert auch die Bereitschaft zur Lüge sich selbst gegenüber. Und der Geist des New Work atmet klare Worte und eine klare Ethik.

3. Digitalisierung des Denkens. Als Drittes schließlich kommt es im Zuge digitalisierter Arbeitsprozesse zu einer Digitalisierung des Denkens. Damit ist nicht die berüchtigte »digitale Demenz« (Manfred Spitzer) gemeint. Ein Begriff wie »digitale Demenz« hat stark kulturell wertende Anteile und bedient einen unangebrachten Kulturpessimismus. Der Mensch überlebt, indem er sich anpasst, wie schon Charles Darwin formulierte. Die Digitalisierung ist eine weitere Stufe der kommunikativen Evolution. Warum sollten wir sie nicht bewältigen? Fürs Schwarzmalen haben wir weder Anlass noch Zeit. Die Zeit sollten wir besser nutzen, um uns die Digitalisierung in all ihren Facetten bewusst zu machen und anzueignen. Dazu gehört auch die Diskussion über die psychologischen Folgen einer umfassenden Digitalisierung. Denn Kommunikation, der soziale Austausch, ist heute erstens global vernetzt und zweitens äußerst wichtig für den politischen, wirtschaftlichen und kulturellen Alltag. Das ist bekannt. Drittens jedoch – und das ist das Neue – verändert die digitale Kommunikation die Art und Weise, wie wir denken, Probleme lösen und schlussfolgern: »Still und leise, gezielt und ungehindert wird der lineare Geist [des Papierzeitalters] von einem neuen Geist verdrängt, der Informationen in kurzen, zusammenhanglosen und oft überlappenden Stößen serviert bekommen möchte und muss – je schneller, desto besser.«[100] Digitale Medien provozieren eine Philosophie der »neuronalen Ungeduld«. Man möchte schnell wechselnde Inhalte, am besten grafisch aufbereitet. Nicht selten entwickelt sich daraus ein Dopamin-gesteuerter »Klick-Reflex«, ein Dauer-Surfen, Dauer-Chatten, Dauer-Simsen. Zwei abendliche Stunden vor dem Rechner: gefühlte Ewigkeit, gefüllt mit kleinen Häppchen. Das Paradoxon unserer digitalen Kommunikationskultur.

Ebenso gravierend wie unsere veränderten Konsumgewohnheiten ist die Tatsache, dass wir Inhalte aus digitalen Medien anders bewerten als Inhalte aus Printmedien: »Je mehr sich das Gehirn an die Dekodierung von Texten gewöhnt, [...] desto mehr Ressourcen stehen für die Deutung der Inhalte zur Verfügung. Was wir heute als ›vertieftes Lesen‹ bezeichnen, wird dann erst möglich.«[101] Schon das Lesen auf Papier musste der Mensch lange üben und kultivieren, denn der Zustand des konzentrierten Lesens stellt eine »seltsame Anomalie in der Geschichte unserer Psyche« (Nicholas Carr) dar. In der vermehrten Nutzung digitaler Medien löst sich die Bindung von Konzentration und Information auf; das »vertiefte Lesen« geht verloren und weicht mehr und mehr einer bewussten leserischen Anstrengung. Das Gehirn muss nun nicht nur das Gelesene verstehen, sondern auch andere Reize ausblenden (z.B. bunte oder blinkende Elemente auf dem Bildschirm), neue Gedächtnistechniken entwickeln (z.B. für ein umfangreiches digitales Dokument) oder im Hintergrund das Gelesene mit anderen Wissensquellen verknüpfen, wobei der haptisch-visuelle Bezug verloren geht. Bei einem Buch kann man sagen: »Ich weiß, es steht irgendwo im hinteren Drittel, unter dem gelben Kasten rechts unten.« Bei digitalen Dokumenten fehlt uns noch eine solche »visuelle Kartografierung«.

Dieser kurze Abriss soll verdeutlichen, dass eine Digitalisierung von Arbeitsprozessen gravierende Auswirkungen hat auf unseren Wissensstand, unsere Kommunikation und unser Denken. Innerhalb der großen organisatorischen Veränderungen nimmt daher die Psychologie der Digitalisierung einen wichtigen Platz ein, der allerdings in modernen Organisationskonzepten oft nicht ausreichend diskutiert wird. New Work sieht den Menschen im Zentrum der

Veränderung. Deshalb bedeutet New Work im Sinne einer »schönen neuen Arbeitswelt« auch, dass die psychologischen Grundlagen gelingender Arbeit in neue Organisationskonzepte einfließen.

Der König ist tot – Demokratisierung in Organisationen

Mehr Demokratie in Organisationen, vielleicht sogar in der eigenen Firma? Das klingt für viele erst einmal gut. Endlich mal mitreden, die »richtigen« Entscheidungen treffen, statt die »falschen« des Managements hinnehmen zu müssen. Die oft zitierte »Weisheit der Vielen« und eine wie auch immer zustande gekommene »Schwarmintelligenz« sprechen lassen. Das klingt verführerisch, fast wie eine Heilung vielfach beschriebener Missstände: Ineffizienz, Restrukturierungswahn, falsche Produktpolitik, ungerechte Gehaltsverteilung und vieles mehr. Doch in unserer dynamischen, komplexen Welt gehen einfache Gleichungen leider nicht gut auf. Die Gleichung »Mehr Demokratie gleich bessere Lösungen« stimmt genauso wenig wie die Gleichung »Mehr Demokratie gleich weniger Hierarchie« – ein beliebtes Missverständnis. Selbst wenn man solche Gleichungen aufstellen könnte, blieben ernst zu nehmende Fragen wie die nach der Trennung von individueller und kollektiver Verantwortung. Ein Team freut sich vielleicht, wenn es kollektiv bestimmt, dass jemand ins Team aufgenommen wird. Doch was, wenn es zu Entlassungen kommt? Wer bestimmt, wer gehen muss: das ganze Team? Übernehmen sechs Teammitglieder die Verantwortung für die Arbeitslosigkeit des siebten, eines verheirateten Familienvaters mit zwei Kindern? Dieser größeren Verantwortung wird sich jeder Einzelne auch in einer »demokratisierten« Organisation stellen müssen.

Demokratie bedeutet nicht nur »Herrschaft der Vielen«, sondern auch klare Verantwortlichkeiten. In demokratischen Staatsformen geht daher nicht nur die Gewalt vom Volke aus, sondern fließt in bestimmte Formen der »Gewalt« und deren Teilung – Judikative, Exekutive, Legislative. Demokratie in der Politik ist darum keine konturlose Veranstaltung, sondern folgt Regeln. In diesem Sinne steht die Idee der »demokratischen Organisation« vor zwei Herausforderungen: erstens einmal, diese Idee tatsächlich gegen den noch herrschenden Mainstream der fordistisch-bürokratischen Organisation umzusetzen und im wirtschaftlichen Kontext mit Leben zu erfüllen. Zweitens sollte man dafür geeignete Ausdrucksformen entwickeln: von direkt demokratischen Elementen wie Wahlen über Feedback-Methoden bis zu neuen, demokratischeren Eigentümerstrukturen. Selbst die optimistischen Vertreter einer solchen »organisationalen Demokratie« (Isabell Welpe) stellen fest, dass sich Forschung und Praxis in einem Stadium von Versuch und Irrtum befinden: »Wir versuchen herauszufinden, was zu uns als Unternehmen passt. Genauso erwarten wir aber auch von [...] unseren Mitarbeiterinnen, dass diese versuchen herauszufinden, welche Arbeitsumgebung und welche Arbeitsorganisation zu ihnen passt. Es ist ein gegenseitiges Geben und Nehmen und ein fortwährendes Experimentieren.«[102] Diese Selbstbeschreibung eines deutschen Managers zeigt, was es braucht, um demokratische Elemente in einem ökonomischen Umfeld zu verankern: viel guten Willen, Freiraum, Zeit und den Glauben an eine bessere, da demokratischere Unternehmenszukunft.

Doch was kann Demokratisierung überhaupt bedeuten? Die aktuelle Forschung unterscheidet drei Arten der demokratischen Teilhabe in Unternehmen – und nicht immer sind damit umfangreichere Abstimmungs- oder Feedback-Mechanismen gemeint. In Anlehnung an Sattelberger et al. (2015) können wir demokratisierte Entscheidungsprozesse, demokratisierte Finanz- und Eigentümerstrukturen und demokratisierte soziale Teilhabe unterscheiden. Dies bedeutet dreierlei: Erstens gibt es nicht »die« Demokratisierung von Organisationen. Es gibt vielerlei Methoden innerhalb der drei Arten demokratischer Mechanismen, die ausgeführt und kombiniert werden können. Zweitens gibt es nicht »die« demokratische Organisation. Eine Organisation als »systemisch integriertes

Auch die Demokratisierung folgt letztlich dem Streben des Unternehmens nach Profit

Unternehmen« ist immer einzigartig und braucht eine ebenso einzigartige »demokratische Signatur«. Diese zu entwickeln, ist nunmehr Aufgabe des mündigen »Unternehmensbürgers« (Thomas Sattelberger). Drittens kann eine Demokratisierung wirksam sein im Sinne einer demokratischen Veränderung – oder eben nicht. Beispielsweise können im Rahmen der sozialen Teilhabe die Mitarbeiter ihre Arbeitsorganisation selbst gestalten. Solange jedoch vom Management die falschen strategischen Entscheidungen getroffen werden, bleibt die Souveränität im Kleinen zwar bestehen, doch verpufft der demokratische Effekt an der Vorstandstür. Selbst die beste Selbstorganisation des Mitarbeiters kann eine schlechte Unternehmensstrategie nicht korrigieren. Das bringt uns in Anlehnung an das Diktum von Theodor Adorno zur Frage, ob es eine »richtige« Demokratisierung innerhalb der »falschen« geben kann. Vielleicht kommen wir in zehn Jahren zu dem Schluss, dass auch die Demokratisierung von Unternehmen einer Hierarchie folgt, einem Umsetzungsprozess nach allgemeingültigen Regeln und Strukturen. Denn auch die Demokratisierung einer Organisation folgt letztlich der Maxime des Kapitalismus, dem Streben des Unternehmens nach Profit.

Alle drei Dimensionen der demokratischen Organisation (Strategie, Finanzen, Teilhabe) dienen dem Zweck der Organisation, dem »Transmissionsriemen« zur Umwandlung von Arbeitskraft in Produkte, Dienstleistungen und letztlich der Gewinnerzielung. Unter dieser Prämisse wird klar, dass Demokratie in Organisationen eine zweckgebundene Veranstaltung im Dienst des übergeordneten Kapitalismus ist. Daher gibt es durchaus Stimmen, die demokratische Prinzipien des Staates für wenig bis gar nicht auf Organisationsstrukturen übertragbar halten: »Es gibt viele Gründe, warum man die Rolle als Bürger eines demokratischen Staates und die Rolle als Angestellter eines Unternehmens nicht miteinander vergleichen kann, sodass sich Demokratie als Regierungsform nicht einfach auf Organisationen übertragen lässt. Vielmehr müsste sie dekonstruiert und mit Blick auf Organisationen neu entworfen werden.«[103]

Demokratisierung der Organisation bedeutet daher auch demokratische Erziehung des Mitarbeiters. Gewohnte Vorstellungen des

Passiven (man wählt und muss dann vier Jahre lang nichts mehr tun) sind im originär Aktiven der Ökonomie und in seiner Steigerung der »schöpferischen Zerstörung« (Josef Schumpeter) unangebracht. Demokratie in der Organisation kann nur gestaltet, nie erduldet werden. Daher braucht man nicht nur den Willen des Managements zur Demokratisierung, sondern auch den Willen des Mitarbeiters: zur Gestaltung und zur Übernahme von Verantwortung.

Beide Parteien sind hier speziell herausgefordert. Das Management betreibt in einem Demokratisierungsprojekt oft aktiv seine Entmächtigung. Es sägt an seinem eigenen Stuhl. Auch wenn Demokratisierung nicht automatisch die Auflösung von Hierarchien bedeutet, verläuft der demokratische Impuls oft von oben nach unten und vom Zentrum in die Fläche. Daraus resultiert die irrige Annahme, Demokratisierung sorge gleichzeitig für flache Hierarchien. Das kann so sein, muss aber nicht. Das Management einer Organisation, die Demokratie wagen will, muss sich das Wesen der Demokratisierung klarmachen, das Wesen eines Experiments mit offenem Ausgang. Der Wille des »Unternehmensvolkes« ist letztlich nicht kontrollierbar. Das Experiment der Demokratisierung bedeutet für die Führungskräfte einer Organisation einen gewaltigen Kontrollverlust, den nicht jeder verkraften kann. Das oft gepredigte Mantra von Vertrauen statt Kontrolle erlebt hier seinen schicksalhaften Kulminationspunkt. Mit der Akzeptanz eines Kontrollverlustes steht und fällt die Kompetenz des Managements, demokratische Prozesse einzuleiten und zu steuern. Das Ergebnis ist ein selbstregulativer Selektionsprozess: »Neben vielen anderen [...] verließen ein Vorstandsmitglied und die leitenden Führungskräfte der Bereiche Beratung, Vertrieb und Softwareentwicklung das Haus. Damit machten wir eine interessante Erfahrung: Es ging auch ohne, manchmal besser, manchmal schlechter, vor allem aber anders. Durch den Weggang der ehemaligen Führungskräfte ist uns sicher Know-how verloren gegangen, zugleich aber auch Raum entstanden, [...] Neues aufzubauen.«[104]

Doch wo sich einerseits das Management »entmächtigt«, muss anderswo »ermächtigt« werden. Oder wie es der verstorbene Leonard Nimoy alias Spock ausdrückte: Die Natur hasst ein Vakuum. Macht sucht sich ihren Ausdruck – und findet ihn in einer demokratisierten, belastbaren Form. Ob diese nun in Gestalt von Führungskräftewahl, Anteilsscheinen am Unternehmen oder einer Kultur des Empowerments auftritt, bleibt der »demokratischen Signatur« überlassen. Zentral ist das Element der Verantwortung: »Der Schlüssel zum ›eigenverantwortlichen Mitarbeiter‹ ist die Übertragung von Macht. Macht und Verantwortung sind untrennbar miteinander verbunden. Das eine kann ohne das andere nicht existieren. Wer die Verantwortung trägt, braucht die entsprechende Macht, und wer die Macht hat, muss auch Verantwortung tragen. [...] Beispielsweise kann die Leiterin einer Kosmetikfiliale zwar die Stückanzahl der einzelnen Produkte im Einkauf entscheiden, jedoch nicht die Zusammensetzung des Sortiments. Trotzdem trägt sie die Verantwortung für den Verkaufsumsatz. Das ist eine Position, bei der sie nur verlieren kann.«[105] Eine Trennung von Macht und Verantwortung sorgt für eine »Politik der angezogenen Handbremse«. In der demokratischen Organisation der Zukunft müssen alle Führungskräfte und Mitarbeiter gemeinsam die Handbremse lösen – im Vertrauen darauf, dass man vernünftig steuert und Gas gibt.

Was hat die Demokratisierung von Organisationen mit New Work zu tun? Demokratisierung unterstützt die Übernahme von Verantwortung. Gelebte Demokratie in der Organisation kann die gefühlte Souveränität stärken und damit zu einer Erhöhung der Selbstwirksamkeit führen. Arbeit kann zu einem sinnhaften Baustein des Lebens werden. Ein solcher Reifeprozess kann die Findung einer Arbeit, die man »wirklich, wirklich tun will«, unterstützen. Und auch im Sinne einer politischen Willensbildung kann diese Demokratisierung des Alltagslebens zu einer neuen Mündigkeit führen. Doch Vorsicht: Wer mündig wird, will mehr Teilhabe. Und vielleicht führt die Demokratisierung der Ökonomie im Dienste der Ökonomie einmal zur Umkehrung: zur Einschränkung der Ökonomie im Dienste der demokratischen Gesellschaft. Womit wir bei Bergmanns Forderung nach einer Beschränkung der kapitalistischen Lohnarbeit wären. Demokratisierung ist also eine zweischneidige Angelegenheit: eine unbekannte, manchmal ängstigende Größe für die zu Entmächtigenden, herausfordernd und verantwortungsvoll für die nun Ermächtigten. Aber immer ein Experiment der Hoffnung.

Zusammenfassung

Organisationen sind bis heute durch fordistisch-bürokratische Strukturen geprägt, also durch ausgeprägte Hierarchien, die funktionale Trennung von Abteilungen, Silodenken, Zentralisierung, lange Reaktionszeiten. Dieses System der »wissenschaftlichen Betriebsführung‹ funktionierte bis zur aktuellen Intensivphase von Globalisierung, Digitalisierung und dynamischen Märkten zufriedenstellend.

In komplexen Umwelten streben Organisationen heute immer häufiger nach flexiblen Mechanismen: Vermarktlichung nach außen und innen, indirekte Steuerung, Subjektivierung. Daraus formt sich ein neuer Organisationstyp, das systemisch integrierte Unternehmen. Es folgt New-Work-Dynamiken der Dezentralisierung, Digitalisierung und Demokratisierung.

Aus diesen drei Hauptströmungen lassen sich praktisch alle Instrumente des New Work ableiten, beispielsweise Open Space, User-generated Feedback, Flexible Office, Führungskräftewahl, World-Cafés, finanzielle Beteiligungsmodelle und Calling.

Dennoch ist die organisatorische Revolution der spekulativste Teil von New Work, da sich Bergmann dahingehend nicht äußert. Für ihn stehen der Mensch im Kleinen und der Kapitalismus im Großen im Vordergrund. Organisationsentwicklung im kapitalistischen System hingegen betont er nicht explizit. Dennoch ergibt dieser Punkt innerhalb von New Work Sinn, da dynamische Märkte, die Digitalisierung und die damit verbundenen Produktivkraftschübe eine humanistische Antwort fordern.

Innerhalb der Digitalisierung muss New Work deren psychologische Dimension diskutieren. Historisch gesehen, stehen wir nach dem Zeitalter des Mündlichen und dem der Schrift vor dem Wechsel in die Digitalkultur. Hier kommt es zu wesentlichen psychologischen Effekten: zur dynamischen Transparenz des Wissens, zu einer Beschleunigung und neuen Unmittelbarkeit der Kommunikation sowie zur Digitalisierung des Denkens und veränderten Prozessen der Informationsaufnahme und -bewertung.

Schließlich ist der Impuls der Demokratisierung sinnvoll, aber kein Allheilmittel. Auch die New-Work-Forschung sieht eine Demokratisierung durchaus ambivalent und unterscheidet drei Formen der demokratischen Beteiligung: demokratisierte Entscheidungen und Strategien, demokratisierte Finanz- und Eigentümerstrukturen und demokratisierte soziale Teilhabe.

TEIL 3

WIE NEW WORK GELINGT

Life-Blending als neue Lebensphilosophie

Die Umsetzung von New Work erschöpft sich nicht in der Gestaltung humaner Arbeitsbedingungen, in einer Führungskräftewahl oder im Abhalten eines World-Cafés zur Ermittlung von Unternehmenswerten. New Work als revolutionäre Kraft fordert eine Auseinandersetzung mit dem Menschsein an sich, mit den Urfragen unserer Existenz: Wer bin ich? Was will ich tun? Wie will ich leben? Bergmann selbst betont, dass es »nicht unser Ziel ist, Menschen dabei zu helfen, einen Job zu finden, der nicht allzu lästig ist und vielleicht sogar Spaß macht. [...] Spaß ist beliebig, reichlich vorhanden und leicht zu bekommen. Was jemand wirklich, wirklich will, ist selten, exklusiv und anspruchsvoll. [...] Unser Ziel ist, allmählich eine Form der Arbeit zu etablieren, die den herkömmlichen Jobs völlig entgegengesetzt ist [...]. Was wir anbieten, ist Hilfestellung bei diesem Übergang, beim Aufstieg vom Lohnarbeitssystem zu einem nächsten, intelligenteren und menschlicheren *System* der Arbeit.«[106] Es erscheint unmittelbar einleuchtend, dass ein solcher Anspruch an individuelle Arbeit nur mit einem persönlichen Reifungsprozess, mit einer menschlichen Risikokultur und mit dem Engagement der ganzen Person gelingen kann.

Dass diese Vorstellung noch lange nicht Mainstream ist, sieht man in der täglichen Praxis. Dort fragen sich viele Menschen, was der nächste berufliche Schritt sein soll, wie man einen Konflikt mit einem Mitarbeiter lösen kann oder wie man sichtbar selbstbewusster wird. Das provoziert den Einsatz von Instrumenten und Verhaltenstechniken, aber echte Veränderung geschieht nur in den Tiefenströmungen unserer Persönlichkeit. Natürlich kann man Instrumente und Verhaltenstechniken anwenden, doch das führt nicht zu einer echten, andauernden Veränderung, zu einem Reifungsprozess. In Bewerbungscoachings nennt man das »für den *Oscar* trainieren«. Da fragen Klienten, ob sie besser mit übereinandergeschlagenen Beinen dasitzen sollen, ob verschränkte Arme Abwehr signalisieren oder Ähnliches. Hierauf Wert zu legen, würde nur zu Schauspielerei und zur Konzentration auf unwichtige Details führen. Die richtige Botschaft in solchen Situationen lautet: Sitzen Sie, wie Sie wollen. Arme verschränken macht Ihnen Spaß? Kein Problem. Auf so etwas kommt es wahrlich nicht an.

Viel wichtiger in der Laufbahngestaltung sind die Fragen: Wo will ich beruflich hin? Was kann ich wirklich gut? Wo stifte ich den größten Nutzen? Welchen Preis bin ich bereit für eine berufliche Verbesserung zu zahlen? Wenige Menschen können diese Fragen erschöpfend beantworten. Doch genau diese Fragen rühren an den Kern von New Work, an das Calling als dritte Säule des bergmannschen Konzepts. Wer New Work verwirklichen will, muss es Menschen ermöglichen, diese Fragen zu beantworten. Und zwar in den Büros und Fabriken, in den Unternehmensberatungen und Stadtverwaltungen, in den Labors und Universitäten. Coaches und Berater haben hier eine wertvolle Funktion, indem sie Menschen dabei helfen, ihre Berufung oder, etwas niedriger gehängt, eine sinnvolle berufliche Aufgabe zu finden. In einer Zukunft des echten New Work allerdings werden wir Berufsberater und Karriere-Coaches (fast) nicht mehr brauchen – weil wir reife Organisationen haben, die eine Kultur des persönlichen Wachstums pflegen und ihren Mitarbeitern die Möglichkeit geben, auch abseits des eigentlichen Aufgabengebietes Erfahrungen zu sammeln.

Es geht darum, eine sinnvolle berufliche Aufgabe zu finden

New Work bedeutet mehr als die Ausgestaltung des Arbeitslebens. Der Mensch in seiner Arbeitsrolle ist immer auch der Mensch des Alltags, mit seinen Stärken, Schwächen und Überzeugungen. Das eigene, individuelle Wertesystem lässt sich, wie bereits erwähnt, nicht zweiteilen. Es gibt nicht das »Werteset« für die Arbeit und das »Werteset« für den Feierabend und die Freizeit. Ein solch schizophrenes System wäre ganz und gar unrealistisch. Die eigenen Wertemuster sind in jeder Lebenssituation untergründig präsent, das ganze Leben hindurch, auch während der Arbeit. Aus diesem Grund müssen wir uns vor der offensichtlichen New-Work-Frage (»Was will ich wirklich, wirklich tun?«) mit der verdeckten, aber entscheidenden Frage unseres Menschseins beschäftigen: Wer will ich wirklich, wirklich sein?

Glaube, Freunde, Herkunft – Verwurzelung als Lebensgrundlage

Wir leben in einer Epoche der »provozierten Entwurzelung«. Zeitliche und örtliche Flexibilität werden gepriesen als Katalysatoren des Fortschritts und als Preis, den man für ein modernes Leben und einen erfüllenden Beruf zahlen muss. Im Film *Heat* lässt Regisseur Michael Mann seinen Gangsterhelden, gespielt von Robert De Niro, sagen: »Wenn du es auf der Straße zu etwas bringen willst, binde dich an nichts, was du nicht in 30 Sekunden aufgeben kannst.« Im Film bricht De Niro mit dieser Regel – und wird mit einer buchstäblich mörderischen Konsequenz konfrontiert. Die Botschaft ist klar: Bleib flexibel, bleib flüchtig, binde dich an nichts, dann überlebst du und entkommst mit ganz viel Kohle.

In unserem Leben geht es meist nicht um Gangstergeschichten und uns fliegen hoffentlich keine Kugeln um die Ohren. Aber leben wir nicht oft nach genau dieser Botschaft? Ehepartner werden zu Lebensabschnittspartnern, feste Abteilungen werden zu flüchtigen Projektteams, im Arbeitsvertrag unterschreiben wir immer öfter den flexiblen Einsatzort und für viele arbeitende Menschen gehört das Pendeln zur täglich stoisch ertragenen Erfahrung. Die Flexibilisierung oder »Verflüssigung« unserer sozialen Beziehungen, unserer Arbeitsverhältnisse und Arbeitsbedingungen mag man begrüßen oder nicht. Interessanterweise lassen sich viele gängige New-Work-Initiativen auf Impulse der Flexibilisierung reduzieren: rasch wechselnde Projektteams, Führungskräfte auf Zeit, maximal flexible Arbeitszeiten, die Auflösung fester Arbeitsorte oder die Preisung des Homeoffice. Diese Flexibilisierung im Dienst einer systemisch integrierten Organisation ergibt durchaus Sinn und erzeugt den notwendigen Veränderungsdruck gegen das fordistisch-bürokratische System. Aber wir müssen uns fragen, wo die Grenzen der Flexibilität liegen. Denn diese Grenzen gibt es und sie liegen nicht im Betriebsverfassungsgesetz und auch nicht in einer Kultur der mobilen Erreichbarkeit. Sie liegen im Wesen des Menschen selbst.

Bergmann beschreibt dies in einem Arbeitsprojekt mit einem Indianerstamm: »Wenn es zu der Frage kam: ›Was ist es, das ihr ernsthaft und zutiefst aus ganzem Herzen tun wollt?‹, fiel ein Schatten der Melancholie über sie [...]. Sie lebten in dem Glauben, dass sie irgendwann einmal, vor langer Zeit [...] die Antwort auf solche Fragen gekannt hatten. Dass sie sie jetzt nicht mehr kannten, war für sie ein Indiz, dass sie entwurzelt waren und nicht mehr wussten, wer oder was sie waren.«[107]

Diese Indianer haben einen entscheidenden Vorteil: Sie wissen, dass eine Verwurzelung, eine kulturelle und geistige Identität überlebenswichtig ist. Wir hingegen scheinen dieses Wissen verloren zu haben in der Übersteigerung der totalen individualistischen Mobilmachung. Wir leben im Zeitalter der fast schrankenlosen persönlichen Freiheit. Gleichzeitig steigen die Depressionszahlen dramatisch an. Die Scheidungsrate in Deutschland liegt bei etwa 43 Prozent.[108] Gleichzeitig boomen die Online-Partnerbörsen. Wir leben im Zeitalter totaler kommunikativer Entgrenzung – und sehnen uns nach Stille und Unerreichbarkeit. In diesem Spannungsfeld leben wir. Das ist schlicht und ergreifend der Preis der modernen, postindustriellen Gesellschaft.

Aber gewisse Grundzüge des Menschseins, spezielle Bedürfnisse unserer Seele sind nicht verhandelbar. Befriedigen wir diese Bedürfnisse nicht, indem wir sie ignorieren oder als nicht existent leugnen, schädigen wir uns selbst und verletzen damit eine jahrtausendealte Weisheit: »Was hülfe es dem Menschen, so er die ganze Welt gewönne und nähme doch Schaden an seiner Seele?«[109] Der Mensch ist kein endlos flexibles Wesen, er braucht einen Kern, eine Wurzel, ein Zentrum. Von diesem Zentrum aus wirft er mehrere Anker und sichert sich wie ein Bergsteiger in der Felswand. Reißt ein Seil, kann er es mit einem anderen kompensieren. Reißen alle, fällt er ins Bodenlose. New Work als Philosophie der Arbeit kann nur mit einem verwurzelten, buchstäblich existenziell »gesicherten« Menschen funktionieren. Eine Arbeit, die ich »wirklich, wirklich tun will«, und der Mensch, der ich »wirklich, wirklich sein will«, bedingen sich. Diese existenzielle Verwurzelung, dieses Werfen der Seile in der Bergwand, geschieht nach verschiedenen Richtungen.

Verwurzelung in der Herkunft. Zunächst wirft man sein Seil nach unten, in die Vergangenheit, in die eigene Herkunftsfamilie. Es mag den ein oder anderen erstaunen, dass in einem Buch über New Work die Wichtigkeit der eigenen Herkunftsfamilie betont wird. Schließlich leben wir in einer Ära der Individualisierung und des »Anything goes«. Oder wie es die Werbung ausdrückt: Du kannst alles werden, was du willst. Was natürlich Unsinn ist, aber immerhin darf man einige Sekunden hoffen. Doch auch in einer extrem individualisierten Welt bleibt die Familie wichtig, und wenn sie nur der Bezugsrahmen ist, von dem aus man sich emanzipieren will. Ein afrikanisches Sprichwort sagt: »Man braucht ein ganzes Dorf, um ein Kind zu erziehen.« Trotzdem besteht innerhalb der Herkunftsfamilie, zu Vater, Mutter, den Geschwistern oder Großeltern, eine besondere Bindung. »Freunde kann man sich aussuchen, die eigene Familie nicht.« Wie wahr. Umso wichtiger ist es, dass die Beziehung zur eigenen Familie, besonders zu den Eltern, wenn nicht unbelastet, so doch einigermaßen geklärt ist. Eltern sollten ihrem Kind Vertrauen und Liebe zeigen, sodass es den Mut entwickeln kann, in die Welt hinauszugehen und selbstbewusst seinen Platz einzunehmen. Ist die Beziehung nicht geklärt, kann es zum sogenannten Gummiband-Phänomen kommen.

Diese Theorie erklärt die Beziehung zwischen dem Kind und seinen Eltern als Gummiband, das die beiden Parteien verbindet. Die Eltern müssen das Gummiband auf ihrer Seite irgendwann freiwillig lösen und das Kind muss diese Freiheit annehmen und gestalten. Bleiben Eltern und Kind im Gummiband »verstrickt«, können sich Kinder von den Eltern maximal bis zur Länge des gespannten

Gummibandes entfernen und ihr Leben nur eingeschränkt selbstbestimmt leben. Die Entwicklung bleibt auf den Radius des Gummibandes beschränkt, ansonsten würde man die Beziehungen in der Familie gefährden. So gibt es unter Umständen unausgesprochene, subtile Signale der Eltern (»Werde nicht erfolgreicher als wir«, »Wir missbilligen deine Berufswahl«, »Du schaffst das sowieso nicht« und einige andere), die das Gummiband immer wieder in Richtung der Eltern zurückschnellen lassen – mit dem Kind daran. Das Gummiband sorgt dafür, dass das Kind wichtige Schritte auf dem Weg zum emanzipierten Menschen nicht gehen kann. Die gesunde Ablösung von den eigenen Eltern findet nicht statt und macht einer ungesunden Dynamik aus Weglaufen und Zurückschnellen Platz. Es erscheint logisch, dass unter solchen Umständen im Sinne des New Work eine Arbeit, die man »wirklich, wirklich tun will«, nicht gefunden werden kann; denn dafür bedarf es eines emanzipierten Ich. Dieses kann man in den Fällen des Gummibandes nur unter Kämpfen entwickeln. Man entfernt sich bewusst aus dem Einflusskreis der Eltern. Das Gummiband muss reißen.

Dies bedeutet jedoch nicht Bindungslosigkeit oder ein »Vergessen« der Herkunft. Im Gegenteil. Als gleichwertige Parteien, die nicht mehr durch ein manipulierendes Gummiband verstrickt sind, können Eltern und Kinder ihre Beziehung auf eine neue Entwicklungsstufe stellen. Man begegnet sich auf Augenhöhe, das Kind ist nun buchstäblich erwachsen geworden. Indem sich das Kind löst, kann eine neue, tiefe Verbindung zwischen Eltern und Kind wachsen. Erst diese erwachsene Verbindung erlaubt eine Verwurzelung, die nicht auf emotionaler Abhängigkeit oder Manipulation beruht, sondern auf der gegenseitigen Akzeptanz der Eigenständigkeit. Diese Verwurzelung in der Herkunftsfamilie trägt man im Herzen, egal, wo man sich schließlich niederlässt. Daher ist eine familiäre Verwurzelung und ein Leben in der flexiblen Postmoderne kein Widerspruch. »Home is where the heart is«, sagt ein Sprichwort. Die Heimat ist da, wo das Herz ist. Und das Elternhaus bleibt für die allermeisten Menschen eine Heimat: für die einen als Last, für die anderen als Ruhepol in der ruhelosen Welt. Daher braucht im Sinne des New Work die Arbeit, die man »wirklich, wirklich tun will«, eine Herkunft, die man »wirklich, wirklich« akzeptiert und verarbeitet hat.

Verwurzelung im sozialen Umfeld. Ein weiteres Sicherungsseil, das der Bergsteiger in seiner Felswand wirft, ist ein Seil zur Seite. Im übertragenen Sinne in seine jetzige Beziehungswelt hinein, in seine eigene gegründete Familie, in seinen Freundeskreis hinein, zu Arbeitskollegen und in die aktuelle soziale Umwelt. Er tut das aus dem sicheren Instinkt heraus, nur gemeinsam mit anderen Menschen wachsen zu können, nur im Spiegel der anderen herauszufinden, wer er wirklich ist. Im modernen Coaching beispielsweise besteht seitens des Klienten oft der Wunsch nach einem professionellen Feedback. Der Klient fragt: Welchen Eindruck mache ich auf Sie? Welche Wirkung habe ich Ihrer Meinung nach auf andere Menschen? Welche Stärken können Sie als Coach erkennen? Welche Schwächen? Solche Fragen beruhen auf der Sehnsucht nach einem Spiegel, nach einem sozialen Widerhall des eigenen Seins. Es spricht nicht für unsere moderne Gesellschaft, dass Menschen Coaches dafür bezahlen müssen, herauszufinden, wer sie sind und was für eine Wirkung sie auf andere haben. Normalerweise sollte das Bestandteil jeder vernünftigen Sozialisierung sein (siehe das obige Sprichwort vom ganzen Dorf, das ein Kind erzieht). Doch immer öfter versagt anscheinend das soziale Feedback. Man schweigt und lässt den anderen über sein Wesen im Dunkeln: vielleicht aus Desinteresse, aus Furcht oder resultierend aus eigener fehlender Selbstreflexion.

Dabei zeigt sich bereits auf neurologischer Ebene, dass wir auf sozialen Zusammenhalt angewiesen sind. Das Gehirn ist das einzige Organ, das soziale Interaktion braucht, um sich zu entwickeln. Einer Leber oder Galle ist es egal, mit wem man redet (solange es nicht der Barmann ist), aber ein Gehirn giert nicht nur nach Sinnes-, sondern auch nach sozialen Reizen. Es will herausgefordert werden, nicht nur intellektuell, sondern auch sozial. Kinder saugen das Verhalten ihrer Eltern auf und imitieren es. Sie probieren soziale Rollen aus und testen unterschiedliches Verhalten. Und nicht nur Kinder. Das berüchtigte Stanford-Prison-Experiment hat aufgezeigt, wie leicht sich sogar erwachsene Menschen in ihrem Sozialverhalten allein durch Rollenzuschreibung manipulieren lassen. Versuchspersonen eines psychologischen Experiments wurden per Zufall in zwei Gruppen eingeteilt: in Wärter und Gefangene. Die Wärter mussten in einem simulierten Gefängnis die Gefangenen bewachen. Das Experiment eskalierte und musste nach kurzer Zeit abgebrochen werden; die unbescholtenen Bürger hatten sich in Sadisten und gewaltbereite Schläger verwandelt. Man könnte sagen, die Gehirne hatten sich in Windeseile an eine neue, extreme soziale Situation angepasst und kreierten neue »Problemlösestrategien«. Auf der anderen Seite kennt man aus der Folter die Methode der Einzelhaft und der »sozialen Deprivation«: Menschen werden so lange von anderen isoliert, bis sie vollständig zermürbt sind. Denn Menschen brauchen andere Menschen wie die Luft zum Atmen.

Selbstverständlich gibt es auch Asketen, Einsiedler, die sich von der Welt abwenden. Beispielsweise entschied sich der berühmte »Bärenmann« Charlie Vandergaw dafür, jedes Jahr mehrere Monate in der Wildnis Alaskas mit Bären zusammenzuleben, (fast) ohne Kontakt zur Außenwelt. Doch es gibt eine richtige und eine falsche Einsamkeit. Die richtige Einsamkeit erfolgt im Frieden mit der Welt, ohne offene Rechnungen oder dem Gefühl der Kapitulation. Man löst sich von der Welt ohne Schmerzen, in fast buddhistischer Gleichmütigkeit (nicht Gleichgültigkeit). Ein solcher Abschied ist das Ergebnis tiefen Nachdenkens und einer persönlichen Reifung, die den Verlust an sozialem Widerhall durchaus kompensieren kann. Die falsche Einsamkeit ist gekennzeichnet durch Friedlosigkeit, Unruhe, das Gefühl des fehlenden Abschlusses. Die japanischen Samurai hatten ein Sprichwort, festgelegt in ihrem Kodex, dem *Hagakure*: »Das Ende ist wichtig in allen Dingen.« Soll heißen: Wie man eine Gemeinschaft verlässt, hat Auswirkungen auf das Erleben des Alleinseins. Geht man in Gleichmütigkeit, kann es funktionieren. Geht man in Angst, Zorn oder Hilflosigkeit, wird auch die Einsamkeit den Urgrund der eigenen Misere nicht heilen können.

Der Sonderfall des Einsiedlers ist die berühmte Ausnahme von der Regel. Normalerweise sind wir Menschen Kinder unserer Herde, unserer Gruppe und wollen dazugehören. Darum streben wir nach sozialem Anschluss, gehen in den Sportverein, engagieren uns als ehrenamtliche Helfer, verbringen Zeit mit unserer Familie und pflegen Freundschaften über weite Zeiträume und Entfernungen. Diese Sozialkontakte sind mehr als nur Freudepunkte im Alltag. Sie erfüllen eine wichtige Funktion: als Spiegel unserer selbst. Im Märchen fragt die Königin: »Spieglein, Spieglein an der Wand, wer ist die Schönste im ganzen Land?« – »Frau Königin, Ihr seid die Schönste hier. Doch Schneewittchen ist tausendmal schöner als Ihr.« In unserem Alltag schwingt ständig die Frage mit: Wer bin ich? Wie reagierst du auf mich? Wie reagiere ich auf dich? Es findet ein permanentes, völlig normales Abtasten statt. Wie Fledermäuse stoßen wir ein unsichtbares Echolot aus, das sich am anderen bricht und dessen Reflexion wir lesen. Dabei gibt es natürlich Menschen, die das besser können als andere. Einige sind sensibel und zeigen eine hohe »emotionale Intelligenz« (Daniel Goleman), andere hingegen sind berüchtigt als »Axt im Walde«. Wie Fledermäuse, deren Echolot kaputt ist, rempeln sie durch die Welt und haben ihren sozialen Fühler verloren. Sie merken nicht, wie sie auf andere wirken, und können daher nicht erkennen, was sie wie sagen sollten oder nicht; sie übersehen wichtige kommunikative Zeichen ihrer Umwelt. Das Ergebnis wird uns in Form von Filmen überreicht, die nach 20 Jahren gescheiterte Ehen genüsslich auseinandernehmen: »Schatz, das habe ich doch immer so gemacht. Was soll denn auf einmal daran falsch sein?« Antwort: »Es war schon immer falsch.« Und man wandert auf getrennten Wegen den Berg der Enttäuschung hinab.

Ob Freund, Vereinskollege, Sohn oder Dorfgemeinschaft: Vertraute Menschen um uns herum erfüllen eine wichtige emotionale und soziale Funktion. Sie zeigen uns, wer wir wirklich sind, geben uns die Gelegenheit, zu wachsen und an ihrem Leben Anteil zu nehmen. Wir schlagen Wurzeln, die nicht mit Wasser getränkt werden, sondern mit der alltäglichen Begegnung, mit einem Lächeln oder einer vertrauten Stimme. *Homo homini donum*, ein Mensch ist ein Geschenk für den anderen, könnte man ein berühmtes Sprichwort des römischen Dichters Plautus abwandeln. Vernachlässigen wir diese Wurzeln, vertrocknet unsere Seele. Deshalb beginnt New Work nicht am Arbeitsplatz. Es beginnt im Alltag, in der Verwurzelung mit Freunden, Familie und anderen. Denn nur starke Wurzeln lassen einen starken Baum wachsen.

Verwurzelung im Transzendenten. Wenn wir das Bild des Bergsteigers wieder aufnehmen, wirft er noch ein drittes Sicherungsseil – nach oben. Er »sichert« also nicht nur seine familiäre Vergangenheit (im Sinne einer Klärung) und seine aktuelle soziale Verwurzelung (im Sinne eines Gruppenerlebens), sondern schaut an seiner Felswand buchstäblich nach oben, auf der Suche nach einer existenziellen Sicherung. Das Bild des Bergsteigers erleidet hier einen logischen, aber notwendigen Bruch: Es gibt die Sicherung nach unten (zeitlich in die Vergangenheit und sozial in die eigene Ursprungsfamilie hinein), die Sicherung zur Seite (zeitlich in die Gegenwart und in die momentane soziale Situation hinein). Aber die letzte Sicherung ist keine »zeitliche« in die Zukunft hinein, denn die Zukunft ist per se unsicher und nicht berechenbar. Das entscheidende Moment der Zukunft ist nicht die Kalkulation, sondern die Hoffnung. Deshalb sind Zukunftsprognosen so schwierig. Man kann nicht berechnen, was in fünf Jahren oder gar in 50 sein wird. Aber man kann in Hoffnung und Zuversicht an einer guten Zukunft bauen.

Aus diesem Grund ist das letzte Sicherungsseil kein kalkulierendes »in die Zukunft hinein«, sondern ein hoffendes in das Transzendente, in den Glauben hinein. Viele Beratungsgespräche – mit Buddhisten, Christen, Wiedergeburtsgläubigen, Atheisten und anderen – beginnen mit einem Business-Thema. Doch nicht selten ergibt sich die Notwendigkeit, das Business-Thema auf eine tiefere, persönliche Ebene zu lenken. Es zeigen sich Verletzungen, nicht abgeschlossene Beziehungen, Erschütterungen, die nur den Mantel des Geschäftlichen, des Beruflichen tragen. Aber eine Lösung oder gar Heilung findet sich auf dieser Ebene nicht. Echte Veränderung liegt in einer Akzeptanz der Vergangenheit, darin, seinen »Frieden zu machen«, also einen Abschluss zu finden, und in einer daran anschließenden erstarkten Auseinandersetzung mit der Zukunft. »Sinn«, »Existenz«, »Glaube«,

Die Vergangenheit akzeptieren und Frieden finden

»Spiritualität«, »Seele«, »Gott« sind Vokabeln, denen sich manche Menschen erst im Laufe ihres Lebens nähern, um sich mit ihnen auseinanderzusetzen. Oft entstehen daraus faszinierende, tiefe und berührende Gespräche über den eigenen (Nicht-)Glauben, die eigene Biografie und die tiefe Sehnsucht nach Ganzheit, nach Angenommensein.

Hilfreich ist hier ein individueller und reifer Glaube. Wenngleich Glaubenssysteme immer wieder pervertiert und missbraucht wurden und werden, spricht doch mehr für die Existenz eines höheren Wesens als gegen sie. Der Mensch als Spezies ist von Beginn an auf der Suche nach dem Göttlichen – in ihm und außerhalb von ihm. Allein die Deutschen gaben 2010 über 20 Milliarden Euro für esoterische Bücher aus. Dazu mag man stehen, wie man will: Menschen suchen offensichtlich eine existenzielle, spirituelle Verwurzelung. Die Prognosen für dieses Buchsegment liegen übrigens für das Jahr 2020 bei satten 35 Milliarden Euro.[110]

Warum ist eine existenzielle Verwurzelung wichtig für New Work? Schaut man sich praktische Beispiele von Organisationen an, die New Work umsetzen, stößt man immer wieder auf die gleiche Vokabel: Vertrauen. Man ersetzt Kontrolle durch Vertrauen, Fremdsteuerung durch Selbststeuerung in der Hoffnung, dass die Mitarbeiter trotz dieses Paradigmenwechsels einen wertvollen Beitrag leisten. Dieses Geben und Nehmen von Vertrauen ist nicht selbstverständlich, erst recht nicht in der heutigen Arbeitswelt. Daher ist New Work in der Tat ein Trainings- und Testgelände für das »Schmiermittel« künftiger Unternehmensorganisation: Vertrauen. Und genau hier kommt die Verwurzelung ins Spiel. Die heutige Arbeitswelt ist so auf Flexibilität, Unvorhersagbarkeit und Wandel getrimmt, dass man eine gehörige Portion Vertrauen und Mut braucht, um sich diesen permanenten Veränderungen zu stellen. Daher ist heute jeder arbeitende Mensch ein Bergsteiger, der seine Seile auswirft. Nur auf Basis seiner »Sicherungsseile« und der damit einhergehenden Verwurzelung (Familie, Sozialkontakte, Transzendenz) entfaltet ein arbeitender Mensch seine größte Wirkung. So wie Kinder Urvertrauen an der Hand ihrer Eltern entwickeln, sollten wir Erwachsene uns ein Leben lang bemühen, dieses Vertrauen nicht wieder zu verlieren. Damit wir unseren Mut und unseren Humor behalten und bewahren, denn den brauchen wir in einer uns ständig herausfordernden Arbeitswelt. New Work beginnt nicht bei selbstorganisierten Teams, nicht bei Führung auf Zeit oder dem Abbau von Hierarchien. Es beginnt bei uns, dem Bergsteiger in der Wand und seinen starken Sicherungsseilen. Erst in dieser Sicherung bzw. der Verwurzelung findet man eine tiefe Ruhe und Kraft, die sich übersetzen lässt in Kreativität, Produktivität und einen optimistischen Blick in die Zukunft.

Die sinnhafte Aufgabe – Vom Finden der beruflichen Bestimmung

Bei Facebook kursiert ein Sinnspruch: *Do what you love. Love what you do. Tue, was du liebst. Liebe, was du tust.* Ein sinnvoller Tipp. Doch ist das so einfach? Wussten Sie mit 16, 20, 25 Jahren genau, was Sie langfristig machen wollten? Wenn ja: herzlichen Glückwunsch. In der Beratungsarbeit stellt man immer wieder fest, dass die Begründung »Weil ich diesen Beruf ergreifen wollte« für die Wahl der Ausbildung oder des Studiums eher unterrepräsentiert ist. Der Blumenstrauß der Motive ist groß. Ein Klassiker: »Meine Eltern wollten, dass ich etwas ›Vernünftiges‹ lerne.« Auch gut: »Interessiert hat mich die Richtung nicht sehr, aber ich wollte einfach schnell Geld verdienen.« Oder schlicht: »Es war okay, aber ich hätte auch etwas ganz anderes machen können.«

Vielleicht hat man Glück und startet schon in dem Beruf, der einen langfristig motiviert, vielleicht aber auch nicht. Es gibt Menschen, deren sinnhafte berufliche Ausrichtung erst mit einer zweiten Ausbildung beginnt. Sie machen zum Beispiel das Abitur nach und studieren neben ihrem eigentlichen Beruf. Oder sie gelangen als Quereinsteiger in eine Branche oder Position, in der sie aufgehen und die ihnen persönliche Erfüllung bringt. Vielleicht steigen sie auch aus und werden Tauchlehrer in Thailand. Diese Fälle sind jedoch eher selten. New Work bedeutet nicht automatisch, alle beruflichen Brücken, Qualifikationen und Erfahrungen in die Tonne zu kloppen. Man muss das so deutlich sagen, weil es einen Zweig der Karriereberatung gibt (vor allem kombiniert mit esoterischem Coaching), der zur Abwendung von der bisherigen Berufswelt geradezu auffordert und die »Freiheit durch kompletten Neustart« propagiert. Natürlich kann eine Krankenschwester Kapitänin werden, wie ein Beispiel aus dem Film *Future Works* verheißt. Doch diese Ausnahme als (einziges!) Beispiel im Interview mit einer Karriereberaterin zu bringen und damit auch noch die Mechanik und den Glanz von New Work untermauern zu wollen, grenzt an Fahrlässigkeit. Natürlich sollen sich Menschen aufmachen, ihre Fähigkeiten neu zu erproben und zu kombinieren. Aber simple Appelle wie »Du schaffst das« oder »Du musst nur an dich glauben« bringen den Einzelnen nicht weiter. Enthusiasmus gerne, aber bitte mit einer durchdachten Perspektive.

Der Impuls, komplett mit der bisherigen Berufserfahrung brechen zu wollen, zeigt gleich mehrere »Krankheitssymptome« unserer heutigen Arbeitswelt auf. Zunächst unterliegt man dem Irrtum: Mit einem kompletten beruflichen Neustart wird alles gut. Damit lügt man sich in die Tasche, denn auch die beste aller Arbeitsstellen ist nie perfekt; es gibt immer Aufgaben, die man nicht tun will, und Kollegen, die man nicht leiden kann. So ist das Leben. Selbst mit der geeigneten Ausbildung und dem optimalen Arbeitsplatz bleibt ein Rest Unperfektheit. Daher darf die durchaus berechtigte Sehnsucht nach einer beruflichen Veränderung nicht nur von einem Fluchtimpuls getragen sein. Diesen Fluchtimpuls formulieren Menschen meist sehr klar. »Ich kann da nicht mehr arbeiten«, »Meine Arbeit raubt mir den Schlaf« oder auch »Ich kann meine Arbeit nicht mehr mit meinem Gewissen vereinbaren« sind durchaus übliche Sätze, welche die Wechselmotivation von Menschen deutlich zur Sprache bringen. Doch diese »Minus-Motivation« reicht nicht aus. Der Einzelne braucht eine »Plus-Motivation«, die ihm zeigt, was er tun will. Ausgestattet mit dieser Plus-Motivation kann er dann versuchen, eine für ihn sinnvollere Aufgabe anzugehen. Gerade New Work fordert eine intensive Auseinandersetzung mit der eigenen Vorstellung vom idealen Arbeitsplatz heraus. Es kommt zu enormen psychologischen und sozialen Verwerfungen, wenn sich eine Gruppe auf einmal einen neuen Chef suchen oder sich darauf einigen soll, welches Produkt denn nun als Nächstes produziert wird. Dem Fluchtimpuls folgend, müsste der Betroffene sagen: »Das ist nicht mehr mein idealer Arbeitsplatz. Ich suche mir einen neuen.« Nur wird er damit auf Dauer wenig Glück haben, sondern zum unzufriedenen Jobhopper werden, der sein Leben lang dem perfekten Job nachjagt.

Ein Fluchtimpuls reicht für eine berufliche Veränderung nicht aus. Man muss wissen, wohin man will. Woher weiß man dann, was man tun will? Der Prozess der beruflichen Neuorientierung, das Finden einer Arbeit, die man im bergmannschen Sinne »wirklich, wirklich tun will«, ist keine leichte Aufgabe, sondern fordert den ganzen Menschen: »Stellt man die Frage ›Was wollen Sie wirklich und wahrhaftig?‹ [...] in allem Ernst, so beinhaltet das ein Risiko. Man muss sehr behutsam und vorsichtig sein und man muss darauf vorbereitet sein, die Sache zu Ende zu bringen.«[111] Bergmann selbst begreift die Suche nach einer sinnvollen Tätigkeit im Sinne des New Work als etwas zutiefst Persönliches und Ernsthaftes. Arbeit als zentrales Element des selbstwirksamen Ich berührt nicht nur Gefühle des Erfolgs und der gemeisterten Herausforderung, sondern auch Gefühle des Scheiterns und des Irrwegs, wenn man sich der Suche nach dem beruflichen Sinn stellt. Bergmann erklärt das am Beispiel einer Supermarktkassiererin: »Die Langeweile und der üble soziale Druck, den ihre Arbeit mit sich bringt, hält sie vielleicht gerade noch auf der Schwelle dessen, was sie noch zu ertragen vermag. Sie befindet sich in einer kritischen Situation, nahe am Abgrund. [...] Würde sie zu der Bürde, die auf ihren Schultern lastet, noch das Zugeständnis hinzufügen, dass sie ihren Job nicht ausstehen kann, [...] dass sie ihn im Grunde hasst, dann wäre ihre Situation noch um vieles schlimmer. [...] Dies könnte die Last [...] um genau den Felsbrocken vergrößern, der ihr schließlich das Genick bricht.«[112] Bei der Suche nach einer sinnvollen Tätigkeit muss also das, was Bergmann die »Armut der Begierde« nennt, überwunden werden. Man muss sich seinen Wünschen stellen inklusive dem Eingeständnis, dass die momentane Situation vielleicht alles andere als rosig ist. Beides gehört dazu: eine tiefe Ehrlichkeit zu sich selbst, die verletzbar macht, und ein Wille, sich auf die Suche nach einer neuen beruflichen Bestimmung zu machen.

Was beinhaltet eine erfolgreiche Suche nach der Arbeit, die man »wirklich, wirklich tun will«? Man muss einen tiefen Wunsch verspüren, sein selbstwirksames Ich auch im Beruf zu verwirklichen. Man muss sich seiner momentanen beruflichen Situation stellen und sich eingestehen, dass man ein Fach studiert oder etwas gelernt hat, das man gar nicht wollte. Oder dass man viel zu lange in einem Job geblieben ist, den man hasst und der einen unglücklich macht. Aber man sollte sich gleichzeitig hüten, das Kind mit dem Bade auszuschütten, indem man mit allen beruflichen Qualifikationen bricht. Diese sind gute Startpunkte, von denen aus der persönliche Weg zu einer Arbeit, die man »wirklich, wirklich tun will«, gelingen kann.

Normalerweise starten Menschen, die sich beruflich verändern wollen, kleine Testballons: Sie bewerben sich, um ihren Marktwert zu testen, fragen Freunde nach deren Einschätzung oder graben Onlinetests aus, die ihnen Aufschluss geben sollen über ihre Stärken, Schwächen und beruflichen Optionen. All das kann helfen, doch eines sollte man nicht erwarten: eine plötzliche Erleuchtung. Bergmann selbst spricht diesen unerfüllbaren Wunsch an: »Viele Menschen scheinen anzunehmen, dass die Entdeckung dessen, was man wirklich und wahrhaftig will, etwas Plötzliches und Endgültiges ist. Dass man in einem inspirierten Augenblick darauf kommt und das die Frage mehr oder weniger für den ganzen Rest des Lebens beantwortet. Doch nichts könnte das Bild [...] gründlicher verfehlen. Es ist vielmehr ein Prozess mit vielen Anläufen und Umwegen, mit Misserfolgen und Neuorientierungen.[113]

Die Entdeckung, was man wirklich will, ist keine plötzliche Erleuchtung, sondern ein Prozess

Man kann den Wunsch nach baldiger Klarheit gut verstehen. Der Mensch möchte auch in der Frage der beruflichen Passung Stabilität und Vorhersagbarkeit. Doch wenn Menschen fragen: »Was ist der beste Beruf für mich? Was passt zu mir?«, muss man die Frage abwandeln: »Was ist *momentan* der beste Beruf für mich? Was passt *jetzt* zu mir?« Das Moment der Veränderung zieht sich durch das ganze Leben, durch die gesamte Natur. Wir werden geboren, leben und sterben. Unser Gehirn bleibt das ganze Leben lang lernfähig. Wir verändern ein Leben lang unsere sozialen Bezugsgruppen, unsere Arbeitsumgebung. Die Gesellschaften an sich sind ebenfalls einem ständigen Wandel unterworfen. Von Klein bis Groß, von der einzelnen Zelle bis zur Weltgemeinschaft unterliegt alles einem ständigen Wandel. »Panta rhei«, »Alles fließt«, wussten schon die alten Griechen. In Anbetracht dieses Urgesetzes der Existenz tatsächlich zu erwarten, man könne zum Zeitpunkt x eine optimale berufliche Tätigkeit beschreiben und lebenslang festlegen, ist illusorisch. Nicht nur der Zeithorizont der Wirtschaft, der Organisationen oder der Produkte verkürzt sich, sondern auch die Halbwertszeit von Wissen, von beruflicher Eignung und beruflicher Stabilität. Man kennt das Stichwort vom »lebenslangen Lernen« und postuliert bereits, dass künftige Arbeitnehmer deutlich öfter die Stelle und die Qualifikation werden wechseln müssen als heute. Man kann das kulturpessimistisch beurteilen (wie es Richard Sennett im Konzept der verloren gegangenen »handwerklichen Einstellung« tut), aber stellen müssen wir uns dieser Realität allemal. New Work bedeutet nicht nur, einen Job zu finden, den man »wirklich, wirklich tun will«, sondern auch die Bereitschaft, diesen Job immer wieder infrage zu stellen, immer wieder neu bereit zu sein zur beruflichen Veränderung.

Herauszufinden, was uns beruflich erfüllt, ist nicht leicht. Selbst wenn man die »Armut der Begierde« überwindet, sich auf die Suche nach einer neuen Aufgabe macht und die Bereitschaft zur Veränderung mitbringt: Welche Methoden erschließen uns den Pfad der Selbsterkenntnis? Wer oder was zeigt uns unseren »wahren Willen« (Michael Ende)? Die durchschnittliche Karriereberatung antwortet darauf mit unterschiedlichen Herangehensweisen. Da gibt es das biografische Interview, das Ausbildung, berufliche Stationen und soziale Hintergründe beleuchtet und versucht, große Linien der Entwicklung, der Stärken und der Qualifikation herauszuarbeiten. Getreu dem Motto: »Zeige mir die Vergangenheit einer

Person, und ich sage dir, wie sie sich verhalten wird.« Das biografische Interview ist und bleibt ein unverzichtbares Instrument, nicht nur was die Ausleuchtung der Vergangenheit des Klienten betrifft, sondern auch, weil es mögliche Brückenköpfe in die berufliche Zukunft zeigt. Sein Mehrwert im Sinne des New Work liegt darin, dass im Gespräch auch verdeckte Talente und Fähigkeiten ausgegraben werden und damit wertvolle Hinweise auf tiefe Wünsche und berufliche Möglichkeiten. Meist sind es die kleinen Dinge, die von den Personen selbst als unbedeutend eingestuft werden, da sie nicht zum jetzigen beruflichen Profil passen. Wenn aber jemand als Schüler ein Spiel entworfen hat, das auch noch von einem Unternehmen übernommen wurde und bis heute verkauft wird, ist das keine Kleinigkeit, sondern ein echter Hingucker. Auch das ehrenamtliche Engagement für Flüchtlinge oder Obdachlose ist erwähnenswert – aber nur wenn es echter Überzeugung entspringt und nicht begonnen wurde, weil es sich im Lebenslauf gut macht.

Man kann sich die berufliche Zukunft als Haus vorstellen, in das man durch verschiedene Fenster hineinblicken sollte, um das Innere möglichst genau zu erkennen. Ein Fenster ist das biografische Interview, ein anderes intensives Nachdenken. Aber hier kommen viele Menschen nicht voran. Sie schauen durch das Fenster in ihr Inneres wie durch Milchglas: »Ich habe schon viel mit Freunden diskutiert und auch selbst viel nachgedacht, aber mir fällt einfach nichts Gescheites ein. Ich drehe mich im Kreis.« So oder ähnlich schildern viele den Versuch, selbst auf Möglichkeiten einer neuen beruflichen Zukunft zu kommen. Diese mentale Nabelschau macht man normalerweise in einem frühen Stadium der Neuorientierung. Man hat ein Problem und denkt darüber nach. Aber die Methode hat einen Haken.

Es bringt nichts, Menschen direkt nach ihrer beruflichen Sinnvorstellung zu fragen nach dem Motto »Was willst du wirklich tun?«. Würde das funktionieren, gäbe es nicht Tausende von Karriereberatern und Coaches, die Menschen bei ihrer Suche helfen. Bergmann sieht den Grund für die fehlende Vorstellungskraft in der »Armut der Begierde«, einer verschütteten Sehnsucht, die man innerhalb von New Work ans Licht holt: »Es ist […] ausgesprochen dumm, die Menschen so direkt zu fragen, weil sie [...] weit davon entfernt sind, die Antwort zu kennen. Genau das liegt unserem Ansatz zugrunde: nämlich dass Menschen im Allgemeinen an der Armut der Begierde leiden. Und wenn man unter dieser Armut leidet, wird es nicht leicht sein, die Antwort zu finden; man wird Geduld und Zeit brauchen.«[114]

Arbeit, die man »wirklich, wirklich tun will«, findet man weder durch intensives Nachdenken noch durch eine plötzliche Erleuchtung. Wie dann? Seriöse Karriereberatung mit biografischen Interviews, Stärken-Schwächen-Analyse, eventuell Persönlichkeitstests oder anderen Instrumenten kann eine Hilfe sein, aber im Sinne des New Work stellt sie eine untergeordnete Rolle dar. Eine Arbeitswelt, in der New Work verwirklicht ist, dürfte keine Karriereberater mehr brauchen, weil diese Arbeitswelt genug Gelegenheiten zur persönlichen Entwicklung im Beruf bieten wird.

Das ist der Pferdefuß unseres Lohnarbeitssystems: Man kann neue berufliche Pfade nur äußerst eingeschränkt *real ausprobieren.* Sozial akzeptiert ist die Phase des Ausprobierens lediglich nach der Schule oder bei Praktika während oder auch kurz nach der beruflichen Ausbildung. Ein Schlosser mit Anfang 40 hat keine Möglichkeit, zum Beispiel in einen IT-Betrieb hineinzuschnuppern oder sich als Krankenpfleger zu versuchen. Entgegen allen Beteuerungen der Flexibilität ist unser Ausbildungs- und Berufssystem noch sehr starr und folgt einem fast manischen Zertifizierungs- und Qualifizierungsverständnis. Heute gilt: Einmal Schlosser, immer Schlosser. Eine berufliche Umorientierung gelingt, wenn überhaupt, nur durch große Opfer an Zeit und Geld.

Der Pferdefuß unseres Lohnarbeitssystems: Man kann kaum neue berufliche Pfade ausprobieren

Dieses starre System muss aufgebrochen werden, will man dem Loblied der Flexibilisierung Taten folgen lassen. Man muss von der *Simulation* der beruflichen Zukunft (durch bloßes Nachdenken, Fragen von Freunden oder mithilfe einer Karriereberatung) zu einer *realen Testung* der neuen beruflichen Rolle kommen. Im obigen Bild mit dem Haus und den Fenstern wäre das ein wichtiges, ein entscheidendes Fenster, durch das man schauen sollte: »Bei dem Versuch, das, was man wirklich will, allein durch den Blick in den eigenen inneren Raum zu bestimmen, schaut man oft durch eine dunkle und stark verzerrende Brille. [...] Eine Woche oder auch nur ein Tag, an dem man die jeweilige Arbeit wirklich *macht*, ist unvergleichlich viel besser. Dass das Lohnarbeitssystem ein solches ›Ausprobieren‹ nicht zulässt, sollte man eigentlich zu dessen Krankheiten zählen. Trotz all des lauten Geredes über die galoppierende Flexibilität der Arbeit hat das Lohnarbeitssystem in Wirklichkeit in dieser Hinsicht kläglich versagt.«[115] Aus diesen Betrachtungen lassen sich einige Vorschläge ableiten, mit denen man mehr Menschen ermöglichen kann, eine beruflich erfüllende Arbeit zu finden, eben Arbeit, die man »wirklich, wirklich tun will«:

- Sinnvoll erscheint beispielsweise der verstärkte **Ausbau der Teilzeit**. Auch Modelle des Jobsharings oder Jobpairings sind interessant. Wir sollten darauf hinarbeiten, dass Teilzeitarbeit gesellschaftlich genauso angesehen ist wie Vollzeitarbeit, damit Teilzeit nicht als Arbeitsmodell für Mütter und Kranke wahrgenommen wird. Teilzeit sollte zum selbstverständlichen Modus der Arbeitsgesellschaft werden, weg vom Mantra der überdrehten Leistungsgesellschaft, dass nur vollwertig ist, wer Vollzeit arbeitet. Dass sich dafür auch Organisationen umstellen müssen, ist offensichtlich. Aber warum sollte man von Mitarbeitern Flexibilität einfordern und sie selbst verweigern? Damit machte man sich sehr schnell unglaubwürdig.

- Zudem könnte man über ein steuerlich finanziertes **Bildungsgeld für Arbeitende** nachdenken. Die SPD nennt es etwas umständlich »Lebenschancenbudget«: 60 000 EUR für jeden, »der eine Auszeit im Job nehmen oder noch einmal studieren möchte«[116]. Über die Summe kann man streiten und über die Zugangsberechtigung zu diesem Budget auch. Aber der Vorschlag geht in die richtige Richtung. Wenn eine Gesellschaft von ihren Bürgern lebenslanges Lernen verlangt, sollte sie darüber nachdenken, wie sie eine solche Forderung finanzieren will. Diese Last auf den Einzelnen abzuwälzen, erscheint unsolidarisch und kontraproduktiv. Es müssen ja nicht gleich 60 000 Euro sein oder ein ganzes Studium. Es könnten auch 3000 Euro sein, um jemandem ein zweimonatiges Praktikum in einem ganz neuen Umfeld zu ermöglichen. (Wohlgemerkt, wir sprechen hier nicht von Studenten oder Azubis, sondern von Arbeitnehmern, die mitten im Leben stehen und vielleicht einen Partner und Kinder zu versorgen haben.)

- Man sollte es allen Schülern in allen Schulformen ermöglichen, im Alter von vielleicht 15 oder 16 Jahren eine fundierte **Potenzialanalyse** zu machen, die sich mit beruflich relevanten Stärken und Schwächen beschäftigt. Viele junge Menschen haben zu Beginn ihrer Ausbildung keine Ahnung, in welchen Bereichen ihre intellektuellen Talente liegen, auf welchen Charakterstärken sie aufbauen können oder welche Berufe zu ihrer Fähigkeitsstruktur passen. Dadurch verschwenden diese jungen Menschen viel Zeit und Kraft, indem sie sich durch Berufe kämpfen und womöglich scheitern. So haben in Deutschland 2012 über 30 Prozent aller Studierenden ihr Studium wieder abgebrochen. Darin sind diejenigen, die ihr Fach nur wechseln, noch gar nicht eingerechnet: »In den Technikfächern, in denen ein besonders hoher Fachkräftemangel herrscht, liegt die Abbruchquote sogar noch deutlich höher: Im Studiengang Bauingenieurwesen geben 51 Prozent der Studenten auf, in Mathematik sind es 47 Prozent. Auch das Bachelor-Master-System hat daran wenig geändert. Die Zahlen der Abbrecher sind insgesamt seit Jahren nahezu unverändert, teilweise sogar gestiegen.«[117] Die Gesellschaft verschwendet auf diese Weise viel Geld, Zeit und Talent, das sie besser einsetzen könnte. Eine qualifizierte, frühe Bestandsaufnahme der persönlichen Fähigkeiten könnte hier Abhilfe schaffen.

- Organisationen sollten es ihren Mitarbeitern ermöglichen, nicht nur Urlaubstage zu vereinbaren, sondern auch **Praktikumstage für Berufserfahrene**. An diesen Tagen, vielleicht drei pro Jahr, kann der Mitarbeiter in eine andere Abteilung wechseln und »mitlaufen«. Er bekommt für diesen Tag einen Supervisor als Begleitung, unter dessen Anleitung er Dinge ausprobieren kann. So bekommt ein Marketingmitarbeiter Einblick in die Produktion, ein Controller in das Facility-Management und so weiter, alles auf freiwilliger Basis. Als angenehmer Nebeneffekt bilden sich so Verstehensbrücken zwischen den Abteilungen. Der Siloeffekt, die Abgrenzung, wird aufgeweicht und Mitarbeiter vertiefen ihr Verständnis füreinander. So kann aus einer New-Work-Maßnahme schnell eine größere Initiative zur Verbesserung der Arbeitsatmosphäre werden, die vielleicht sogar teure Team-Events und Konflikt-Workshops erspart.

- Eine weitere Möglichkeit ist die **Laufbahnberatung als fester Bestandteil der Personalentwicklung**. Jeder Mitarbeiter sollte die Möglichkeit haben, auf Wunsch – also freiwillig – eine hausinterne Laufbahnberatung zu machen, inklusive testgestützter Diagnostik zu Fähigkeitsprofil und Motivation. Eine solche Beratung kann zum Beispiel mit dem Weiterbildungsbudget des Mitarbeiters verrechnet werden und geschieht in Abstimmung mit der Personalabteilung und der Führungskraft. Obwohl ein Einfließen der entsprechenden Beratungsergebnisse auf den ersten Blick nicht gegen das Allgemeine Gleichbehandlungsgesetz (AGG) zu verstoßen scheint, ist die Anzahl der Unternehmen, die bereits bei der Einstellung auf Persönlichkeits- oder Potenzialtests setzen, stark ausbaufähig. Dabei gilt für viele Organisationen die Formel: »Wir suchen nicht den besten Mitarbeiter überhaupt, sondern den für uns passenden Mitarbeiter.« Passung im Sinne der Arbeitseignung kann man unter anderem mit einer sorgfältigen, wissenschaftlich fundierten Diagnostik klären. Diese ist keine Allzweckwaffe, doch dass sie noch fast gar nicht genutzt wird, ist eine sträfliche Vernachlässigung von Potenzial.

- Schließlich kann man über die Einführung individueller **betrieblicher Lernzeitkonten** nachdenken. Dies kann institutionell geschehen, zum Beispiel über den Arbeitsvertrag, ähnlich wie bei Praktikumstagen. Man müsste diese Kosten im Gesamtblock der Personalkosten verrechnen und entsprechend kalkulieren. Denkbar wären kleinere Formate bis zu einigen Tagen pro Jahr. Im Großen geschieht das beim Sabbatical bereits ähnlich, hier jedoch finanziert der Mitarbeiter selbst durch entsprechenden Gehaltsabschlag seine Auszeit. Auch eine Mischfinanzierung aus Eigenleistung und Unternehmenszuschuss wäre möglich. Entscheidend ist, dass sich der Einzelne vom Beginn seiner Organisationszugehörigkeit an einen Zeitpuffer erarbeiten kann, den er für seine konkrete Weiterbildung, aber auch für Experimente im Sinne des New Work zur Verfügung hat. Österreich beispielsweise hat die »Bildungskarenz« eingeführt, eine »großzügige Bildungsfreistellungsphase mit Entgeltersatzleistung«[118] – eine praktische Anwendung des Lernzeitkontos. Bei Google durften Mitarbeiter bereits bis zu 20 Prozent ihrer Arbeitszeit auf eigene Projekte verwenden. Hier wurde das Prinzip »Freie Zeit« eingesetzt, um letztlich von der Kreativität der Mitarbeiter zu profitieren. Es spricht wenig dagegen, freie Zeit auch für das Ausprobieren neuer Funktionen im Unternehmen zu nutzen.

- Denkt man über die Organisation hinaus, wird auch ein unternehmensübergreifendes, **standardisiertes Kompetenzportfolio** interessant. Ein solches Portfolio könnte alle möglichen Formen der Erfahrung und Qualifikationen zusammenführen: Zeugnisse und Zertifikate, interne und externe Weiterbildungen, Projekte, aber auch Dinge wie Praxistage, Veröffentlichungen oder festgelegte Schlüsselkompetenzen. Man könnte auch vermerken, ob eine Prüfung stattgefunden hat oder nicht. Ein Kompetenzportfolio im Sinne übergreifender Fähigkeiten könnte in der Zukunft auch das Problem adressieren, dass immer mehr Berufe spezielle Selbst-, Sozial- und Methodenkompetenzen verlangen, die über reines Fachwissen hinausgehen. Der Unterschied zum normalen Lebenslauf bestände darin, im Kompetenzportfolio ein anerkanntes, standardisiertes Instrument zu entwickeln, das Erfahrungen und Fähigkeiten aus höchst unterschiedlichen Gebieten zusammenfasst, transparent macht und Vergleiche zulässt. Setzt sich irgendwann das anonyme Bewerbungsverfahren durch, könnte ein solches Kompetenzportfolio sogar den Lebenslauf als Kerndokument einer Bewerbung ablösen.

- Innerhalb einer strategischen Personalentwicklung könnte man **Organisationsziele an die Weiterbildung koppeln**. Führungskräfte würden danach beurteilt und bezahlt, wie sinnvoll und wie vielfältig sie ihre Mitarbeiter weiterbilden. Das erfordert eine genaue Analyse der benötigten Qualifikationen für eine Stelle, einen sorgfältigen Abgleich mit den Fähigkeiten der Mitarbeiter und ein positives Image der Weiterbildung im Unternehmen. So selbstverständlich diese drei Anforderungen auch scheinen: In vielen Organisationen sind sie es nicht. Oft werden Stellenanforderungen nicht klar definiert, es herrscht Unsicherheit über die Stärken und Schwächen des Mitarbeiters oder die Weiterbildung hat im Haus den Geruch der Mängelkompensation. Daher wäre es eine kulturelle Aufgabe für das Unternehmen, die persönliche Weiterbildung des Einzelnen (inklusive exotisch anmutender Experimente) als Bereicherung und lohnendes Investment zu betrachten. Wenn es die Wirtschaft ernst meint mit lebenslanger Weiterbildung, muss sie diese Forderung auch in ihre Führungs- und Organisationsziele einfließen lassen.

Der Manager meines Lebens – Zur Integration der Lebensbereiche

Bisher ging es in diesem Kapitel um die Fragen »Wer bin ich?« im Sinne einer existenziellen Verwurzelung und »Was will ich tun?« im Sinne einer erfüllenden Aufgabe. Damit beides gelingt, muss man eine dritte Frage beantworten: »Wie will ich leben?« In unserer heutigen multioptionalen Gesellschaft gibt es keine festen Zuschreibungen mehr, keine Rollenvorbehalte oder Standesschranken. Der Einzelne hat das Recht, ja geradezu die Pflicht, das Beste aus seinem Leben zu machen und sich der Frage »Wie will ich leben?« zu stellen.

Manche Menschen erleben diese Freiheit als eine Last. Vor dem gigantischen Supermarktregal der Möglichkeiten stehend, fühlen sie sich von der Frage nach einer individuellen und erfüllenden Lebensgestaltung überfordert. Aber gerade in einer flexiblen, kommunikativen Welt mit ihren vielen Angeboten und Abzweigungen ist es notwendig, dass der Einzelne sein Leben aktiv anpackt und meistert. Von Viktor Frankl stammt der Satz: »Im Gegensatz zum Tier sagen dem Menschen keine Instinkte, was er *muss*, und im Gegensatz zum Menschen von gestern sagen dem Menschen von heute keine Traditionen mehr, was er *soll*. Nun […] scheint er oftmals nicht mehr recht zu wissen, was er im Grunde *will*.«[119]

Wir sind auf einer grundlegenden Ebene dazu aufgefordert, herauszufinden, was wir wollen, welche Türen wir im Leben durchschreiten und welche wir schließen wollen. Das wird in Zukunft sogar noch mehr als heute der Fall sein. Wir sind auf dem Weg zur Mosaikkarriere. Der alte, einfache Dreiklang aus Ausbildung, Erwerbsleben und Rente wird langfristig nicht mehr zu halten sein. Ein Lebenslauf wird mehr und unterschiedlichere Phasen enthalten als heute. Da werden sich Zeiten des Angestelltseins mit Selbstständigkeit und Projektarbeit abwechseln; es wird Elternzeit geben, Arbeitslosigkeit, Sabbaticals, Pflegezeit und Ähnliches mehr. Der Mensch wird zum Manager seiner Biografie. Eigenverantwortlichkeit, Autonomie und Flexibilität werden zu dominanten Größen des Lebens. Wir müssen eine größere Anpassungsleistung als früher vollbringen, wenn es um die Integration von Arbeit und anderen Lebensbereichen in unser Dasein insgesamt geht. Wir brauchen eine neue Philosophie der Lebensgestaltung, die der Arbeit ihren durchaus wichtigen Platz zuweist und es uns gleichzeitig ermöglicht, mit größtmöglicher Souveränität das Leben zu leben, das uns vorschwebt.

Dieser Befund ist eine klare Absage an das alte Konzept der Work-Life-Balance. Erstens war dieser Begriff schon immer unglücklich. Arbeit war und ist ein Teil des Lebens und eine entsprechende begriffliche Trennung fragwürdig. Von daher würde »Work« in »Life« aufgehen. Aber auch der zweite Aspekt, die zeitliche bzw. organisatorische Trennung von Arbeit und Leben, ist längst unrealistisch geworden. Früher organisierten wir unseren Job. Es gab weniger Kommunikation, weniger Termine, weniger Vernetzung. Alles war übersichtlicher. Heute jedoch organisiert der Job uns. Durch ständige Erreichbarkeit, Hyperkommunikation und vernetzte Prozesse können wir nur schwer die Arbeitssphäre überhaupt verlassen. Wir checken E-Mails zu Hause oder sind auch mal übers Wochenende erreichbar. Wir springen ständig zwischen verschiedenen Bereichen hin und her und laufen Gefahr, dass am Ende gar nichts mehr stimmt, weder das »Life« noch das »Work« noch die »Balance«.

Die zeitliche bzw. organisatorische Trennung von Arbeit und Leben ist unrealistisch geworden

Neuerdings versucht man, den Begriff »Work-Life-Balance« durch »Work-Life-Blending« zu ersetzen. Man will damit der erhöhten Flexibilität im Job Rechnung tragen und dem Umstand, dass viele Menschen gar nicht mehr zwischen Beruf und Privatleben trennen. So nehmen fast die Hälfte der Deutschen auch außerhalb der Bürozeiten Anrufe entgegen und beantworten E-Mails. Umgekehrt bearbeiten bei den 18- bis 34-Jährigen bereits 69 Prozent Privatangelegenheiten während der Arbeitszeit. Grund sei nicht Faulheit, sondern eine neue Leistungsphilosophie: »Die viel beschriebene Generation Y organisiert sich ihre Balance zwischen Arbeit und Privatleben zunehmend selbst. Ganz nach dem Motto:

Meine Arbeitsleistung muss am Resultat und nicht an der Anwesenheitszeit gemessen werden.«[120] Work-Life-Blending erscheint demnach auf den ersten Blick als eine moderne, angemessene Alternative zum antiquarisch anmutenden Konzept »Work-Life-Balance«.

Befürworter von Work-Life-Blending sehen die Chancen des Konzepts in einer größeren Selbstbestimmung, in beruflicher Flexibilität und in der Möglichkeit, die Karriere zu fördern. Kritiker monieren genau diese »Verführbarkeit zur Entgrenzung«, eine zu große Verfügbarkeit des Einzelnen, unbezahlte Mehrarbeit und zunehmenden sozialen Druck, die eigene Privatzeit der Arbeit zu opfern. Dabei beruhen sowohl »Work-Life-Balance« als auch »Work-Life-Blending« auf einem Denkfehler. Beide Konzepte gründen auf der Gegenüberstellung von Arbeit und Leben. Auch wenn die »Blending«-Variante genau diesen Gegensatz aufzuheben versucht, fußen beide Sichtweisen auf der Arbeit als dem wichtigsten Lebensbaustein. Bei der »Balance« geht es darum, die Arbeit als wichtigsten Baustein dem Leben gegenüberzustellen. Sie können gern die Gegenprobe machen und versuchen, sich in »Family-Life-Balance« oder »Hobby-Life-Balance« hineinzudenken. Das fühlt sich schräg an und ist es auch. Nur die Arbeit, also »Work«, hat für uns so viel Gewicht, dass wir es als Singulum dem Leben, dem »Life«, gegenüberstellen. Wir sind eben eine Arbeits- und Leistungsgesellschaft und haben das Diktum der Arbeitsmoral seit über 400 Jahren mit der Muttermilch aufgesogen. Arbeit ohne Leben? Kommt vor. Leben ohne Arbeit? Das geht in den Augen vieler Menschen gar nicht.

Es gilt die Dialektik von Arbeit und Leben aufzulösen

Daher ist »Work-Life-Blending« gut gemeint, aber schlecht gemacht. Es hebt die Dialektik von Arbeit und Leben nicht auf. Auch hier bleibt Leben separat; es muss eben irgendwie in die Arbeit hinein »überblendet« werden. Arbeit bleibt weiterhin das dominante Element, dem sich das Leben unterzuordnen hat. Dass das keinen Sinn ergibt, ist offensichtlich. Arbeit ist ein Teil des Lebens, nicht umgekehrt. Einfache Mengenlehre. Wer nicht mehr lebt, für den spielt auch Arbeit keine Rolle mehr. Es bleibt daher nur eine Lösung: *die Dialektik von Arbeit und Leben aufzulösen.* Ursprünglich gab es diese Dialektik auch gar nicht, denn Arbeit ist ein Teil des Lebens, immer schon gewesen. Nur wir haben ein postmodernes »sine qua non« daraus gemacht, einen Lebensmittelpunkt, einen Fetisch, eine Signatur unserer überdrehten Leistungsgesellschaft. Das ist nicht im Sinne einer gesunden Gesellschaft, nicht im Sinne eines gesunden Menschen und auch nicht im Sinne von New Work.

An dieser Stelle sollte man einen Schritt weitergehen und beide Begriffe, »Work-Life-Balance« und »Work-Life-Blending«, ersetzen. Und zwar durch »Life-Blending«. »Life-Blending« bedeutet Folgendes: Erstens löst man den illusorischen Gegensatz von Arbeit und Leben auf. Arbeit ist einer von mehreren Lebensbereichen, die alle wichtig sind (»Life«). Zweitens betont man das aktive Organisieren des eigenen Lebens, das Überblenden, das Mischen (»Blending«). Dieses ist ja tatsächlich herausfordernder als früher. Der Einzelne muss mehr entscheiden und managen als noch vor 20 oder gar 40 Jahren. In diesem Sinne ist Life-Blending kein Nullbegriff, kein überflüssiges »Buzzword«, sondern eine zentrale Anforderung an jeden Menschen der Postmoderne. Worauf es ankommt, ist, den Blick zu weiten, weg von der Arbeit als zwanghaftes Gegenüber des Lebens, hin zu den vielen Qualitäten und Möglichkeiten, die das Leben bietet.

Wie überblendet man nun die unterschiedlichen Bereiche des eigenen Lebens? Wie soll man herausfinden, was für einen selbst sinnvoll ist (nicht nur in der Arbeit)? Für den Beruf wurden weiter oben bereits verschiedene Möglichkeiten skizziert. Für das Leben insgesamt kann jeder Einzelne nach dem suchen, was ihn antreibt, was ihn motiviert, was er *braucht*, um glücklich zu sein. Bedürfnisse geben uns die Antwort auf die Frage »Wie will ich leben?«, und dies in ganz unterschiedlichen Kontexten: mit Blick auf die Arbeit, die Familie, die Hobbys und so weiter. Bedürfnisse liegen als Urgrund unter den verschiedenen Bühnen und Rollen unseres Alltags. Sie manifestieren sich in unterschiedlichen Momenten. Das Bedürfnis fragt nicht, ob man in der Werkshalle steht oder in der Kirche, am Wickeltisch oder am Nordseestrand. Bedürfnisse erzeugen Lust, erzeugen Freude in einem sehr grundsätzlichen Sinne. Im Bedürfnis erkennen wir unseren nächsten Schritt zum persönlichen Wachstum. Wir erkennen, was wir brauchen. Das geht über Wohlfühl- und Wellness-Aspekte hinaus. Bedürfnisse sind unser Kompass auf dem Weg zu einem erfüllten Job, einem glücklichen Familienleben und nicht zuletzt auf dem Weg zu einem in sich ruhenden Ich.

Die psychologische Forschung hat unterschiedliche Bedürfniskataloge zusammengestellt; diese sind verknüpft mit Namen wie Abraham Maslow, der eine Bedürfnishierarchie[121] entwickelt hat, oder David McClelland, der sich auf die drei Grundbedürfnisse Macht, Leistung und Zugehörigkeit fokussierte[122]. Ausgehend von diesen beiden Autoren (und anderen), möchte ich im Folgenden kurz einen eigenen kleinen Katalog, auch im Sinne des New Work, vorschlagen:

- Ein grundlegendes Bedürfnis des Menschen liegt im Wunsch nach **Sicherheit**. »Sicherheit« verstehe ich hier sowohl in der Sicherung physiologischer Bedürfnisse (nach Nahrung, Getränken, Schlaf, Sex etc.) als auch in psychologischer Hinsicht (Abwesenheit von Angst, die Bevorzugung von Bekanntem gegenüber Unbekanntem, finanzielle Sicherheit etc.). In diesem Sinne wären hier die ersten beiden Stufen der Maslowschen Hierarchie zusammengefasst.

- Zweitens gibt es ein mächtiges menschliches Bedürfnis nach **Zugehörigkeit** (ein Hauptmotiv bei McClelland genauso wie bei Maslow). Wir wollen uns geborgen fühlen, Teil einer Gruppe sein. Je echter und unmittelbarer wir uns in dieser Gruppe austauschen können, desto befriedigender. Das muss nicht immer positiv sein. Die »dunkle Seite« dieses Bedürfnisses findet man zum Beispiel in Gestalt von Hassseiten im Internet, die einen Spiegel bilden für die eigene Destruktion. Man hasst nicht nur, sondern fühlt sich im Hass verbunden.

- Drittens haben Menschen ein Bedürfnis nach **Selbstwirksamkeit**. Darunter fasse ich die beiden Motive »Leistung« und »Macht« von McClelland ebenso wie die Faktoren »Individualbedürfnis« und »Selbstverwirklichung« von Maslow zusammen. Selbstwirksamkeit zielt ab auf die erlebte Souveränität und Handlungsfähigkeit zwischen Anforderung und Ressourcen. Man könnte es auch »angemessene Leistungsreaktion auf eine externe Anforderung« nennen. Ob daraus eine Machtwirkung entsteht, ist zweitrangig. Auch Machtdynamik ist ein Ergebnis der Selbstwirksamkeit.

- Viertens schließlich ist das Bedürfnis des Menschen nach **Transzendenz** zu nennen. Maslow selbst hat dieses Bedürfnis kurz vor seinem Tod postuliert und an die Spitze seiner Bedürfnishierarchie gestellt. Transzendenz als Erkennen eines sinnhaften Daseins, als Erklärungssystem für das Leben, die Welt und die eigene Existenz darin begleitet die Menschheit seit ihren Anfängen. Die Frage nach dem Sinn, nach der Gestalt unseres Lebens und dem »Darüberhinaus« scheint uns Menschen als bewussten Wesen eingepflanzt zu sein.

Life-Blending bedeutet, allen vier menschlichen Bedürfnissen – Sicherheit, Zugehörigkeit, Selbstwirksamkeit und Transzendenz – den Raum zu geben, den sie im Leben brauchen. Das ist interindividuell (von Person zu Person) und auch intraindividuell (innerhalb des Lebens einer Person) sehr unterschiedlich. Daher bedeutet Life-Blending, diese Bedürfnisse zu erkennen und aktiv anzusteuern, egal, ob im Beruf, im Hobby oder in der Familie. Life-Blending dient als Werkzeug für New Work. New Work ermuntert den Menschen, seine Bedürfnisse im Hinblick auf sein Leben, auf das, was er »wirklich, wirklich tun will«, zu erkennen. Damit er den Mut aufbringt, seinen Bedürfnissen zu folgen. Der Mensch, der man sein will, mit der Arbeit, die man tun will, gestaltet das Leben so, wie er es leben will. Das ist die Hoffnung von New Work.

Zusammenfassung

New Work geht über die Gestaltung von Arbeitsbedingungen hinaus. Es fragt in einem sehr grundsätzlichen Sinne den Menschen: Wer bist du? Was willst du arbeiten? Wie willst du leben? Diese Fragen und den Weg zu den Antworten fasst New Work im Konzept des Callings zusammen.

Das Verwirklichen des Callings, der beruflichen Vision, erfordert den selbstwirksamen, souveränen Menschen. Grundlage hierfür ist eine dreifache Verwurzelung: in der Herkunftsfamilie, im sozialen Hier und Jetzt und in der Transzendenz. Diese Verwurzelung ist keine Einschränkung der Bewegungsfreiheit, im Gegenteil. Die Klärung der Herkunftsfamilie, ein starkes soziales Netz und die Verankerung in einem Glaubenssystem schaffen erst die Sicherheit, sich ins Weite, ins Leben zu wagen.

New Work bekräftigt die existenzielle Verwurzelung des Menschen mit der generellen Forderung nach mehr Vertrauen im Organisationskontext. Wenn Vertrauen Kontrolle ersetzen soll, brauchen Menschen solides Vertrauen zu sich selbst, das über die Arbeit hinausgeht. So agieren sie aus einer Sicherheit heraus und können sich der flexiblen, unsicheren, unvorhersehbaren Arbeitswelt stellen.

In der Frage der Berufswahl und der beruflichen Veränderung zeigt sich New Work vorsichtig. Überhastete Stellenwechsel oder das Aufgeben bisheriger beruflicher Erfahrungen und Qualifikationen erscheinen unangebracht. New Work betont das Überwinden der »Armut der Begierde« und setzt auf eine Plus-Motivation, ein »Hin zu« als Voraussetzung für das Finden eines erfüllenden Berufes.

Der Weg in eine erfüllende Aufgabe braucht Sorgfalt und einen langen Atem. New Work betont, dass eine plötzliche Erleuchtung ebenso unwahrscheinlich ist wie der Traumberuf für alle Zeiten. Auch Rückschläge und Irrtümer gehören zum lebenslangen Lernprozess der Arbeit. Eine solche Haltung erscheint im Kontext der sich rasch wandelnden Welt und ihrer

Bedürfnisse nur angemessen und fördert eine »achtsame Flexibilität« gegenüber der dynamischen Berufswelt.

Es gibt verschiedene Wege, die Armut der Begierde zu überwinden und zur Arbeit, die man wirklich, wirklich tun will, vorzustoßen: eigenes Nachdenken, Praktika, eine Karriereberatung, Testdiagnostik. Nach dem Konzept von New Work ist das tatsächliche Tun, das praktische Ausprobieren einer neuen Arbeit die beste Methode. Hierfür müssen Ausbildungs- und Berufssysteme allerdings durchlässiger werden, um auch erfahrenen Kräften einen Wechsel zu ermöglichen.

Vorschläge hierzu wären ein Ausbau der Teilzeit, die Einführung eines Bildungsgeldes, Potenzialanalysen für Schüler, innerbetriebliche Praktikumstage für erfahrene Arbeitskräfte, Laufbahnberatung als festes Instrument der Personalentwicklung, Einführung von Lernzeitkonten, Design eines standardisierten Kompetenzportfolios und die Kopplung von Unternehmenszielen an die Weiterbildung.

Viele Menschen sind überfordert von der multioptionalen Gesellschaft und ihren Möglichkeiten für das Individuum. Trotzdem muss jeder Mensch für sich klären, wie er leben will, welchen Stellenwert die Arbeit haben soll und was sein Leben lebenswert macht. Er muss zum Manager seines Lebens werden.

Hierbei hilft das Konzept der Work-Life-Balance nicht weiter. Arbeit und Leben durchdringen sich, wechseln sich dynamisch ab. Eine zeitliche und örtliche Trennung, wie sie »Work-Life-Balance« suggeriert, ist nicht mehr zeitgemäß. Auch der Nachfolgebegriff »Work-Life-Blending« ist keine große Hilfe. Immer noch wird Arbeit getrennt vom Leben betrachtet und eine künstliche Dialektik aufrechterhalten.

Daher sollte der Begriff »Life-Blending« eingeführt werden. Er hebt die Arbeitssphäre nicht künstlich heraus und betont ebenfalls das Überblenden der Lebensbereiche. Life-Blending kennzeichnet den bisherigen Endpunkt postmoderner Individualität.

Um das eigene Leben im Sinne des Life-Blendings zu gestalten, sollte man den eigenen Bedürfnissen folgen: Sicherheit, Zugehörigkeit, Selbstwirksamkeit und Transzendenz. Jeder Mensch hat diese Bedürfnisse in unterschiedlicher Weise. Sie zu identifizieren und ihnen zu folgen, ist Kennzeichen eines reifen Lebens im Sinne des New Work.

Kompetenzen für die Arbeitswelt von morgen

New Work beginnt nicht mit der Implementierung von Projektteams oder der Flexibilisierung der Arbeitswelt, sondern mit der bewussten Betrachtung des eigenen Lebens. Frithjof Bergmann, der Begründer von New Work, widmet sich in seinem Werk über weite Teile der Freiheit und dem Freiheitsbegriff – was auch sein Konzept von New Work beeinflusst hat. Man sollte New Work daher nicht nur im Sinne einer Steigerung des ökonomischen Prinzips verstehen oder als Instrument zur Steigerung der Effektivität und der Effizienz. Das New-Work-Konzept denkt den Menschen von seiner Freiheitsliebe her; es geht von einem sinn- und freiheitssuchenden Kern des Menschen aus. Diese Suche sollte er auch in seiner Arbeit fortsetzen können. Hier verschränkt sich New Work mit anderen psychologischen, soziologischen oder ökonomischen Theorien wie der Theorie Y, der Positiven Psychologie, der Humanistischen Psychologie oder der Salutogenese.

Vom Kennen zum Können – Personale Kompetenzmodelle

Auf der praktischen Ebene stellt sich die Frage: Wie kann ein Mensch seinen Alltag in der neuen Arbeitswelt im Geiste des New Work gestalten? Welche Fähigkeiten braucht er für das Bewältigen digitalisierter Prozesse, für das Arbeiten im Netzwerk, für ständig wechselnde Projektteams und eine entgrenzte Kommunikation?

Betrachtet man gängige Kompetenzmodelle aus dem Bereich des Personalmanagements, lassen sich die geforderten Fähigkeiten von Fach- und Führungskräften auf drei grundsätzliche Bereiche verteilen.

- An erster Stelle steht die **Fachkompetenz**. Man sollte für seine Aufgabe einen gewissen fachlichen Hintergrund mitbringen, Ausbildung und Erfahrung. Dabei lässt sich die Landschaft der vermittelten Qualifikationen nicht mehr so klar kartografieren wie früher. Man nehme als Beispiel die Psychologie: Früher gab es Magister- und Diplom-Studiengänge, in der Regel mit einem festen Katalog von Kernfächern. Natürlich gab es von Universität zu Universität Unterschiede, doch der Kanon der Kernqualifikationen ähnelte sich stark. Erst auf einer zweiten Stufe (zum Beispiel nach dem Vordiplom) differenzierte sich die Ausbildung in unterschiedliche Schwerpunkte: Rechtspsychologie, Arbeitspsychologie, Gerontopsychologie und so weiter. Heute entwirft jede Hochschule ihren Lehrplan souverän, der Bachelor-Baukasten macht's möglich. Das reduziert die Vergleichbarkeit von Ausbildungen und führt bisweilen zu seltsamen Spezialisierungen, die einem grundlegenden Lernprinzip – nämlich vom Allgemeinen zum Speziellen fortzuschreiten, erst die Basis zu legen und dann zur Anwendung zu kommen – widersprechen. *Before you can break the rules, you have to master them.* In der Praxis bedeutet eine Umkehrung dieses Prinzips einen Flickenteppich der Qualifikationen und damit der Fachkompetenz aus Quereinstiegen, unterschiedlichen Ausbildungsschwerpunkten und -niveaus, Learning by Doing und innerbetrieblicher Weiterbildung. Das neue Modell muss nicht schlechter sein als das alte. Die Halbwertszeit von Wissen verkürzt sich und ständiges Lernen in einem Fach wird in unseren Zeiten zur Pflicht. Wichtig ist, dass sich der Erwerb und die Pflege von Fachkompetenz in den letzten Jahren enorm verändert haben und noch stark verändern werden.

- An zweiter Stelle ist die **Selbstkompetenz** zu nennen. Der reflektierte Umgang mit der eigenen Person, der eigenen Wirkung und der persönlichen Entwicklung wird zu einem zentralen Element beruflicher Fähigkeiten. Hier schließt sich der Kreis zum vorigen Kapitel. Während die Fachkompetenz die Frage »Was tust du?« betrifft, beleuchtet die Selbstkompetenz die Frage »Wer bist du?«. Der Mensch, das selbstwirksame Ich, handelt auf Basis mehr oder weniger ausgeprägter Selbstreflexion. Da unsere Arbeitsprozesse immer vernetzter werden und wir immer dichter zusammenarbeiten, wird eine Wahrnehmung und Steuerung der eigenen Gedanken, Gefühle und Taten noch wichtiger. Ökonomisch betrachtet, wird der Mensch zum unverzichtbaren Produktionsfaktor, der seine Selbstkompetenz – zum Beispiel durch ein Business-Coaching – verbessern will. Peter Senge nennt dies in seinem Konzept der lernenden Organisation »Personal Mastery«. Diese gehe »über Kompetenz und Fachwissen hinaus, auch wenn sie in Kompetenz und Fachwissen gründet. Sie reicht über geistige Entfaltung oder Öffnung hinaus, auch wenn sie geistiges Wachstum voraussetzt. Personal Mastery bedeutet, dass man an das Leben herangeht wie an ein schöpferisches Werk und dass man eine kreative im Gegensatz zu einer reaktiven Lebensauffassung vertritt. […] Menschen mit einem hohen Grad an Personal Mastery leben, um zu lernen. Sie ›kommen niemals an‹.«[123] In der beruflich angewandten Selbstkompetenz verbinden sich Ethik und Ökonomie: Was gut ist für die persönliche Entwicklung, ist auch gut für das Organisationsergebnis.

- Als logische Folge bildet die **Sozialkompetenz** ein weiteres Element gängiger Kompetenzmodelle. Man ist nicht nur gefordert, mit sich selbst zurechtzukommen, sondern auch mit anderen Menschen, mit Kollegen, dem Chef, schwierigen Kunden. Selbst- und Sozialkompetenz entwickeln sich im Lauf des Lebens dynamisch, sie greifen ineinander. Man testet Verhalten und lernt aus den Reaktionen anderer, ob das

Verhalten funktioniert, ob es sozial erwünscht ist oder nicht. Im Umkehrschluss verarbeitet man dieses soziale Feedback und ist aufgrund von Selbstreflexion fähig, das eigene Handeln anzupassen. Sonst bleibt man immer wie ein Hammer, für den alles um ihn herum ein Nagel ist: unflexibel im Umgang und mit einer Lernkurve gegen null. Die Sozialkompetenz unterliegt in der Personalentwicklung allerdings einem gefühlten Widerspruch: Obwohl man von der Wichtigkeit dieser Soft Skills überzeugt ist, tut man wenig für deren Professionalisierung. Viele Fach- und Führungskräfte unterliegen dem Irrtum, durch Lebenserfahrung bereits ihren Doktor gemacht zu haben. Dabei kommen manche im übertragenen Sinn gerade mal aus der Grundschule.

Die drei Kompetenzbereiche Fach-, Selbst- und Sozialkompetenz lassen sich relativ einfach zusammenfassen: Man sollte sein Fach beherrschen, mit sich selbst zurechtkommen und konstruktiv mit anderen zusammenarbeiten. Natürlich stehen diese drei Bereiche nicht getrennt nebeneinander. Sie überlappen und durchdringen sich. Daher definiert die moderne Psychologie und Pädagogik zwei weitere Kompetenzen, die als Querschnitt alle drei Bereiche durchdringen.

- Einen offensichtlichen Querschnitt bildet die **Methodenkompetenz**. Mit ihrer Hilfe beherrscht man Instrumente, Prozesse und Aufgaben innerhalb seines Fachgebietes. Auch die Fertigkeit des Lernens an sich gehört zur Methodenkompetenz. In gewisser Weise bildet diese Kompetenz den klassischen Schnittpunkt aus Selbst-, Sozial- und Fachkompetenz. Beispielsweise sollte eine Führungskraft mit der Methode des Mitarbeitergesprächs vertraut sein. Darüber hinaus versteht sie etwas von ihrem Fach und besitzt hoffentlich eine gute Portion Selbstreflexivität und Empathie für ein gelungenes, konstruktives Mitarbeitergespräch. Das Gleiche gilt für Meetings, Projektmanagement oder Teaminstrumente wie die kollegiale Beratung. Die Methodenkompetenz verdichtet sich zum Werkzeugkoffer des beruflichen Alltags, wobei der Schritt vom Kennen zum Können entscheidend ist. Für alle Kompetenzen, aber besonders für die Methodenkompetenz als Querschnittkompetenz gilt: Übung macht den Meister.

- Eine fünfte wichtige Fertigkeit bildet die **Handlungskompetenz**. Auf das Kennen und Können folgt die ergebnisorientierte Umsetzung. »Handlungskompetenz« bedeutet nicht, einfach zu machen. Sie bedeutet, unter Abwägung verfügbarer Informationen Situationen zu analysieren, Entscheidungen zu treffen und diese in sinnvolle, zielgerichtete Handlungen zu übersetzen. Dabei meidet Handlungskompetenz einerseits blinden Aktionismus und andererseits exzessive Detailplanung. Das eine wie auch das andere verhindern maßvolles, wirksames Handeln. Handlungskompetenz ist immer im Spannungsfeld zwischen stabilen Gewohnheiten und flexiblen Lösungen angesiedelt. Es gilt einerseits das Prinzip des Lernens aus Erfolg und Misserfolg als Bereitschaft zur Anpassung und andererseits das Durchsetzen eigener Denk- und Willensmuster über die Zeit hinweg. Konkret mündet das in der Frage: Passe ich mich der Umwelt an oder passt sich die Umwelt mir an?

Das eben geschilderte Kompetenzmodell bildet die Grundlage für die moderne Arbeitspsychologie im Allgemeinen und die Personalentwicklung im Besonderen. Die drei Säulen aus Fachkompetenz, Selbstkompetenz und Sozialkompetenz formen mit ihren Querstreben Methodenkompetenz und Handlungskompetenz ein stabiles Gerüst an Fertigkeiten, die der arbeitende Mensch beherrschen sollte. (Nebenkompetenzen wie die interkulturelle Kompetenz seien für die aktuelle Diskussion außen vor gelassen; hier handelt es sich um »Satellitenkompetenzen«, die sozusagen an das Gerüst andocken, aber für unsere Betrachtung nicht zentral sind.) Das Modell ist über die Zeit ausreichend diskutiert, verbessert und ausgebaut worden. Es hat sich für die Einteilung und Überprüfung von individuellen Kompetenzen bewährt. Warum also es in einem Buch über New Work neu verhandeln?

Um diese Frage zu beantworten, müssen wir uns den Grundgedanken, den Geist von New Work ins Gedächtnis rufen. New Work will den Menschen vom Joch geisttötender, krank machender Arbeit befreien und ihn in die Lage versetzen, eine Arbeit zu finden und zu tun, die er »wirklich, wirklich will«. Damit dies gelingt, braucht der Mensch charakterliche Fertigkeiten: Mut (statt Angst), Freiheitsliebe (statt Unterordnung), den »Reichtum der Begierde« (statt der von Bergmann diagnostizierten heutigen »Armut der Begierde«), ein selbstwirksames Ich (statt eines überforderten Ich) und Vertrauen (statt Misstrauen).

Diese charakterlichen Fertigkeiten lernt man nicht in einem Zwei-Tage-Seminar. Sie bilden sich über einen langen Zeitraum hinweg und betreffen den ganzen Menschen, nicht nur die Teilperson in ihrer Arbeitsrolle. Daher muss man die Frage »Wie beeinflusst New Work das herkömmliche Kompetenzmodell?« paradox beantworten: einerseits gar nicht und andererseits absolut grundlegend. New Work hat auf die direkte Ausgestaltung der fünf Kompetenzbereiche wenig Einfluss. Die fünf Felder Fach-, Selbst-, Sozial-, Methoden- und Handlungskompetenz bleiben auch in einer Arbeitswelt des New Work wichtig. Gleichzeitig stellt New Work an den Menschen, der sich diesen Kompetenzfeldern widmet, neue Herausforderungen. New Work provoziert eine Bewegung der Aufklärung. Der arbeitende Mensch soll fähig und willens sein, sich seines eigenen Verstandes mit allen Konsequenzen zu bedienen. Um im Bild der Säulen und Querstreben zu bleiben: New Work bildet den Boden, auf dem dieses Gerüst steht. Es ist also der *Geist* des New Work, der ein Mitarbeitergespräch prägt, und nicht eine grundlegend neue Gesprächstechnik. Es ist der *Geist* des New Work, der eine Gehaltsmatrix durchweht, und nicht ein ausgefeiltes Personalverwaltungsinstrument. Am ehesten könnte man diese Fertigkeit als *Haltung*, als *charakterliche Kompetenz* bezeichnen, die als fundamentale Grundlage alle fünf Kompetenzen durchzieht. Versteht man die Kompetenzfelder als Individualkompetenzen, kann man vielleicht sogar von einer *Metakompetenz* sprechen. Vor die Bildung des Hirns setzt man damit die Bildung des Herzens. Und das ist im Sinne von New Work tatsächlich revolutionär.

Vom Ich zum Wir – Zum Begriff systemrelevanter Kompetenzen

Ein Kompetenzmodell trägt, wie eben beschrieben, implizit individualistische Züge. Mit »Kompetenzen« beschreiben wir in der Regel Fertigkeiten einzelner Menschen. Wir gehen von einer Person als Kompetenzträger aus, manchmal auch von einer Gruppe, beispielsweise im Konzept der »Schwarmintelligenz«. Doch egal, ob wir eine Person, ein Team, eine Organisation oder eine Gesellschaft als Wirkungsebene betrachten, sollten wir Kompetenzen von ihrem Ende her, von ihrer Wirkung für ein System her denken. Wir sollten versuchen, »systemrelevante« Fertigkeiten von Individuen und Gruppen zu identifizieren und zu kultivieren. Genau wie bei »systemrelevanten« Banken, die in der Finanzkrise vom Staat gerettet werden mussten, lohnt sich ein Blick auf systemrelevante Fertigkeiten. Wie die moderne Organisationsforschung feststellt, ist »die Leistung eines Systems […] eben nicht die Summe der Leistungen der einzelnen Teile, sondern das Produkt der Interaktionen zwischen den Teilen«[124]. Wir müssen den Blick weiten, weg vom individualistischen Kompetenzbegriff hin zur Qualität und Kompetenz der Interaktion. Darum sollten wir uns verstärkt solchen systemrelevanten Fertigkeiten – auch im Sinne des New Work – widmen. Denn die Arbeitswelt unterliegt großen und schnellen Veränderungen und wird das auch in Zukunft tun.

Am offensichtlichsten lassen sich diese Veränderungen als *Zunahme von Komplexität* beschreiben. Diese Zunahme von Komplexität wird meist negativ bewertet; sie scheint dem menschlichen Drang nach Ordnung und Planung zu widersprechen und wird von vielen Menschen als Belastung erlebt. Darüber hinaus gründet praktisch die gesamte Management-Literatur auf relativ einfachen Ursache-Wirkungs-Beziehungen, auf der Vorherrschaft des Linearen. Dieser lineare Geist und das Wesen der tayloristisch-bürokratischen Organisation durchdringen sich und prägen die Sprache der Arbeit. »Befehlskette«, »Prozessbeschreibung« oder die »Pfadabhängigkeit« sind Begriffe aus der Welt der einfachen, linearen Ursache-Wirkungs-Prinzipien.

In diese stabile, überschaubare, berechenbare Welt bricht nun die Komplexität ein wie ein Löwe in eine Büffelherde, mit einer Geschwindigkeit, der man oft fassungslos gegenübersteht. Der Begriff der »Disruption« oder der »disruptiven Technologie« kennzeichnet dieses überfallartige Erscheinen neuer Geschäftsmodelle, Organisationen und Technologien, die ganze Branchen auf den Kopf stellen. Das mentale Modell der Individualisierung, der Personenzentrierung inklusive der personalen Kompetenzmodelle ist einer solchen Zunahme von Komplexität nicht mehr gewachsen und für die moderne Unternehmensführung von »postbürokratischen Organisationen« (Stefan Kühl) zunehmend ungeeignet.

Disruption – überfallartig erscheinen neue Geschäftsmodelle und Technologien

Dabei ergänzen und verstärken sich unterschiedliche Prozesse der Komplexität. Wie sich überlagernde Meereswellen bilden sie schließlich eine alles verschlingende Tsunami-Welle: Auf der Seite des *Marktes* erleben wir eine immer stärkere Globalisierung, kürzere Innovationszyklen und unvorhersehbare Konkurrenzsituationen. Auf der Seite der *Technologie* finden wir uns wieder in einer Welt der fast kompletten Digitalisierung, die Geschäftsmodelle, Prozesse und Kommunikation beschleunigt und verdichtet. Auf der Seite der *Organisation* sind wir mit neuen Modellen der sozialen Beteiligung und der Entscheidungsfindung konfrontiert. Und auf der Seite der *Aufgabe* sehen wir uns einer zeitlichen, örtlichen und funktionalen Entgrenzung genauso gegenüber wie dem Paradigmenwechsel von Zeitplanung zu Zeitimprovisation.[125] Alle vier Bereiche in Form von Markt, Organisation, Technologie und Aufgabe werden aus der Perspektive des Einzelnen immer unübersichtlicher, unbeherrschbarer. Unser analytisch geprägter Verstand verfügt jedoch nur über eine begrenzte Rechenleistung. Zu viele Variablen verwirren und verunsichern ihn. Manche Zeitgenossen treten deshalb die Flucht nach vorn an und preisen das Gefühl und die Intuition als ausschlaggebende Entscheidungsinstanz. Letztlich ist das aber eine Kapitulation vor der Informationsfülle und der Unübersichtlichkeit der Situation.

Wie kann man dieser neuen Urgewalt, dieser »Überkomplexität« begegnen, wie sie meistern? Der erste Reflex besteht meist im Versuch der *Reduzierung* von Komplexität. Man versucht, komplexe Wechselwirkungen, Feedback-Schleifen etc. mit linearen Mitteln in den Griff zu bekommen: mit neuen Anweisungen zur Korruptionsbekämpfung etwa oder mit Server-Abschaltungen zur Eindämmung des E-Mail-Verkehrs. Stefan Kühl beispielsweise teilt die Mechanismen zur Komplexitätsreduzierung in Outsourcing, Technisierung und Kontextsteuerung ein.[126]

Outsourcing verlagert ganze Prozesse und Geschäftsbereiche aus der Organisation heraus, in der Hoffnung, die Gründung einer externen Organisationseinheit oder eine fremde Organisation könnte das Problem besser lösen: die sprichwörtliche Entscheidung »Make or buy«. Dabei wird Komplexität nicht reduziert, sondern verlagert. Aus der Komplexität der Produktion im eigenen Haus wird die Komplexität der Koordination. Man hat das Organigramm gesäubert, aber unter der Decke schwelen die Kommunikations- und Koordinationsprobleme. Es entstehen erhebliche Reibungsverluste, die den Aufwand an Zeit und Geld für ein Outsourcing nicht immer aufwiegen.

Technisierung gilt in vielen Organisationen ebenfalls als Heilsbringer. Man müsse nur digitaler werden, online kommunizieren oder massiv automatisieren. Dass Technisierung kein Selbstzweck ist, sondern sich immer der Sinnfrage stellen muss, dringt erst allmählich durch. Wenn man einen verkorksten Prozess hat und ihn digitalisiert, ist es eben ein digitaler verkorkster Prozess. Die versprochene Vereinfachung, die Reduzierung von Komplexität tritt oft nicht ein: »Es ist die ›Ironie‹ der Technisierung und Automatisierung […], dass zwar durch Technik elementare Abläufe vereinfacht […] werden, gleichzeitig jedoch Kontrollen auf höherem Niveau

[...] nötig werden.«[127] Technisierung selbst schafft neue Komplexität, indem man erstens die neue Technik wiederum beschaffen, installieren und koordinieren muss, zweitens die Mitarbeiter dafür schulen und drittens Regeln für deren Einsatz festlegen muss.

Kontextsteuerung schließlich besteht in dem Versuch, organisatorische und kulturelle Leitplanken für die Mitarbeiter zu setzen, und zwar so, dass sich der Mitarbeiter nicht gegängelt fühlt. Aus diesem Grund werden Kommissionen gebildet, Workshops zur Wertefindung und andere Instrumente ausprobiert. Man kann sich hier aus einem großen Arsenal von Methoden bedienen, die durchaus auch aus dem Dunstkreis von New Work kommen, etwa Führungskräftewahl, Entscheidungen nach Konsent (nicht Konsens) oder Open Spaces. Auf den ersten Blick erscheint die Kontextsteuerung daher wie ein sinnvolles Instrument der neuen Arbeitswelt. Doch das Komplexitätsproblem löst auch sie nicht. In der Realität schafft man damit einen Flickenteppich von kleinteiligen Kontexten, von Wirklichkeiten in der Organisation, die wiederum nach Koordination verlangen.

Wir dürfen dem Impuls zur Reduzierung der Komplexität nicht nachgeben. Tun wir das, schaffen wir nur oberflächlich Ordnung. Wir lagern Prozesse aus und müssen sie mühsam wieder mit internen Abläufen koordinieren. Wir digitalisieren Dokumente und bekommen Probleme mit unserer externen Kommunikation. Wir machen Werte-Workshops und können die Erwartungen der Mitarbeiter nicht in die Praxis umsetzen. Die Komplexität sucht sich ihren Weg. Die Lösung: Wir sollten die Komplexität umarmen. Wir müssen fragen: Welche Fertigkeiten brauchen wir, um in komplexen, dynamischen Systemen möglichst reibungsfrei zu arbeiten? Ein Boxer geht in den Infight, wenn er merkt, dass der Gegner Vorteile in der Reichweite hat. Dann ist die Mitteldistanz am gefährlichsten. Entweder man ist ganz weit weg oder ganz nah dran. In der Mitteldistanz hat man verloren. Die Mitteldistanz, das ist die heutige Situation vieler Organisationen: konfrontiert mit der komplexen Arbeitswelt, aber mit zu kurzen Armen, um wirklich zu punkten.

Die Organisationen, die das bemerken und ändern wollen, gehen auf Distanz: Komplexität reduzieren, heißt die Devise. Raus aus der Kampfzone, Atem holen. Aber der Gegner rückt ständig nach. Also bleibt die dritte Alternative: ran an den Gegner, in den Infight. Die Komplexität umarmen, fühlen, akzeptieren.

Das geschieht am besten mit systemrelevanten Fertigkeiten. Wir sollten das personale Kompetenzmodell um Fertigkeiten erweitern, die sich der modernen Komplexität anpassen können: »Das Problem besteht darin, dass alltägliche kognitive Fähigkeiten diejenigen sind, die man am ehesten digitalisieren, automatisieren oder auslagern kann. Es steht außer Zweifel, dass sich der Erfolg von Bildung nicht mehr länger im reinen Lernen und Wiedergeben von Wissensinhalten zeigt, sondern im Extrapolieren dessen, was wir bereits wissen, und im Anwenden dieses Wissens auf neue, unvorhergesehene Situationen. Im heutigen Bildungswesen geht es viel mehr um neue Arten des Denkens einschließlich kreativer und kritischer Herangehensweisen bei Problemlösung und Entscheidungsfindung. Es geht ebenso um die Art und Weise, wie wir arbeiten, inklusive unserer Kommunikation und Zusammenarbeit und der dafür benötigten Instrumente wie zum Beispiel die Fähigkeit, das Potenzial neuer Technologien zu erkennen und auszuschöpfen oder auch deren Risiken zu vermeiden.«[128] Kreativität, Kollaboration, kritisches Denken und Kommunikation sind nach Andreas Schleicher von der OECD solche Metakompetenzen, die in das Bildungssystem einfließen sollten und die ein Arbeitsleben in komplexen Umwelten erleichtern. »Es werden vor allem diejenigen Individuen und Länder erfolgreich sein, die sich geschickt anpassen, Neues schnell akzeptieren und offen sind für Veränderung. Die Aufgabe von Bildungsverantwortlichen und politischen Entscheidungsträgern ist es, Länder bei dieser Herausforderung zu unterstützen.«[129]

Es sind bereits mehrere Versuche gemacht worden, Kompetenzen für die Arbeitswelt des 21. Jahrhunderts festzulegen. Häufig wird als Schlüsselfertigkeit Innovationsfähigkeit genannt. Ebenso gehört der obige Katalog von Andreas Schleicher mit Kreativität, Kollaboration, kritischem Denken und Kommunikation dazu. Anja Wagner und Ole Wintermann erweitern Schleichers Aufzählung um die drei Fertigkeiten Resilienz, Empathie und Netzkompetenz und kommen zum Schluss: »Dies ist das Kompetenzprofil für das 21. Jahrhundert, aus dem heraus sich alle funktionalen Fähigkeiten ableiten lassen.«[130] Doch als Grundlage gilt: »Haltung wird in digitalen Zeiten wichtiger denn je.«[131] Hier zeigen sich Parallelen zur oben erwähnten »Metakompetenz des Herzens« und einer Charakterbildung abseits funktionaler Fähigkeiten.

Einen anderen Zugang wählt Günter Voß, der Komplexität vor allem unter dem Blickwinkel der zeitlichen, örtlichen und funktionalen Entgrenzung von Arbeit betrachtet: »Fundierte Fachfähigkeiten werden auch bei entgrenzten Arbeitskräften selbstverständlich erwartet, aber vor allem müssen sie komplexe Metakompetenzen vorweisen – d. h. Fähigkeiten zum Erwerb, zur Weiterentwicklung und Pflege sowie zur selbständigen Anwendung der unmittelbaren prozessspezifischen Fähigkeiten und Wissensgehalte.«[132] Voß gruppiert diese Metakompetenzen um die Kernanforderung der »Selbstökonomisierung« und benennt deren Varianten: Lernfähigkeit, Selbstvermarktung, Selbstmanagement, Netzkompetenz, Resilienz sowie Selbstmotivierung: »Solche Kompetenzen sind die letztlich entscheidenden Schlüsselqualifikationen […]. Das heißt aber, dass die zentralen Kompetenzen […] nicht mehr im gewohnten Sinne fachliche Fähigkeiten sind, sondern basale Lebens- und Persönlichkeitskompetenzen; […] mit der Entgrenzung von Arbeit und Arbeitskraft wird auch die praktische und theoretische Definition von ›Qualifikation‹ entgrenzt.«[133]

Ein Modell von fünf Metakompetenzen für die moderne, komplexe Arbeitswelt

Einerseits gibt es bereits eine lebhafte Debatte darüber, welche Fertigkeiten wir für die Arbeitswelt des 21. Jahrhunderts brauchen. Andererseits bedarf es einer theoretischen Fundierung. Warum betonen wir im einen Modell Resilienz, im anderen nicht? Was unterscheidet Innovation von Kreativität? Auf welchem Fundament stehen die unterschiedlichen Kataloge? Und nicht zuletzt: Wie passt New Work zu den Kompetenzmodellen der Zukunft? Gibt es überhaupt eine Verbindung oder kann sich New Work mit jedem Kompetenzmodell anfreunden? Sind die traditionellen Fertigkeiten nicht mehr wichtig? Im Folgenden will ich daher ein Modell von fünf Metakompetenzen für die moderne, komplexe Arbeitswelt skizzieren, basierend auf einem Grundsatzpapier der OECD und eigenen Überlegungen zum System- und Komplexitätscharakter der Arbeitswelt.

Ausgehend vom PISA-Prozess der Bildungsförderung, stellte die OECD bereits 2005 in einem Grundsatzpapier die Frage: »Die heutige Gesellschaft fordert das Individuum heraus, das mit Komplexität in vielen Lebensbereichen konfrontiert ist. Was bedeuten diese Herausforderungen für die Kernkompetenzen, die sich Menschen aneignen müssen?«[134] Die OECD zielt damit nicht speziell auf Kompetenzentwicklung in Organisationen ab, sondern hat das Individuum und seinen Platz in der Gesellschaft im Blick: »Globalisierung und Modernisierung erschaffen eine immer vielfältigere und sich immer stärker vernetzende Welt. Um diese Welt als sinnvoll zu erleben und in ihr zu funktionieren, müssen die Menschen beispielsweise schnell wechselnde Technologien beherrschen und mit großen Informationsmengen sinnvoll umgehen. Als Gesellschaft stehen sie ebenfalls vor kollektiven Herausforderungen – zum Beispiel, wenn es darum geht, Wirtschaftswachstum und Nachhaltigkeit bzw. Umweltschutz zu vereinbaren oder Reichtum und soziale Gerechtigkeit. In diesen Kontexten benötigen die Menschen komplexere Kompetenzen, um ihre Ziele zu erreichen, Kompetenzen, die über das Beherrschen von bestimmten, eng definierten Fertigkeiten hinausgehen.«[135]

Die OECD identifiziert drei Kategorien von Anforderungen, denen sich moderne Individuen gegenübersehen. Erstens müssten Menschen fähig sein, *moderne Werkzeuge und Technologien interaktiv zu benutzen*. Darunter fallen insbesondere das Beschaffen und Bewerten von Wissen und Informationen sowie der Umgang mit modernen (Kommunikations-)Technologien. Weiterhin sollte man *in heterogenen Gruppen interagieren können*. Diese Fertigkeit betrifft den Aufbau und Erhalt von Beziehungen, eine konstruktive Zusammenarbeit inklusive der Kompetenz zur Konfliktlösung. Als Drittes schließlich sollte man fähig sein, *autonom zu handeln*. Dazu gehören die Fähigkeit, eigenständig Lebens- und Projektpläne zu entwickeln, den Kontext seines Lebens und seiner Arbeit, »the big picture«, angemessen zu bewerten, und die Fertigkeit, eigene Rechte, Pflichten, Bedürfnisse und Begrenzungen wahrzunehmen und zu verteidigen.

Gerade die letzte Kategorie ist stark von der globalen Perspektive der OECD geprägt und von ihrem Anspruch, durch Bildung verantwortliche Bürger ihrer Gemeinden und Staaten zu formen: »Die Menschen sollten über Kernkompetenzen verfügen, mit denen sie in einer Welt klarkommen können, die von Veränderung, Komplexität und gegenseitiger Abhängigkeit geprägt ist.«[136] Doch auch die OECD betont, dass ihr Anforderungskatalog das Individuum in den Mittelpunkt stellt, keine Gruppen oder größeren sozialen Systeme: »Das hier beschriebene Konzept bezieht sich auf Fähigkeiten von Individuen, weniger auf kollektive Fähigkeiten von Organisationen oder Gruppen. Dennoch beeinflusst die Summe der Individualkompetenzen die Fähigkeit, gemeinsame Ziele zu erreichen.«[137] Vom psychologisch-soziologischen Standpunkt aus unterschlägt die OECD damit hilfreiche Dynamiken und Fertigkeiten von Gruppen. Sie streift höchstens Konzepte wie Peter Senges Fünfte Disziplin oder die Systemtheorie Luhmanns, ohne allerdings ihre Wirkung auf personelle Fertigkeiten zu überprüfen.

Eine solche Überprüfung, eine verkettete Analyse von persönlichen Fertigkeiten im systemischen Kontext, wäre für die Zukunft des vernetzten Arbeitens sehr hilfreich, da sie das Zusammenspiel von Person und Gruppe und das Handeln in Systemen beleuchtet. Auch wenn eine solche Überprüfung und Formulierung »systemrelevanter Kompetenzen« hier nicht erschöpfend dargestellt werden kann, seien doch einige Gedanken zu den Merkmalen eines solchen Modells und daraus folgenden systemrelevanten Kompetenzen formuliert.

Reif für die INSEL – Fünf systemrelevante Kompetenzen

Ein Modell systemrelevanter Kompetenzen sollte folgende Merkmale erfüllen: Erstens müsste es eine gewisse theoretische Orientierung aufweisen. Diese Orientierung bieten in diesem Fall die Systemtheorie nach Luhmann (für den systemischen Aspekt) und das eben dargestellte Framework der OECD (für den inhaltlichen Aspekt). Zweitens sollte ein solches Modell Bezug nehmen auf bisher gemachte Versuche, Metakompetenzen zu definieren. Neben dem Referenzmodell der OECD habe ich dafür die obigen Modelle von Voß (1998), Schleicher (2010) sowie Wagner und Wintermann (2015) ausgewählt. Drittens sollte es eine gewisse »Augenschein-Validität« aufweisen. Das heißt, bei oberflächlicher Überprüfung sollte das Modell grundsätzlich plausibel erscheinen und einer tieferen Auseinandersetzung würdig. Viertens sollte ein solches Modell die Möglichkeit der empirischen Überprüfung beinhalten. Fünftens sollten es echte Kompetenzen im Sinne von Fertigkeiten sein, die tatsächlich erlernt werden können. So stellt auch die OECD fest: »Trotz der Tatsache, dass Kompetenzen mehr als vermitteltes Faktenwissen umfassen, versteht das DeSeCo-Projekt diese Kompetenzen als Fertigkeiten, die man sich innerhalb einer günstigen Lernumgebung aneignen kann.«[138]

Im Hinblick auf diese nicht einfachen Umstände möchte ich im Folgenden ein Modell systemrelevanter Kompetenzen vorstellen: die INSEL. Das Akronym INSEL steht für die fünf Faktoren *Informativität, Netzkompetenz, Selbstorganisation, Ethos* und *Leadership*. Dieses Modell wurde bereits vor einigen Jahren von mir formuliert; die jetzige Version ist allerdings nicht mehr deckungsgleich mit der Ursprungsversion.[139]

- Der erste Faktor, **Informativität**, ist ein Kunstbegriff, zusammengezogen aus Information und Aktivität. Gegenüber der ursprünglichen Formulierung »Information« betont man damit das Interaktive, die dynamische Auseinandersetzung mit Wissen und Information in jeder Form. Information ist nichts Passives, das einfach geschieht oder das man konsumiert. Man ist auch Produzent und Umwandler von Information. Dieser Faktor entspricht dem Faktor »Interaktive Benutzung von Werkzeugen und Tools« der OECD. Auch die Kommunikation im Sinne Schleichers geht darin auf.

- Der zweite Faktor, **Netzkompetenz**, ist ebenfalls deckungsgleich mit einer Kategorie der OECD: »Interaktion in heterogenen Gruppen«. Ebenso betonen Voß sowie Wagner und Wintermann die Wichtigkeit von Netzkompetenz. Dabei stellt diese Kompetenz auf die Struktur des Informellen und Temporären ab. Arbeitsteilige Netzwerke strukturieren sich immer öfter nicht nach formellen Gesichtspunkten, sondern nach zugeschriebenen Rollen. Führung beispielsweise wird zeitlich beschränkt durch zugeschriebene Kompetenz auf einem Teilgebiet vergeben. Dieses Informelle und die ständige Umformung und Neubildung von Netzwerken verlangen dem Einzelnen eine hohe Flexibilität und soziale Fertigkeiten ab.

- Der letzte Faktor des OECD-Modells, die Fertigkeit des »autonomen Handelns«, wird nicht als solcher übernommen, sondern gesplittet: in die Fertigkeiten **Selbstorganisation**, Ethos und Leadership. Er überschneidet sich im Übrigen mit der Selbstökonomisierung aus dem Modell von Voß. Selbstorganisation – zu der Selbstmanagement, Lernfähigkeit und Selbstvermarktung gehören – betont den hohen Anteil organisationeller Tätigkeit, welche die übliche fachliche Tätigkeit immer stärker überlagert. Dabei geht es unter anderem um die Koordination von Terminen, Arbeitsorganisation in Projekten und flüchtigen Gruppen und um die Organisation von Kommunikation.

- Der vierte Faktor, **Ethos**, beschreibt die sittliche Verfasstheit einer Person, das ethische Gerüst inklusive der daraus resultierenden Lebens- und Arbeitsmotive. Darin stimmt er mit dem Faktor Selbstmotivation von Voß überein. Diese ethische Komponente hat in einem Kompetenzmodell deshalb Sinn, weil sie einerseits Einfluss auf die berufliche Motivation hat und andererseits auf die Passung mit der Organisationskultur zielt. Je höher die Integration von persönlicher Ethik und Aufgabe, desto höher ist die individuelle Motivation. Je höher die Integration von persönlicher Ethik und Organisationskultur, desto höher sind die Chancen auf Wirksamkeit im Sinne der Ich-, Du- und Wir-Dimension.

- Der fünfte Faktor, **Leadership**, betont die Wichtigkeit und Vielfalt von Führung im komplexen Arbeitsalltag. Dieser Faktor taucht in keinem anderen der zitierten Modelle auf, wird aber in der systemischen Betrachtung von Metakompetenzen durchaus interessant. Führung stellt im systemischen Kontext eine Sonderform der Kommunikation dar und geht damit über eine persönliche Kompetenz hinaus. Leadership bezieht sich daher auf den Führenden, den Geführten, ihre Beziehung und ihre Kommunikation. Außerdem betont Leadership als Metakompetenz die Wichtigkeit von Führung als Haltung, als innere Verpflichtung.

Im Hinblick auf unsere zunehmend vernetzte und komplexe Arbeitswelt, in der wir nicht mehr allein arbeiten, sondern im Sinne von Systemen als Teil von Projektgruppen, virtuellen Teams etc., sollten Metakompetenzen, die wir als Personen ausbilden, dieses System unterstützen, eben »systemrelevant« werden. Darum besteht das INSEL-Modell aus Faktoren, die im Sinne der luhmannschen Systemtheorie die Kommunikation und nicht die einzelne Person als entscheidend für ein System (Team, Unternehmen, Familie) kennzeichnen.

Informativität genau wie Netzkompetenz stellen den Aspekt des Austauschs, der gegenseitigen Befruchtung, der Kommunikation heraus. Informativität betont dabei das »Was« der Information; diese wird nach den Prinzipien der Relevanz ausgewählt und verarbeitet. Es geht um Botschaften, Medien und Sachverhalte. Netzkompetenz betont den Aspekt der Zusammenarbeit, die Fertigkeit zur Interaktion in informellen, wechselnden Beziehungsräumen. Selbstorganisation wiederum betrifft eine Person genauso wie ein System. Man könnte das Konzept der individuellen Selbstorganisation mit der Autopoiese der Systemtheorie vergleichen. Eine Führungskraft muss sich in ihrer Rolle genauso selbstständig organisieren, wie ein Team sich organisiert oder eine Niederlassung. Dasselbe gilt für Lernfähigkeit: »Lernende Person« und »lernende Organisation« sind gleichermaßen notwendig für das Agieren in komplexen Umwelten. Auch Ethos kann man auf der Ebene der Person betrachten oder auf der Ebene des Systems. In beiden Fällen dient es – bei Luhmann sogar explizit – zur Bewältigung von Komplexität. Ethos oder Sinn hat eine Entlastungsfunktion und interpretiert Kommunikation im Sinne eines festen Musters. So stellen die biblischen zehn Gebote für eine Person genauso eine Komplexitätsreduktion dar wie ein Organisationsleitbild für ein soziales System. Ethos ermöglicht die Konstruktion von Wirklichkeit und damit verbunden zielgerichtetes Verhalten. Und schließlich beleuchtet Leadership als Sonderform der Kommunikation die individuelle Ebene und die Systemebene. Leadership existiert per definitionem in einem sozialen Raum: Wenn A führt, wird B automatisch geführt. Darüber hinaus wird Führung immer mehr zu einem »fluiden«, dynamischen Konzept. In Form von Führungskräftewahlen, Führung auf Zeit oder einer bewussten Enthierarchisierung muss sich Führung bzw. Leadership als Form der Kommunikation immer neu bewähren.

Das sind in aller Kürze die fünf Faktoren »systemrelevanter« Kompetenzen, wie sie das INSEL-Modell enthält und wie sie aus dem Vergleich mit anderen Modellen extrahiert wurden: Informativität, Netzkompetenz, Selbstorganisation, Ethos und Leadership. Und ebenso wie bei traditionellen personalen Kompetenzmodellen bildet der New-Work-Gedanke hier den Nährboden. Ein Mensch des New Work agiert mithilfe der fünf INSEL-Kompetenzen in seinem beruflichen Wirkungsfeld: selbstwirksam, mutig, sinnsuchend und freiheitsliebend. In einem Resonanzprozess können sich die positiven Impulse der systemrelevanten Kompetenzen gegenseitig verstärken und so tatsächlich bewerkstelligen, dass das Ganze mehr ist als die Summe seiner Teile.

Wie kann die Entwicklung dieser Metakompetenzen gelingen? Wie kann ein Mensch, eine Organisation, ein Bildungssystem oder eine Gesellschaft insgesamt die »systemrelevanten« Fertigkeiten Informativität, Netzkompetenz, Selbstorganisation, Ethos und Leadership entwickeln und verbessern?

- Als Erstes sollte die Gesellschaft auf allen Ebenen eine ausgesprochene **Fehlerkultur** statt einer Beschämungskultur fördern. In der Gesellschaft, in Schulen und Unternehmen steht man bei Fehlleistungen noch viel zu oft am Pranger. Nicht der Fehler wird beleuchtet, sondern der Fehler machende Mensch. Dies ist für einen persönlichen Wachstumsprozess absolut kontraproduktiv. New Work fordert und fördert den Geist der Souveränität und Freiheit, aber dieser wird durch eine Unkultur der Beschuldigung und der Beschämung kleingehalten und unterdrückt. Das bedeutet nicht, Fehler zu ignorieren oder dieses Lernprinzip gering zu schätzen. Aber für das Ethos beispielsweise eines Unternehmens sollte gelten: *Tough on the issue, soft on the person. Gerade und ehrlich in der Sache, wohlwollend zur Person.*

- Weiterhin muss man Menschen jeder Altersstufe viel stärker in der Nutzung von Medien und Information trainieren, also **Medien- und Informationskompetenz** vermitteln. In einer Zeit, in der sich die Informationstechnologie alle paar Jahre revolutioniert und selbst IT-Profis Mühe haben, Schritt zu halten, braucht es Übung und Aufklärung über den richtigen Einsatz digitaler Medien und Technologien sowie über Bewertung und Relevanz von Informationen oder Datenschutz. Im digitalen Zeitalter müssen wir über Chancen und Risiken der Digitalisierung eine breite gesellschaftliche Diskussion führen. Aus einem bisweilen spürbaren Kulturpessimismus heraus droht Deutschland im Wettlauf der Technologienationen den Anschluss zu verlieren. Um dem vorzubeugen, muss man bereits in der Schule ansetzen. Heutige Schüler sind in der Regel privat bereits mit den neuesten digitalen Technologien vertraut; was ihnen fehlt, ist manchmal die Fertigkeit zur Relevanz- und Kontextbewertung.

- Für das Entwickeln einer Haltung, einer charakterlichen Kompetenz sind **Vorbilder** notwendig. Vorbilder suchen sich bereits Kinder und Jugendliche: die eigenen Eltern, Lehrer, Geschwister, Freunde, Ausbilder, Prominente. Wir alle müssen Kindern und Jugendlichen ein Vorbild sein, müssen selbst Haltung zeigen, wenn es schwierig wird. Lernen am Modell ist eines der mächtigsten Lernprinzipien. Eine sichtbare Haltung und die Inspiration durch Vorbilder erzeugt beim Einzelnen ein Gefühl der »Erhobenheit« (Martin Seligman). Immer wieder sieht man gerade bei jungen Menschen, welche Dynamik und Begeisterung die Verbindung von jugendlicher Energie und Haltung auslöst: sei es in der Start-up-Szene, in der politischen Nachwuchsarbeit oder in herausragenden Einzelinitiativen auf dem ökologischen, ehrenamtlichen oder kirchlichen Sektor.

- Wichtig für die Entwicklung der fünf Metakompetenzen ist zudem die **Förderung der Selbstreflexion**. In der Zusammenarbeit mit anderen Menschen sollte man dem Einzelnen die Möglichkeit zur Selbstreflexion geben. Kommunikation enthält viele offensichtliche und verdeckte Ebenen, die man nicht ohne Weiteres entschlüsselt. Kritische Fertigkeiten wie Empathie oder das Vermögen, fremde Gedanken und Schlussfolgerungen mit gutem Willen nachzuvollziehen, können in einer arbeitsteiligen und vernetzten Gesellschaft gar nicht hoch genug geschätzt werden. Je besser man sich selbst versteht, desto besser versteht man den anderen. Je besser man sich selbst steuern kann, desto flexibler und wirksamer wird man im Umgang mit anderen Menschen. Ganz zu schweigen von der höheren Ebene der persönlichen Sinnfindung, die man durch Selbstreflexion ebenfalls fördert.

- In diesem Zusammenhang des »neuen Selbsterlebens« könnte man auch **Führungslabors** in Organisationen einrichten, Projekte und Simulationen, in denen jeder seine Führungsfertigkeiten testen und vertiefen kann. Gerade wenn der Ruf nach neuen Führungsmodellen laut wird, nach Führung auf Zeit und Ähnlichem, sollte der Einzelne prüfen können, ob er willens und fähig ist, eine solche Funktion auszufüllen. Denn nicht jeder Mitarbeiter hat automatisch Lust auf Führung. Die Ergebnisse der Führungslabors könnten Aufschluss über Stärken und Schwächen der Organisation geben, die vielleicht gar nichts mit Führung zu tun haben, aber die im Zuge der Simulationen auftauchen – ein netter Zusatzgewinn.

- Schließlich sollte man in eine optimale **technische Infrastruktur** zur Verbesserung von Selbstorganisation, Kommunikation und Zusammenarbeit investieren. Dabei können unterschiedliche Lösungen bis hin zu BYOD (»Bring your own device«) durchgespielt werden. Die Geräte und Applikationen, mit denen man täglich arbeitet, sollten nicht nur nicht behindern, sondern im Gegenteil geradezu Lust machen, mit ihnen zu arbeiten. In Zeiten digitaler Individualisierung sollte es möglich sein, eine Arbeitsumgebung zu schaffen, die für das Termin-Management, für Mails, Telefonate, Chats etc. ein angenehmes Arbeiten fördert. Hier sparen hieße, an der Produktivität der menschlichen Arbeitskraft zu sparen.

Zusammenfassung

Zur Gestaltung der neuen Arbeitswelt braucht der Einzelne auch unter New-Work-Gesichtspunkten traditionelle personale Kompetenzen: Fach-, Selbst- und Sozialkompetenz. Zur Beherrschung des Faches treten somit eine differenzierte Auseinandersetzung mit sich selbst und eine konstruktive Zusammenarbeit mit Vorgesetzten, Kollegen und Kunden.

Diese klassischen Kompetenzen werden flankiert von zwei Querschnittkompetenzen: Methodenkompetenz und Handlungskompetenz. Beide Fertigkeiten unterstützen die praktische Umsetzung. Durch Methodenkompetenz beherrscht man Instrumente, Abläufe und den Mechanismus des Lernens selbst. Handlungskompetenz unterstreicht die Möglichkeit der Aktion, der Entscheidung und zielstrebigen Handlung.

New Work als Form der vernetzten Arbeitswelt beschreibt über die traditionellen personalen Kompetenzen hinaus sogenannte systemrelevante Kompetenzen. In ihnen verbinden sich Fertigkeiten der Person mit Merkmalen der sie umgebenden Systeme wie etwa der Abteilung oder des Teams. Die Systemrelevanz liegt in ihrer konstruktiven und stabilisierenden Wirkung auf den Arbeitsprozess.

Dieser Arbeitsprozess ist gekennzeichnet durch zunehmende Komplexität und ein unüberschaubares Zusammenspiel von Markt, Organisation, Technologie und Aufgabe. Die Folgen umschreiben wir mit Begriffen wie Disruption, Innovationszwang oder postbürokratische Organisation.

Reflexartig erfolgt in der Regel der Versuch der Komplexitätsreduzierung: durch Outsourcing, Technisierung oder Kontextsteuerung. Outsourcing verlagert die Komplexität nach außen, Technisierung versucht, sie mit »digitaler Aufrüstung« zu lösen, und Kontextsteuerung überträgt die unternehmerische Verantwortung kleinteilig auf Mitarbeitergruppen. Keine der drei Maßnahmen reduziert Komplexität im gewünschten Maße.

Die Lösung liegt nicht in einer Reduzierung der Komplexität, sondern in ihrer bedingungslosen Annahme. Komplexe Regelkreise können durch lineare Beeinflussung nur unzureichend gesteuert werden. Daher sollte man personelle Fertigkeiten auf ihre Systemrelevanz, auf ihren Nutzen innerhalb komplexer Systeme, prüfen.

In Anlehnung an das Kompetenzmodell der OECD und andere entwirft das INSEL-Modell einen Katalog fünf systemrelevanter Faktoren: Informativität, Netzkompetenz, Selbstorganisation, Ethos und Leadership. Diese fünf Metakompetenzen ersetzen die traditionellen personellen Kompetenzen nicht, sondern bilden das Fundament für deren Wirken. Ein Mensch des New Work agiert mithilfe der INSEL-Kompetenzen selbstwirksam, mutig, sinnsuchend und freiheitsliebend.

Für den Erwerb dieser Metakompetenzen können verschiedene Wege eingeschlagen werden: die gesellschaftliche Entwicklung einer Fehlerkultur, die Vermittlung digitaler Medien- und Informationskompetenz, die Entwicklung einer Vorbildkultur, eine Förderung der Selbstreflexion, die Einrichtung von Führungslabors im organisatorischen Kontext und die Verbesserung der technischen Infrastruktur.

Chancen und Impulse für Organisationen

Was sagen eigentlich die Organisationen zu New Work? Müssten sich nicht Mittelständler und Konzerne landauf, landab auf die New-Work-Apostel stürzen und ihnen ihre Konzepte begeistert aus der Hand reißen? Haben wir nicht genügend Studien, die immer und immer wieder zeigen, dass motivierte, ernst genommene Mitarbeiter, eine inspirierte Arbeitskultur und eine menschlich-souveräne Führung Garanten des Organisationserfolges sind? Warnen nicht immer neue Umfragen stets im gleichen Sound vor frustrierten Führungskräften, Innovationsverlusten oder Mitarbeitern, die innerlich gekündigt haben? Sind Organisationen schlicht zu blind, um die Chancen von New Work zu erkennen und zu nutzen?

Play it safe – New Work als harte Nuss für Unternehmen

Dass Unternehmen nicht, wie von New-Work-Vertretern gewünscht oder in einzelnen Presseartikeln gehypt, auf den Trendzug aufspringen, darf man ihnen nicht übel nehmen. Es ist der ewige Kampf zwischen dem Mantra des Controllings – »Rechnet sich das?« – und dem Geist des Visionären – »Erst mal machen und die Chancen sehen!«. Dieser unsichtbare Kampf geht in der Regel zugunsten des Controllings aus: »Da gibt es zwar die kleine Gruppe Unbeugsamer, die in ihrem virtuellen gallischen Dorf immer wieder darauf hinweisen, dass wir mittendrin sind in einer globalen Veränderung von Arbeitsweisen, Arbeitsstrukturen und Arbeitszielsetzungen. Aber ändern können die doch nichts. Die reden zwar viel, haben aber nicht die Hebel in der Hand, um etwas zu verändern. Und die anderen, die haben zwar die Hebel in der Hand, kommen aber vor lauter ›Gegenwart der Arbeit‹ nicht zum Nachdenken. Warum lehnen sich nicht einfach mal alle zurück und warten. Es besteht kein Grund, nervös zu werden. Der (Ur-)Knall der ›neuen Arbeit‹ – wer hat ihn denn bisher gehört? Bislang ist bestenfalls ein leises Donnergrollen wahrzunehmen. Warum also sollte irgendeiner unserer Entscheider in den Unternehmen, der Politik oder der Gesellschaft in unserem Land mit einer funktionierenden Export- und einer ›gesunden und florierenden Volkswirtschaft‹ an diesem perfekt funktionierenden System etwas ändern?«[140]

Diese Bestandsaufnahme des Unternehmensberaters Guido Bosbach fasst die Lage prägnant zusammen. Es geht uns doch gut, und nicht wenige Denker und Lenker in den Organisationen machen sich das Motto der Informationstechnologie zu eigen: *Never change a running system*. Lieber konservativ auf das Bewährte vertrauen als ohne Not ein wenig berechenbares Risiko eingehen. Man kann diese Haltung verstehen und nachvollziehen. Wer eigenes oder fremdes Geld auf bislang unerprobte Technologien, Prozesse oder neue Formen der Zusammenarbeit setzen will, braucht viel Vertrauen in sich und seine Mannschaft, um in die Zukunft, in das »unentdeckte Land« zu segeln.

Zum Vergleich sei hier ein weiteres Konzept genannt, das in den meisten Organisationen einen schweren Stand hat: das betriebliche Gesundheitsmanagement (BGM). Obwohl es eine gesetzliche Verpflichtung zum BGM gibt, führten in Deutschland im Jahr 2011 nur 36 Prozent der Betriebe BGM-Maßnahmen durch.[141] Ein führender Vertreter der AOK, der seit 20 Jahren in dieser Sache Lobbyarbeit bei den Unternehmen betreibt, sprach kürzlich von »dicken Brettern, die weiterhin gebohrt werden müssen«. Auch beim BGM können sich die Krankenkassen, die Coaches und Berater auf den Kopf stellen: Organisationen bewegen sich bei diesem Thema nur schwer. Genauso könnte man auf einen Elefanten einprügeln. Wenn sich der Elefant bewegt, dann weil er sich aus Gnade dazu herablässt und nicht weil ihn jemand, den er ohne Weiteres in Grund und Boden stampfen könnte, mit einem kleinen Stöckchen vermöbelt. Der Hemmschuh beim BGM liegt nicht nur im unsicheren Ergebnis. Gesundheit als Zustand des körperlichen, geistigen und sozialen Wohlbefindens lässt sich einfach weniger gut in Zahlen ausdrücken als der Cashflow (oder waren Sie schon mal »zu 70 Prozent gesund«?) Das entscheidende Manko liegt in der Rivalität von Gesundheits- und Leistungspolitik. Auch wenn für neue Konzepte wie BGM (oder eben New Work) Budgets vorhanden sind und man sie auch ausgibt, tastet man den Kern der Leistungspolitik nicht an: »Schmidt, in Ihrem Projekt ›Gesunde Führung‹ können Sie machen, was Sie wollen. Sie haben da freie Hand – solange die Herrschaften weiterhin ihre jährliche Umsatzsteigerung von 15 Prozent bringen!« Damit kann man ein solches Projekt gleich beerdigen. Solange derart wichtige Parameter nicht verhandelt werden, bleibt der Druck im System. Vielleicht fließt er woanders hin, aber dann kriegt es eben ein anderer ab. Das Sankt-Florians-Prinzip des Change-Managements.

Wenn Führungskräfte und Organisationsleitungen schon erprobten Konzepten wie dem BGM gleichgültig bis ablehnend gegenüberstehen, wie soll man dann erst von radikal neuen Ideen wie New Work sprechen? »Wäre ich […] ein Unternehmen […], ich hätte meine Schwierigkeiten […]. Aus meiner Erfahrung wüsste ich, wie teuer es ist, ständig die digital-technologischen Entwicklungen mitzugehen. Auch für einen Blick auf neue Führungs- und Organisationskonzepte würde mir schlichtweg die Zeit fehlen. […] Und die durch die Entwicklungsdynamik und Komplexität induzierte Gleichzeitigkeit dieser Veränderungen würde mir vollends den Boden unter den Füßen wegziehen. Meine Unsicherheit wäre groß, vor allem, wenn mir dann noch jemand sagen würde, dass es ohnehin kein eindeutiges, klares, erfolgssicherndes Konzept gibt und man selbst ausprobieren muss, was organisationsindividuell am besten funktioniert.«[142] Organisationen müssten eine aus ihrer Sicht unsichere Wette auf die Zukunft eingehen, würden sie sich dem New-Work-Ansatz verschreiben. So als würde man einem Au-

Für Organisationen erscheint der New-Work-Ansatz als unsichere Wette auf die Zukunft

toverkäufer mit Wiesellächeln einen rostigen Hobel abkaufen, der einen »garantiert bis nach Peking und zurück bringt«. Da braucht man schon viel Vertrauen, um nicht den Bus zu nehmen.

Darüber hinaus jonglieren New-Work-Vertreter einigermaßen penetrant mit den immer gleichen Schlagworten: Augenhöhe, Vernetzung, Digitalisierung, Sinn, Work-Life, Flexibilisierung, Demokratie, Motivation, Verantwortung. Das sind alles gute und sinnvolle (!) Begriffe, nur leider erinnern sie in ihrer Häufung und Beliebigkeit an Schwarzwälder Kirschtorte: in Maßen ein Genuss, in Menge ein Verursacher von Übelkeit und Völlegefühl: »Die Presse, einschlägige Blogs, Initiativen und Foren sind voll mit Berichten über Arbeit 4.0, Virtual Reality, Recruiting 4.0, Employer-Branding, Feelgood-Manager und neuerdings dem Modell holokratisch geführter Unternehmen. Glaubt man diesen Botschaften, sind wir bald schon auf Wolke sieben der Arbeitswelt angekommen, es braucht scheinbar nur noch ein paar Klicks und fertig ist die schöne neue digitale Arbeitswelt.«[143]

Sinn, Organisation, Personal – Die Verwaltung des Mangels

New Work hat also keinen leichten Stand in Organisationen. Diese sind fast naturgemäß risikoscheu, in Gelddingen konservativ, setzen auf Bewährtes, sitzen Probleme auch mal aus und haben eine gewisse Trägheit an sich, jedenfalls wenn man von der Start-up-Szene absieht. Man kann Organisationen nicht zum Jagen tragen. Dennoch sei die Frage noch einmal neu gestellt: Warum setzen nicht viel mehr Organisationen New Work um? Weil der Schmerz noch nicht groß genug ist. Weil der Mangel noch nicht präsent genug ist und noch nicht genügend (finanziellen) Schaden angerichtet hat. Der Theologe Siegfried Zimmer betont, dass der Mensch vor allem in Zeiten des Mangels reife, sich entwickle.[144] Erst der Mangel, im übertragenen Sinne das »Wüstenerlebnis« (ohne Wasser und Nahrung), löse eine Reflexion und einen aktiven Suchvorgang nach Bewältigung bzw. nach Akzeptanz aus. Dieses Mangelerlebnis, diesen Schmerz spüren viele Organisationen noch nicht. Die Zahlen sind gut, vielleicht sogar ausgezeichnet, die Bewerberlage ist angespannt, aber nicht im roten Bereich, und zur Not veranstaltet man eine kleine Restrukturierung, um die Kosten zu senken.

Ein Mangelbewusstsein, ein Drang zur Veränderung ist für das Umsetzen von New Work zentral. Wer hier nicht intrinsisch motiviert ist, für den reicht kein Geld der Welt, um New Work in der Organisation zu installieren. Zu ungewiss ist das Ergebnis, zu unübersichtlich die konzeptionelle Gemengelage. Da braucht man entweder den Überzeugungstäter oder einen Geschäftsführer, der mit dem Rücken zur Wand steht und auch riskante, originelle Konzepte auszuprobieren bereit ist. Bislang allerdings appellieren lediglich die Überzeugungstäter in den öffentlichen Raum hinein, vergeben Awards oder publizieren Beispiele einzelner Firmen, die Fragmente von New Work umsetzen. Das ist lobenswert und sollte nicht unterschätzt werden. Aber ohne das Mangelerlebnis, ohne den Schmerz auf breiter Unternehmensfront wird sich New Work nicht durchsetzen.

Dieser Mangel, dieser Schmerz wird kommen. Vielleicht nicht heute oder morgen, aber im Verlauf der nächsten 20 Jahre mit hoher Wahrscheinlichkeit. Jeremy Rifkin nimmt in seinem Konzept der »Dritten Industriellen Revolution« an, die entscheidenden Jahre des Mangelbewusstseins werden sich um die Jahre ab 2040 herum abspielen: »Bei Bewahrheitung gegenwärtiger Prognosen sollte auf den meisten Kontinenten bis 2040 oder 2050 [...] die industrielle Arbeiterschaft sich auf ihrem Höchststand eingependelt haben. Dann werden die [...] geschaffenen Synergien die Weltwirtschaft an einen historischen Wendepunkt gebracht haben, an dem das kollaborative Zeitalter die Dritte Industrielle Revolution in vielen Teilen der Welt zu verdrängen beginnt. Unsere Lebensweise wird sich grundlegend geändert haben [...].«[145]

Genau dieses »kollaborative Zeitalter« im Sinne Rifkins enthält nicht nur soziale, politische und technologische Umbrüche, sondern leitet die Wende ein in der Arbeitspolitik, im Arbeitsbewusstsein, in eine Epoche des New Work hinein. Sei es 2020, 2030 oder 2040, die Organisationen werden nach und nach ein Bewusstsein des Mangels entwickeln. Diese Mängel können auf verschiedenen Ebenen bestehen und sie sind bis zu einem gewissen Grad kompensierbar. In der Masse und in ihrer gegenseitigen Abhängigkeit können sie jedoch eine Organisation ins Verderben reißen. Wie bei einer Atombombe braucht es eine kritische Masse, die reagieren muss, um die Explosion auszulösen. Dann aber sind die Folgen verheerend.

Es gibt drei entscheidende Zustände des Mangels in einer Organisation: den Mangel an Sinn (und damit eine schwache Strategie), den Mangel an geeigneter Organisation (und damit an Handlungsfähigkeit) und den Mangel an geeignetem Personal (und damit an Wirksamkeit). Alle Mängel – Sinn, Organisation, Personal – führen letztlich zum finalen, universellen Mangel des Wirtschaftssystems: zum Mangel an Geld. Die Sprache des Geldes versteht jede Organisation. Sobald sie nicht mehr ausreichend Waren oder Dienstleistungen produzieren kann, die vom Markt akzeptiert werden, hat sie ein Problem. Der Umsatz geht zurück, der Gewinn auch, man gerät in die Defensivspirale aus sinkenden Verkaufszahlen und Entlassungen, die wiederum für schlechte Stimmung und schlechte Qualität sorgen. Jede Organisation ist daher ein »Verbund der Rationalität« mit dem finalen Zweck des Geldverdienens (oder des Geldflusses, wenn keine Gewinnerzielungsabsicht vorliegt). Wird kein Geld mehr verdient, löst sich eine Organisation mittelfristig (gezwungenermaßen) auf. Dazu darf sie es nicht kommen lassen. Ein Mangel an Geld muss unbedingt vermieden werden. Doch wie tut man das? Klassische Ökonomen würden sagen: durch eine vernünftige Preispolitik, eine maßvolle Gehaltspolitik, gute Leute, moderne Technologie und so fort. Das ist alles richtig und zu begrüßen. Doch unter New-Work-Gesichtspunkten scheint man zu oft die drei Kernpunkte einer erfolgreichen Organisationsführung zu vernachlässigen: den Sinn der Unternehmung, eine moderne Organisation und die Fähigkeit, passende Mitarbeiter zu rekrutieren.

Alle Mängel – an Sinn, Organisation, Personal – führen letztlich zum Mangel an Geld

Der Mangel an Sinn. Manche Menschen stehen morgens vor dem Spiegel und fragen sich: Warum gehe ich heute zur Arbeit? Wofür tue ich das? Nur wegen des Geldes? Mit etwas Glück können sie diese Frage verneinen. Oft findet man bei einigem Nachdenken die eine oder andere positive Seite: die Kollegen vielleicht oder eine spannende Aufgabe. Doch schon der einzelne Mensch ist manchmal mit der Frage nach dem beruflichen Sinn überfordert. Es fehlt der Antrieb aus dem Existenziellen heraus; der Motor der Motivation stottert oder kommt gar ganz zum Erliegen. Arbeiten zehn, 100 oder 1000 Menschen zusammen, stellt sich unweigerlich die Frage nach dem Sinn, nach dem Zweck in einer starken und zugleich zerbrechlichen Dimension. Die Frage »Warum tun wir das, was wir tun?« oder noch schärfer »Wer braucht das, was wir tun?« können nicht alle Organisationen sinnvoll beantworten. Die nicht beantwortete Sinnfrage wabert durch die Büroflure, richtet im besten Fall keinen Schaden an oder führt im schlimmsten Fall zum Zerbrechen der Organisation. Ein neues Management, Restrukturierungen, Fusionen oder ein leichtfüßig-vollmundig verkündeter »Kulturwandel« sollen dann einen neuen Geist installieren – als ob sich eine Organisationskultur wechseln ließe wie ein Paar alte Socken: »Beim Thema Kultur in Unternehmen hat es mich immer gestört, dass sie weniger ernst genommen wurde [...]. Alle [...] Erfahrungen zeigen, dass [...] Organisationen mächtige Kulturen entwickeln, die das Denken und das Verhalten aller Mitarbeiter bestimmen. Trotzdem wird über Unternehmenskultur gesprochen, als handele es sich um ein beliebiges Managementtool, bestenfalls um eine neue Form der Organisationsstruktur.«[146]

Die Frage des Organisationszweckes, des Sinns, ist unterschwellig immer vorhanden. Ein gelebter und nicht nur beschriebener Organisationssinn kann eine mächtige Anziehungskraft auf Mitarbeiter und Bewerber mit einem ähnlichen Mindset ausüben: Man fühlt sich wohl und zugehörig oder eben nicht. Der Management-Vordenker Peter F. Drucker verwendet im Zusammenhang mit dem Sinn einer Organisation den Begriff der »Mission« und greift plastisch zum Textilienvergleich: »Die effektive Bekundung einer Mission, das Leitbild, ist kurz und klar umrissen. Es sollte auf ein T-Shirt passen. Das Leitbild sagt, warum Sie das tun, was Sie tun, nicht, mit welchen Mitteln Sie es tun. Die Mission ist umfassend und dauerhaft, sie bringt Sie dazu, heute die richtigen Dinge zu tun, und führt Sie in die Zukunft, so dass jeder in der Organisation sagen kann: ›Was ich tue, trägt zur Erreichung des Zieles bei.‹ Also muss dieses Ziel eindeutig sein, und es muss inspirieren.«[147]

Die Frage nach dem Sinn einer Organisation ist weder trivial noch esoterisch. Sie ist langfristig überlebensnotwendig und muss immer wieder beantwortet werden. Man stelle sich eine Organisation mit zehn Prozent jährlicher Fluktuationsrate vor. Nimmt man an, dass jeder Mitarbeiter einmal »fluktuiert«, wäre nach zehn Jahren eine komplett neue Belegschaft am Start. Alles neue Köpfe mit neuer Motivation, neuem Wissen, neuem sozialen Hintergrund, neuen Zielen. Menschen, die für sich und ihre Organisation versteckt oder offen die Sinnfrage stellen – und ein Sinnangebot der Organisation verlangen. Ein Mangel an Sinn würde diese Menschen über kurz oder lang entweder wieder aus der Organisation treiben oder ihre Motivation und damit ihre Produktivität verkümmern lassen.

Doch der Mangel an Sinn hat noch andere Gesichter. Oft verwechseln Organisationen den *Sinn* mit bezifferbaren *Zielen*. Aber das Ziel »Zehn Prozent Umsatzsteigerung« garantiert noch keinen Sinn. Dieses Ziel ist vielmehr eine konkrete Größe, die vielleicht Bestandteil der Organisation, des größeren Zweckes werden kann. Nicht selten unterliegt eine Organisationsführung dem Irrtum, solche operativen Ziele beantworteten die Sinnfrage für ihre Mitarbeiter und Führungskräfte. Das ist nicht der Fall. Eine Organisation ohne Sinn ist eine Organisation ohne Seele, ohne Atem, ohne Vitalität. Erst ein echter Sinn, eine »Erhobenheit« beflügelt die Mitarbeiter und spricht das Produktiv-Soziale im Menschen an. Teil von etwas sein, seinen Beitrag leisten im Dienst einer größeren Sache, nützlich sein, ohne benutzt zu werden: Das sind die Pässe aus der Tiefe des Seelenraumes, die einen »Zug zum Tor« entwickeln, die Glück spenden, Freude, die Momente, für die man morgens gern aufsteht und dem Spiegel entgegnet: »Ich weiß, wofür ich das tue.«

Der Mangel an flexibler Organisation. Ein erfolgreiches Unternehmen denkt sich selbst zuerst vom Kunden her. Welche Kunden brauchen uns? Welchen Nutzen stiften wir für den Kunden? Wie erreicht uns der Kunde? Nach diesen Überlegungen sollten sich die Schnittstellen nach außen gestalten, die Produktpolitik, die Vertriebsstrategie und die interne Zusammenarbeit. Organisation ist in dieser Hinsicht »geronnene Kommunikation«, vergleichbar mit einem Gerüst, einem Skelett, um welches das Gewebe der Abläufe, der Abstimmung, der Kundenpflege gelegt wird. Organisation hat jedoch naturgemäß oft einen Zug ins Starre, in die Verfestigung. Beispielsweise könnte ein Mensch, der morgens zur Arbeit und abends wieder nach Hause geht, immer wieder verschiedene Routen oder verschiedene Verkehrsmittel benutzen, um ans Ziel zu kommen. In der Regel macht man das aber nicht. Man kennt den Weg, den man schon so lange geht, andersherum ist es zwar interessanter, dauert aber länger usw. Diese Mentalität, das Ausblenden von Optionen aus Gewohnheit, äußert sich im Unternehmenskontext in der Killerphrase: »Das haben wir schon immer so gemacht.«

Es ist wie mit Beton: Wenn man nicht ständig rührt, verfestigt sich eine Gewohnheit und wird mit der Zeit steinhart. Daher ist die richtige Organisation ein schmaler Grat: starr genug, um unter Druck belastbar zu sein, aber auch mit der Wachsamkeit, sich flexibel neu auszurichten. Unternehmen befinden sich hier in einem Dilemma: Sie streben gleichzeitig nach Sicherheit und nach Flexibilität. Beides brauchen sie, um zu existieren, doch beides gleichzeitig können sie nie erreichen. Ein Unternehmen muss dynamisch bleiben, muss vibrieren, wachsam sein – sonst droht ihm das Schicksal der Betonierung.

Das Extrembeispiel einer starren Organisation findet sich in der öffentlichen Verwaltung. Hier ist nicht nur das Skelett unflexibel, sondern auch das Gewebe. Alles ist durchreglementiert; es soll für jeden Einzelfall einen Paragrafen und eine genormte Vorgehensweise geben. Das ist der Anspruch der Verwaltung. Aufgrund dessen kommt es in Verwaltungsapparaten immer wieder zur Diffusion von Verantwortung und unverständlichen, manchmal unbarmherzigen Entscheidungen. Nicht mehr der Einzelne hat die Entscheidungsverantwortung, sondern das System: der Paragraf, das Formular, die übergeordnete Instanz. Aber wer keine Verantwortung trägt, trifft auch leichter fragwürdige Entscheidungen, beispielsweise die Ausweisung einer seit Jahren sozial und beruflich integrierten Flüchtlingsfamilie aufgrund einer bürokratischen Kleinigkeit oder die Festsetzung einer Steuernachzahlung, die den Ruin des Steuerzahlers bewusst einkalkuliert. In der Verwaltung geschieht das, da diese Organisationsform gewollt maximal unflexibel ist und fast schon autistisch vor sich hin exekutiert. Verwaltung ist ein Bereich, der mit New Work fast unvereinbar ist. Die Organisation ist nicht Teil und hilfreicher Träger des Systems, die Organisation einer Verwaltung *ist* das System. Der Mensch in der Verwaltung ist nicht der Handwerker, der den Hammer führt. Er ist der Hammer. Ein Staat braucht das Rückgrat einer funktionierenden Verwaltung. Die Verwaltung hat ihren Sinn und Zweck. Doch für New Work ist die Verwaltung praktisch verloren, weil sie das Paradebeispiel einer wuchernden, unflexiblen, unangepassten Organisation darstellt.

Im Hinblick auf die passende Struktur muss ein Unternehmen zunächst nach außen schauen und fragen: Wem dienen wir? Die Organisation sollte sich nach der Anforderung des Außen richten, nicht nach der Befindlichkeit des Innen. Allzu oft gehen Unternehmen den umgekehrten Weg: Wir schauen, womit wir uns wohlfühlen, und dann suchen wir die passenden Kunden dazu. Das kann, muss aber nicht gut gehen. Dies ist der erste Mangel, der sich unter organisatorischen Aspekten einschleicht. Der zweite Mangel besteht in der Verfestigung einer bestehenden Organisation, wenn flexibel gehandelt werden müsste. Nicht umsonst kursiert in jüngster Zeit das Schlagwort der »Agilität«, das sich aus dem Umfeld der Lean Production und der schlanken Organisation entwickelt hat. Hier versucht die soziologische und psychologische Forschung, Antworten zu geben auf die Realität fließender Märkte, immer stärkerer wirtschaftlicher Dynamiken und immer kürzerer Zyklen der Berechenbarkeit. Genau wie beim Mangel an Sinn und Zweck braucht es auch beim Mangel an flexibler Organisation eine kritische Masse von Personen im Unternehmen, die die Fähigkeit haben, »zu vibrieren«, dynamisch zu bleiben, Flexibilität einzufordern und vorzuleben, damit man den natürlichen Verfestigungsimpuls von organisatorischen Strukturen in Schach hält.

Der Mangel an geeignetem Personal. Flexibel, teamfähig und belastbar – so sollen Bewerber laut den meisten Stellenausschreibungen heute sein. Das ist eine gute Grundlage, doch diese Eigenschaften habe sein Schäferhund auch, formulierte ein Kollege einmal treffend. Beim Blick in handelsübliche Stellenanzeigen beschleicht einen manchmal der Verdacht, die Unternehmen wüssten selbst nicht so genau, welche Mitarbeiter mit einem jeweils speziellen Qualifikations- und Persönlichkeitsprofil sie eigentlich anziehen wollen. Der Mangel an geeignetem Personal beginnt daher nicht mit dem berüchtigten Fachkräftemangel, sondern früher: mit unklaren Anforderungsprofilen, veralteten Suchprozessen und einem Bewerber-Management, das die Grundsätze der Höflichkeit und des respektvollen Umgangs mit Füßen tritt. Offensichtlich haben viele Organisationen noch nicht verstanden, dass wir in einigen Marktsegmenten von einem Arbeitgeber- in einen Arbeitnehmermarkt wechseln. Das bedeutet: Es wird Branchen und Positionen geben, in denen Bewerber die Bedingungen diktieren können – und nicht die Organisationen. Dieses Phänomen wird selbstverständlich nicht den ganzen Arbeitsmarkt betreffen, vielmehr wird eine Vierteilung am Horizont sichtbar mit zwei Gewinnergruppen und zwei Verlierergruppen.

Die erste Gewinnergruppe stellen die hoch spezialisierten Fach- und Führungskräfte: sehr gut ausgebildet, erfahren, mobil und mit den relevanten persönlichen INSEL-Fertigkeiten ausgestattet (Informativität, Netzkompetenz, Selbstorganisation, Ethos, Leadership). Diese Fach- und Führungskräfte sind sich ihres Marktwerts bewusst und können gleichberechtigt mit Unternehmen über Konditionen und ihre Arbeitsgestaltung verhandeln. In Großbritannien haben sich bereits die ersten Agenturen gegründet, die diese Fach- und Führungskräfte wie Spitzensportler oder Schauspieler an Organisationen vermitteln – eine ganz neue Art von Recruiting. Die Fach- und Führungskräfte binden sich exklusiv an eine Agentur und werden dafür über ihr Berufsleben hinweg umsorgt und gemanagt: von der Stellensuche über Hilfe bei der Wohnungssuche und Umzugsservice bis zur Vermittlung von Dienstleistungen für den Alltag. Von diesem Trend sollten auch die vielen Fach- und Führungskräfte profitieren, die nicht zu diesem Topsegment gehören. Durch den demografischen Wandel und die Berentung von Leistungsträgern werden Unternehmen diesen Mangel an Spitzenkräften immer stärker spüren.

Die zweite Gewinnergruppe sind Fachkräfte der Zukunftsbranchen: Informationstechnologie, Bildung, Gesundheit und Medizin, Robotik und Automation, erneuerbare Energien sowie Biotechnologie und Genetik. Diese teilweise noch jungen Branchen erleben bereits jetzt einen fast dramatischen Personalmangel. So konnten Anfang 2015 allein in Deutschland 2,7 Prozent aller offenen Stellen nicht besetzt werden: der höchste Wert aller europäischen Staaten. Im Mittel bleiben in Europa 1,6 Prozent der offenen Stellen unbesetzt.[148] Arbeitsmarktforscher sprechen von einer »Mismatch-Arbeitslosigkeit«: auf der einen Seite offene Stellen mit einem speziellen Anforderungsprofil, auf der anderen Seite Arbeitssuchende, deren Qualifikationsprofil nicht zur Anforderung passt. Dieser »Mismatch«, dieser Graben zwischen Anforderung und Qualifikation, wird sich in Zukunft vertiefen. Und wir müssen uns bildungspolitisch anstrengen, ihn wieder zuzuschütten. Aber auch bekannte und etablierte Berufe brauchen personellen Nachschub: Informatiker, Altenpfleger, Therapeuten, Ärzte in ländlichen Gebieten und praktisch alle Handwerksberufe.

Die erste Verlierergruppe bilden alle Berufe, die mittelfristig durch Automation und Digitalisierung wegrationalisiert werden. Die klassische Bürokraft steht hier genauso infrage wie beispielsweise Logistik-Dienstleister: »Wenn wir uns die einzelnen Berufe [in Deutschland] anschauen, so werden die meisten Arbeitsplätze der folgenden fünf Berufe robotisiert: Büro- und Sekretariatskräfte (1,9 Millionen), Hilfskräfte für Post- und Zustelldienste sowie Lagerwirtschaft (1,5 Millionen), Verkäufer (1,2 Millionen), Hilfskräfte in der Reinigung (1,1 Millionen) und Gastronomieservicekräfte (661 570). Allein durch den Einsatz von Drohnen, durch automatisierte Abläufe in Lagerhallen und im Transport könnten demnach bis zu 1,5 Millionen Arbeitsplätze ersetzt werden. Insgesamt machen alleine diese fünf Berufe 6,3 Millionen gefährdete Arbeitsstellen aus.«[149] Dies sind natürlich nur Hochrechnungen, aber sie zeigen dennoch, wohin die Reise geht: weg von alten Berufsbildern und Qualifikationen, hin zu neuen beruflichen Anforderungen und Ausbildungen. Von den Angehörigen »gefährdeter« Berufsgruppen werden natürlich nicht alle in die Arbeitslosigkeit abrutschen. Die Dynamik der Automation und der Digitalisierung sollte uns hoffentlich die Zeit lassen, möglichst viele Menschen mitzunehmen auf einen neuen Weg der Qualifikation. Aber damit beginnen müssen wir heute.

Die zweite Verlierergruppe besteht aus den Abgehängten, den Langzeitarbeitslosen, den Menschen ohne Perspektive. Seit Jahren gelingt es nicht, den Sockel der etwa eine Million Langzeitarbeitslosen in Deutschland tatsächlich abzubauen. Wir sollten uns eingestehen, dass viele dieser Menschen ihre Arbeitsmotivation verloren haben und ein beruflicher Einstieg in das bestehende Wirtschaftssystem mehr als unwahrscheinlich ist. Allerdings – und das ist das Zynische – nähren diese Menschen eine ganze Industrie: die Branche der staatlichen, halbstaatlichen und privaten Umschulungs- und Weiterbildungsindustrie. Man schickt sie in Bewerbungskurse oder lässt sie zu Weihnachten Strohsterne basteln, wohl wissend, dass sie in diesem Karussell der »Umschulung und Weiterbildung« einer neuen Arbeitsstelle keinen Zentimeter näherkommen. Möglicherweise könnte die Wirtschaft in einer Arbeitswelt des New Work mit ihren Leitwerten Mut, Respekt und Freiheit auch diesen Menschen endlich »auf Augenhöhe begegnen« (um eine viel strapazierte Phrase ganz bewusst einzusetzen).

Der Mangel an geeignetem Personal ist noch längst nicht für alle Unternehmen Realität. Aber er wird schnell spürbar werden, sobald sich die Produktivität noch einmal deutlich erhöht. Dadurch werden immer mehr Menschen ihre fortan von Maschinen ausgeübte Arbeit verlieren. Und es baut sich ein zweifacher Druck auf: ein arbeitspolitischer Druck in der Gesellschaft (Wohin mit den vielen Arbeitslosen?) und ein strategischer Druck in den Organisationen (Wo finden wir die Arbeitskräfte, die wir brauchen?). Für die Unternehmen ergeben sich daraus folgende Aufgaben: Entwicklung einer klaren Personalstrategie, Formulierung klarer Anforderungsprofile, Professionalisierung des Recruitings und des Bewerbermanagements, Verankerung des Personalressorts in der Unternehmensführung.

Die Ruhe vor dem Sturm – Was Organisationen jetzt tun können

Wie können Unternehmen den beschriebenen Mängeln – an Sinn, an geeigneter Organisation und an geeignetem Personal – begegnen? Der erste Schritt ist im Grunde einfach: wachsam sein. Ein reifes Unternehmen kann und will Signale des Mangels aus ihrem Gefüge heraus wahr- und ernst nehmen, egal, aus welcher Hierarchieebene sie kommen. Gerade das ist ein Vorteil von New Work: Durch eine dezentrale Organisation und eine digitale Kommunikation erhöht man die Wachsamkeit des Unternehmens nach außen und verringert die interne Reaktionszeit. Missstände müssen nicht mehr in langatmigen Zyklen vom Vertriebler über Teamleitung, Abteilungsleitung, Bereichsleitung bis zum Vorstand getragen werden. Ganz abgesehen davon, dass in manchen Fällen die wirklich brisanten Informationen abgeschwächt, verfälscht oder ganz weggelassen werden. Wachsamkeit ist die Voraussetzung für Agilität, für die Bereitschaft, flexibel im Verbund zu handeln. Um diese Wachsamkeit zu erhöhen, gibt es viele Ansatzpunkte:

- Eine Möglichkeit ist die **Veranstaltung von Kundenkonferenzen**. Dafür treffen sich einmal im Jahr ausgewählte oder per Los bestimmte Kunden, die mit Vertretern *aller* Organisationsebenen an einem Tisch sitzen und aus Kundensicht die Produkte und Dienstleistungen des Unternehmens diskutieren: Was begeistert die Kunden? Worauf können sie verzichten? Was sind kommunikative Stärken der Organisation, was die Schwächen? Die Ergebnisse dieser Konferenzen sollten der Belegschaft vollständig zugänglich gemacht werden. Solche Konferenzen sind ein Gradmesser dafür, wie sehr sich das Topmanagement tatsächlich für die eigenen Produkte und Kunden interessiert. Sagen die oberen Ebenen regelmäßig ab, sind sie an einer Analyse, der Verbesserung ihrer Strategie und ihres Kundenverständnisses nicht ernsthaft interessiert.

- Man kann einige wenige (!) sinnvolle (!) **Kennzahlen** aus dem Controlling auswählen und interpretieren, um Gefahren zu erkennen. Dazu gehören beispielsweise die Marge (und weniger der Umsatz), die Fluktuationsrate (aber nur mit hinterlegten Begründungen; dies wiederum erfordert eine ausgesprochene Trennungskultur), Anzahl und Qualität der Kundenbeschwerden über längere Zeiträume und eventuell das Feedback aus Mitarbeiterbefragungen (Befragungen sind ein heikles Thema aufgrund der sozialen Erwünschtheit der Antworten). Die Interpretation von Kennzahlen ist jedoch ein individueller Vorgang. Jede Organisation muss selbst entscheiden, was die für sie relevanten Kennzahlen sind.

- In **World-Cafés und Barcamps** kann man die Erfahrung der Mitarbeiter nutzen. Großgruppen-Methoden bündeln und strukturieren in kurzer Zeit Erkenntnisse, Impulse und Ideen zu einem bestimmten Thema. Es muss nicht immer der kleine, verschworene Zirkel sein, der einsame Entscheidungen trifft. World-Cafés oder Barcamps nehmen die Mitarbeiter ernst und bieten die Gelegenheit, das Wissen und die Wünsche vieler Mitarbeiter in kurzer Zeit für die Organisation nutzbar aufzubereiten. In Zeiten der vernetzten Arbeitsweisen und eines beruflichen Sinnanspruchs ein unschätzbarer Vorteil.

Diese Beispiele zeigen, dass es realistische und umsetzbare Möglichkeiten gibt, im Sinne einer Organisationsdynamik wachsam zu sein und schnell auf Veränderungen im Markt oder in der Organisation selbst zu reagieren. Doch wachsam sein allein reicht nicht. Eine Analyse ohne Konsequenzen ist ihr Papier nicht wert. Eine Organisation muss nicht nur wachsam sein, sondern auch handeln können, reagieren, ihr Verhalten und ihr Dasein der sich ständig wechselnden Wirklichkeit anpassen. Wie kann sie das tun?

Die Antwort liegt zunächst nicht in konkreten Instrumenten, sondern in einer Änderung der kulturellen Perspektive. Eine Organisation im Zustand des Mangelbewusstseins (und von diesem Zustand gehen wir für eine wirksame Veränderungsarbeit aus) konzentriert sich auf diesen Mangel und stellt die Frage: Wie beseitigen wir ihn? Was können wir tun? Das ist die rationale Seite. Aber jede Organisation hat auch eine latente emotionale Seite. Deshalb schwingen in der Frage »Was können wir tun?« in der Regel auch andere Fragen und Befürchtungen mit: »Was, wenn wir scheitern?«, »Ist mein Arbeitsplatz gefährdet?« oder »Wird die Organisation nach der Veränderung noch meine sein?«. Veränderung kostet Kraft, auch wenn sie letztlich zu einem guten Ergebnis führt. Jeder sogenannte »Change« ist für alle Beteiligten ein zusätzlicher Kraftaufwand, der oft sträflich unterschätzt wird. Ironischerweise behandelt man die Menschen in Change-Projekten oft wie Computer: Wir programmieren euch neu, und dann lauft ihr wieder rund, mit verbessertem Betriebssystem. Für Anpassung und Bewältigungsarbeit bleibt manchmal wenig Raum. Dabei ist eine Zeit der Veränderung immer auch eine Zeit des inneren und äußeren Konflikts. Das ist auch bei der Einführung von New Work so. New Work bedeutet Veränderung einer Organisation ins Ungewisse hinein. Dafür braucht es einen Schmerz, einen Mangel, es braucht Kenntnisse über die Möglichkeiten von New Work und es braucht Zeit für Akzeptanz und Veränderung. Und es braucht einen Wechsel der kulturellen Perspektive, weg von den Leitwerten Angst, Kontrolle und Starre, hin zu den neuen Leitwerten Mut, Vertrauen und Flexibilität.

New Work bedeutet Veränderung einer Organisation ins Ungewisse hinein

Diese alten und neuen Leitwerte sind nicht willkürlich gewählt, sondern im Hinblick auf die drei grundlegenden Mängel: an Sinn, an Organisation und an Personal. Nimmt man einem Menschen seine Arbeit, stürzt er unter Umständen in eine existenzielle Krise und fragt: Was mache ich jetzt? Wofür bin ich noch gut? Wer braucht mich? Diese Fragen lösen Unbehagen bis hin zu Angst aus. Genau dieselben Fragen muss sich auch ein Unternehmen stellen, wenn es langfristig konkurrenzfähig bleiben will. Es ist eine Gratwanderung: Auf der einen Seite sollten ein gewisses Selbstbewusstsein und eine Selbstwirksamkeit der Organisation vorhanden sein. Auf der anderen Seite sollte sie sich auch infrage stellen können, wachsam bleiben, Veränderung zulassen. Das ist ein nicht auflösbares Dilemma. Die Frage nach dem Sinn, nach dem Zweck des Unternehmens kann Angst auslösen. Was, wenn herauskommt, dass unsere Kunden uns nicht mehr brauchen? Was, wenn wir selbst nicht mehr an den Sinn unserer Organisation glauben? Dann übernimmt die Angst das Ruder, es kommt zu einem Teufelskreis aus Lähmung und Sinnverlust. Daher brauchen Unternehmen die Tugend des Mutes. Genau wie ein Mensch sich der Angst vor der Sinnleere stellen muss und sein Schicksal anpackt, müssen auch Unternehmen immer wieder die Sinnfrage stellen, die Angst überwinden und Mut entwickeln. Mut ist der erste kulturelle Leitwert erfolgreicher Unternehmen, er hilft bei der Beantwortung der Sinnfrage. New Work bedeutet daher, die Angst der Sinnfrage zuzulassen und den Mut für die Veränderung zu entwickeln.

Auch der zweite große Mangel, die unflexible Organisation, gründet in einem negativen Leitwert. Dieser ist nicht, wie man vielleicht annehmen könnte, die Inflexibilität, sondern das Bedürfnis nach Kontrolle. Dieses wird aus der Angst geboren, der Angst vor unabsehbaren Risiken. Deshalb will ein Unternehmen alles wissen, alles kontrollieren: das Mitarbeiterverhalten, die Kommunikation, die Außenwirkung, die Absatzkanäle und so weiter. Das Problem ist nicht die Kontrolle an sich, sondern die Ausweitung der Kontrolle auf nicht kontrollierbare Bereiche. Das Ergebnis sind Dokumentationsorgien, die die Mitarbeiter demotivieren und das Geschäft mit den Kunden ersticken. Das Controlling als ehemals sinnvoller Teil des Unternehmens mutiert zum Moloch und wuchert in alle Ritzen der Organisation hinein. Es gerät selbst außer Kontrolle (!) und ist doch nur Ausdruck eines Kontrollverlustes, der bereits Wirklichkeit geworden ist – auf eine schlimmere Art, als es der Markt sein könnte.

Die Antwort auf die wuchernde Kontrolle ist so einfach wie schwer: Vertrauen. Das ist leichter gesagt als getan. Erstens gibt es Dinge in Unternehmen, die man nach wie vor kontrollieren sollte. Zweitens braucht es für Vertrauen in der Zusammenarbeit ein entsprechendes Menschenbild. Solange man annimmt, der Mensch sei faul und brauche eine motivierende Karotte vor der Nase, um sich überhaupt in Bewegung zu setzen, wird man kein Vertrauen in ihn investieren. Um eine Organisation flexibler zu gestalten, sind daher zunächst keine neuen Instrumente erforderlich, sondern Übungen in Vertrauen. Methoden wie Projektgruppen, Taskforces und so weiter sind gut und richtig. Doch solange sie mit dem Geist der Kontrolle betrieben werden, richten sie mehr Schaden als Nutzen an. Jede Demokratisierung und Dezentralisierung erhöht den Grad an Komplexität, Kommunikation und Abstimmung. Ohne Vertrauenskultur steigt damit automatisch der Aufwand an Kontrolle, und das Gegenteil von New Work tritt ein: Demotivation, sinnloser Aufwand, Qualitäts- und Zeitverluste und ein »Das habe ich doch gleich gewusst« der Geschäftsführung.

Der dritte große Mangel, der Mangel an geeignetem Personal, beruht nicht nur auf externen Faktoren wie einem objektiven Mangel an Fachkräften in bestimmten Bereichen, sondern ist teilweise hausgemacht. Der kulturelle Wert, der hier vor allem Schaden anrichtet, heißt Starrheit. Betrachtet man den Personalbereich, möchte man annehmen, dass die dortigen Mitarbeiter Experten für Menschen sind: kommunikativ, psychologisch geschult und mit einem Auge für das Machbare. Tatsächlich scheinen viele Personalabteilungen hier Defizite zu haben. Personal wird als reine Administrationsaufgabe verstanden oder von den Fachabteilungen nicht als gleichwertiger Partner für die Auswahl und die Begleitung der Mitarbeiter angesehen. Personaler sollen Bewerber einladen, das Gehalt buchen, Zeugnisse schreiben und sich aus der Personalstrategie eher heraushalten anstatt mitreden.

Offenbar haben manche Personalabteilungen diese Rollenzuschreibungen über die Jahre akzeptiert. Anders ist die vielerorts schwache Stellung der Personalabteilung, das teilweise unprofessionelle Bewerbermanagement und eine gewisse Starrheit des Denkens nicht zu erklären. Doch gerade heute, da alte Berufsbilder aufbrechen, sich neue Berufe bilden und Kompetenzen zu neuen Anforderungsprofilen gruppieren, wären in der Personalfunktion eine starke Stimme, eine Lust am Neuen und eine gedankliche und handwerkliche Flexibilität vonnöten. Flexibilität bedeutet nicht, jeder Mode hinterherzulaufen, sondern konkret Menschen nicht mehr in alte Berufs- und Erwartungsmuster zu pressen. Im Zeitalter der Mosaikkarrieren und der »disruptiven Biografie« müssen auch Personaler umdenken, eigene Barrieren im Kopf einreißen, offen werden für Qualifikationen, die vielleicht nicht mit einem Zertifikat versehen sind, sich informieren über wirksame und wissenschaftliche Instrumente der Personalauswahl. Im Grunde sollte die Personalabteilung der dankbarste Kandidat für New Work sein. New Work gibt die theoretische Fundierung und das Instrumentarium vor für eine Arbeitswelt, wie sie der idealistische Personaler vor Augen hat: sinnbewehrt, respektvoll, menschenfreundlich.

Die Personalabteilung sollte der dankbarste Kandidat für New Work sein

Was können Organisationen tun, um mittelfristig New Work zu verwirklichen? Zunächst heißt es, wachsam zu sein, damit man Veränderungen im Markt und Veränderungen in der Organisation früh erkennt. Dafür gibt es Mittel und Wege, im New-Work-Bereich oder aus anderen Quellen. Ist man wachsam, spürt man vielleicht irgendwann das Bedürfnis: nach neuem Sinn, nach einer besseren Organisation oder nach geeigneterem Personal. Ist der Schmerz groß genug, kann man handeln, entlang der Linie der drei großen Leitwerte: von Angst zu Mut, von Kontrolle zu Vertrauen, von Starrheit zu Flexibilität. Abschließend seien einige Impulse genannt, mit denen Organisationen sich auf den Weg des New Work begeben können:

- **Räumliche und zeitliche Flexibilisierung der Arbeitsleistung.** Dieses Instrument ist in der momentanen New-Work-Diskussion so etwas wie das Flaggschiff der Bewegung, mutiert aber zuweilen zum unangemessenen Allheilmittel. Eine Flexibilisierung von Arbeitszeit und Arbeitsort sollte man vorsichtig umsetzen, Schritt für Schritt. Flexibilisierung ist nicht trivial nach dem Motto: Wir führen Homeoffice ein und alles wird besser. Flexibilisierung steht im Schnittpunkt von so unterschiedlichen Dingen wie Kundenanforderungen, den Möglichkeiten der technischen Infrastruktur, den persönlichen Gestaltungswünschen und den gesetzlichen Bestimmungen. Am besten orientiert man sich am Bild der »atmenden Organisation«. Atmung erfolgt dynamisch. Man atmet ein und aus, mal tiefer, mal flacher. Eine gelungene Flexibilisierung von Arbeitsvorgängen folgt auch in der Organisation dieser Dynamik des Atmens: arbeiten, wann, wo und wie es nötig ist, zu minimalen Gesamtkosten an Zeit, Material und Aufwand mit möglichst optimalem Ergebnis.

- **Training der INSEL-Fertigkeiten.** Ob New Work oder konventionell: Die neue Arbeitswelt bleibt global, kommunikativ, kollaborativ. Daher sollte eine Organisation darauf dringen, ihre Mitarbeiter in den fünf INSEL-Fertigkeiten zu trainieren: Informativität, Netzkompetenz, Selbstorganisation, Ethos und Leadership. Je reibungsloser die Zusammenarbeit zwischen Menschen funktioniert (und genau das unterstützen die INSEL-Fertigkeiten), desto wirkungsvoller und befriedigender gestaltet sich Arbeit. Auf individueller Ebene erhöhen sich Motivation und Selbstwirksamkeit, auf organisationaler Ebene verbessern sich das Ergebnis, die Flexibilität und die Widerstandsfähigkeit bei unvorhergesehenen Problemen. Es sollte ein Leichtes sein, diese INSEL-Fertigkeiten in einem internen Weiterbildungskatalog abzubilden und den Mitarbeitern in Form von Selbstlernkursen, Coachings und Trainings zur Verfügung zu stellen.

- **Coachingprogramme für Führungskräfte.** Eine Organisation könnte ein Coachingprogramm des New Work aufsetzen. Führungskräfte als Multiplikatoren und wichtige Vorbilder innerhalb der Organisation bekommen die Gelegenheit, sich persönlich mit New Work zu beschäftigen, vor allem da es bei New Work nicht zuerst um Instrumente geht, sondern um eine veränderte Einstellung, um Kultur, um Leitwerte wie Mut, Vertrauen und Flexibilität. Für viele Führungskräfte, die noch mit alten Organisationsmodellen, mit Konkurrenz, Silodenken, Win-lose-Szenarien und Statusdenken aufgewachsen sind, wäre das eine Provokation und ein Auslöser für Widerstand. Dennoch ist dieses »Gewinnen von Herzen und Händen« für den New-Work-Prozess unverzichtbar. New Work ohne Einbeziehung der Führungskräfte funktioniert nicht. Daher geht es in einem derartigen Coachingprogramm in hohem Maße um den Anteil der eigenen Person am Unternehmen, um die Selbstsicht, um persönliche Werte und natürlich um die Perspektive, die New Work für die einzelne Führungskraft bietet.

- **Revision des Recruitings.** Organisationen sollten Bewerber und Mitarbeiter wie Kunden behandeln. Es bekommt einer Organisation schlecht, wenn sie Kunden signalisiert: Friss oder stirb. Der Kunde geht in der Regel woandershin. Bei qualifizierten Arbeitskräften könnte es in der Zukunft genauso kommen. Diese lassen sich ein Verhalten, wie es im Recruiting seitens der Organisationen gezeigt wird, nicht mehr gefallen. Dazu gehören unprofessionelles Terminmanagement, unpersönliche Standardabsagen, überzogene oder unklare Anforderungsprofile, »schwarze Psychologie« wie Stressinterviews oder unwissenschaftliche und unwirksame diagnostische Verfahren. Außerdem sollten Organisationen starre Auswahlkriterien zugunsten heutiger Mosaikkarrieren infrage stellen und in die Qualifikation ihrer Recruiter investieren. Beispielsweise könnte man festlegen, dass ein Recruiter mindestens 40 Jahre alt sein muss. Oder wie will ein 28-Jähriger ernsthaft die menschliche und berufliche Qualifikation eines 45-Jährigen beurteilen? Die richtigen Mitarbeiter finden und einstellen ist die wichtigste Maßnahme der Personalentwicklung. Dazu braucht man nicht nur die berufliche Qualifikation, sondern auch Lebenserfahrung.

- **Investitionen in die digitale Infrastruktur.** So ausgelutscht das Schlagwort der Digitalisierung inzwischen ist, so wenig scheint dessen Konsequenz in heutigen Organisationen angekommen zu sein. Man kann nicht von gelungener Digitalisierung sprechen und gleichzeitig veraltete Software nutzen. Ein Smartphone zu haben, ist noch kein Kompetenzausweis für eine digitale Strategie. Die digitale Infrastruktur ist heute das Rückgrat jedes Prozesses, jeder Kommunikation, jedes Projektschrittes. Daher sollte zumindest ein kleiner Kreis in der Organisation sich ständig mit neuen digitalen Technologien beschäftigen, sollte sie prüfen, Szenarien erstellen und Handlungsempfehlungen ableiten. Wird ein digitales Instrument als sinnvoll erachtet, muss die Organisationsleitung auch das entsprechende Geld in die Hand nehmen. Das tut weh, denn die Performance guter digitaler Systeme sieht man daran, dass eben nichts passiert, dass alles reibungslos läuft. Dies widerspricht dem »Primat der Störung«, die man aktiv und für jeden sichtbar beseitigen kann. Doch auch hier muss man nicht auf jeden Zug aufspringen. Technik ist kein Selbstzweck, sondern muss zur Organisation passen. Aber Züge permanent vorbeifahren lassen ist auch keine Lösung.

- **New-Work-Labs.** Organisationen könnten Pilotprojekte starten, in denen sie Kultur und Instrumente von New Work testen. Wie in einem Labor sollten Mitarbeiter und Führungskräfte sich mit New Work auseinandersetzen können: Barcamps durchführen, Workshops über Möglichkeiten der Demokratisierung veranstalten, Vorträge über New Work hören und vieles mehr. Die Ergebnisse solcher Veranstaltungen sollte ein New-Work-Team ins Unternehmen kommunizieren: über das Intranet, über E-Mail-Verteiler oder Ähnliches. Die Labors dienen als Testgelände, in denen sich Mitarbeiter mit den Prinzipien von New Work vertraut machen. Ziel ist nicht das Erarbeiten einer perfekten Lösung für ein konkretes Problem, sondern die spielerische Auseinandersetzung mit den Möglichkeiten von New Work. Erst die Begegnung mit dem konkreten Gegenstand schafft Akzeptanz und verringert Vorurteile. Es ist die eine Sache, in einem Buch etwas über den »Rat der Weisen« als Instrument der Mitarbeiterbeteiligung zu lesen. Es ist etwas ganz anderes, einen solchen Rat praktisch einzuführen. Wenn man die Dynamik und die Ergebnisse sieht, hört und fühlt, ist die Resonanz und Überzeugungskraft viel größer.

- **New-Work-Deal.** Die politischen Partner in einer Organisation (Management, Personalabteilung, Betriebsrat, Personalrat und Vertreter der Fachabteilungen) könnten sich jährlich zusammensetzen und anhand von Fragen einen neuen »Deal« der Arbeitsgestaltung aushandeln: Was bedeutet für uns Organisationserfolg? Was ist für uns die akzeptable Mitte zwischen Kontrolle und Vertrauen? Bildet unsere Organisation die Bedürfnisse der Kunden und unsere eigenen Bedürfnisse ab? Wie schaffen wir den finanziellen, organisatorischen und kulturellen Spielraum für einen »New Deal«? Diese Fragen können ein neues Selbstverständnis der Organisation schaffen, ein Selbstverständnis auf dem Fundament von Mut, Vertrauen und Flexibilität. Vom Vorstand bis zum Pförtner sollten alle Mitarbeiter und Führungskräfte die Antworten aus solchen regelmäßigen Fragerunden kennen und beherzigen.

Das sind nur einige Ideen aus einem Füllhorn von Möglichkeiten. In der Projektorganisation beispielsweise gibt es Instrumente wie Scrum, Auslastungsboards oder Poster-Sessions. Im Bereich der sozialen Mitarbeiterbeteiligung haben sich ebenfalls viele Instrumente entwickelt, wie der Rat der Weisen, das Gegenstromverfahren, Führungskräftewahl oder die Konsultation. Die Dezentralisierung kann man über Instrumente wie Policy-Circles, Peergroups und selbst organisierte Teams steuern. Auch wenn diese Begriffe dem einen oder anderen fremd erscheinen: Das Instrument an sich ist nicht so wichtig. Entscheidend für Organisationen auf ihrem Weg zu New Work sind Geist, Einstellung, Kultur. Und die führt vom Mangel zur Wachsamkeit und weiter zu den drei Leitwerten Mut, Vertrauen und Flexibilität. Chancen ergreifen statt den Mangel verwalten – das bedeutet New Work für Organisationen.

Zusammenfassung

Organisationen haben Schwierigkeiten mit der Akzeptanz von New Work, da es das Verlassen eingefahrener Wege mit dem Risiko eines unkalkulierbaren Ergebnisses verbindet. Dies läuft dem natürlichen Impuls von Organisationen zur konservativen Bewahrung und zur Risikovermeidung entgegen. Für das Experiment New Work braucht eine Organisation Vertrauen zu sich und zu seiner Zukunft.

Organisationen werden auch in Zukunft New Work vor allem aus einer Motivation heraus praktizieren: weil sie es müssen. Nur aus der Erfahrung des Schmerzes, des Mangels heraus entsteht in einer Organisation der Drang zur Bewegung, zur Veränderung. Diese Mangelsituation wird sich in den nächsten 20 Jahren erheblich verschärfen.

Für ein Unternehmen gibt es drei entscheidende Arten des Mangels: an Sinn, an geeigneter Organisation und an geeignetem Personal. Alle drei Mängel führen letztlich zum finalen Mangel an Geld. Im Angesicht eines ernsthaften Risikos wird die Bereitschaft des Unternehmens steigen, unkonventionelle Ansätze wie New Work zu testen und einen ungewissen Ausgang in Kauf zu nehmen.

Der Mangel an Sinn drückt sich in einer unklaren Strategie und in sozialen Auflösungserscheinungen des Unternehmens aus. Der Mangel an geeigneter Organisation führt zu unangemessener Starrheit und zu einem unflexiblen Denken und Handeln. Der Mangel an geeignetem Personal wird verursacht durch die Veränderung der Berufsbilder, durch den demografischen Wandel und durch eine unprofessionelle Personalarbeit.

Ein reifes Unternehmen kann den Mängeln entgegenwirken, indem es wachsam bleibt und das Ohr am externen Puls des Marktes und am internen Puls des Mitarbeiters hat. Hier können Instrumente wie jährliche Kundenkonferenzen und die Analysen weniger und sinnvoller Kennzahlen oder New-Work-Verfahren wie World-Cafés oder Barcamps zum Einsatz kommen.

Wachsamkeit allein genügt jedoch nicht. Die Beseitigung der drei großen Mängel geschieht auch nicht durch das isolierte Durchführen von Maßnahmen, sondern in einer allmählichen Veränderung der Organisationskultur. Dabei gründet ein Mangel auf einem negativen Leitwert und benötigt zur Veränderung einen positiven Leitwert. Das kostet Zeit und Anstrengung.

Der Mangel an Sinn verursacht Angst und Verunsicherung. Daher braucht ein Unternehmen als Leitwert für die Veränderung Mut. Der Mangel an geeigneter Organisation resultiert aus einem übergroßen Bedürfnis nach Kontrolle; als Leitwert dient hier Vertrauen. Der Mangel an geeigneten Mitarbeitern schließlich resultiert aus unangemessener Starrheit und erfordert Flexibilität im Denken und Handeln als Leitwert.

Organisationen können den Geist des New Work entwickeln, indem sie durchaus unterschiedliche Dinge ausprobieren. Man kann Arbeit vorsichtig zeitlich und räumlich flexibilisieren, man kann die INSEL-Fertigkeiten trainieren, Coachingprogramme für Führungskräfte aufsetzen, das Recruiting einer Revision unterziehen oder auch in die organisatorische Infrastruktur investieren, um Kommunikation und Management zu erleichtern. Darüber hinaus wäre die Einrichtung von New-Work-Labs denkbar, in denen Mitarbeiter Methoden und Denkansätze von New Work erproben, oder das Verfassen eines New-Work-Deals, in dem wichtige Punkte der Arbeitsgestaltung immer wieder diskutiert werden können.

Arbeit als Aufgabe für Politik und Gesellschaft

Ein Buch über New Work wäre nicht vollständig, würde man den gesellschaftlichen und politischen Kontext dieser Idee vernachlässigen. New Work setzt Kräfte auf unterschiedlichen Ebenen frei: beim Einzelnen selbst, in der Zusammenarbeit, in der Entwicklung von Organisationen, in der Betrachtung wirtschaftlicher Sachverhalte und eben auch in der Gestaltung gesellschaftlich-politischer Landschaften. New Work verändert die Arbeit, die Gesichter der Arbeit in unserer Gesellschaft und damit die Gesellschaft selbst. Daher hat New Work nicht nur inspirierende Botschaften für arbeitende Menschen, Organisationslenker und Personalverantwortliche parat, es sollte auch von politischen Entscheidungsträgern aufmerksam verfolgt werden, gerade wenn man das Banner einer gelungenen Arbeitspolitik hochhält – was praktisch alle Parteien von sich behaupten. New Work wird in der Politik zur Chiffre, zur Zukunftsvision. Und wie jede echte Vision bringt sie enorme Veränderungen mit sich, gute und schlechte. Manchmal schrecken Politiker vor den Folgen der Veränderung zurück und wollen sie aus Angst vor Wählerverlust nicht thematisieren. Eine unbegründete Angst und ein strategischer Fehler, denn Veränderungen brechen sich Bahn, und bei frühzeitiger Intervention kann man immerhin die Veränderung *by design* wählen und nicht *by desaster*.

Denn dies sollte Politik auch leisten: Dinge voraussehen. Handeln, bevor es zu spät ist. Im Gegensatz zur Wirtschaft und ihrer dominanten Sprache des Geldes erwarten Bürger von Politikern eine reflektierte Betrachtung der Wirklichkeit auch abseits finanzieller Überlegungen. Deshalb sollen Volksvertreter tatsächlich »das Volk vertreten«, das Volk abbilden mit dem Ziel vor Augen und ausgestattet mit der Macht, für das Volk Entscheidungen zu treffen. Dazu gehört mehr als eine finanzielle Kosten-Nutzen-Kalkulation. Die finanzielle Vernunft muss in der Politik der Diener der Menschlichkeit sein.

Manchmal braucht es vonseiten der Politik nicht einmal eine Lösung, nur den symbolischen Beginn einer überfälligen Debatte. Politik muss gar nicht den Eisberg vor der Titanic sprengen, aber mit dem Finger darauf zeigen und »Eisberg voraus!« rufen. Es ist das Privileg der Politik, Themen auf die Tagesordnung zu setzen, die einer öffentlichen Diskussion bedürfen, weil sie wichtig sind. Natürlich erfolgt eine öffentliche Themensetzung auch durch die Medien als »vierte Gewalt« und durch die Erregungswellen in den sozialen Netzwerken. Doch allein die Legislative kann die Themensetzung mit politischer Konsequenz in Form von Gesetzen, Ausschüssen etc. verbinden. Diese Verbindung von Thema und Konsequenz muss im politischen Geschehen sichtbar und ausführbar sein, sonst bleibt Politik wirkungslos. Auch die Arbeitspolitik im Allgemeinen und Impulse aus dem New Work im Speziellen brauchen diese Verbindung von Thema und Konsequenz. Um New Work gelingen zu lassen, um Zufriedenheit und Produktivität auf ein höheres Niveau zu bringen, müssen wir auch die politische Diskussion führen, brauchen wir eine gesellschaftliche Auseinandersetzung über entscheidende Fragen und Sachverhalte: Arbeitszeitflexibilität, Gleichstellung, Betriebsverfassung, die Rolle der Tarifpartner, das Einhegen der globalisierten Dynamik oder die Ächtung asozialer Wirtschafts- und Beschäftigungsformen.

Forderung an die Politik: symbolischer Beginn einer überfälligen Debatte

Das Ende des Kapitalismus? – New Work als Wirtschaftskritik

New Work widmet sich drängenden Fragen der modernen Arbeitsgesellschaft. Diese erschöpfen sich nicht in der Gestaltung von Arbeitsbedingungen, auch wenn ein solcher Ansatz in der New-Work-Diskussion prominent vertreten ist. Natürlich spielen Dinge wie die Flexibilisierung der Arbeitszeit oder gesunde Arbeitsbedingungen eine große Rolle. Doch diese spielen sich eher auf der Ebene der Wirtschaft und der einzelnen Organisationen ab. Genauso könnte man sagen, New Work handle von der Selbstverwirklichung des Einzelnen und der Nutzung und Vervollkommnung seiner natürlichen Talente. Auch das ist wahr, doch betrifft dies im Kern vor allem die persönliche Ebene, den einzelnen Menschen. Geht man konzentrisch von innen nach außen, haben wir als Kreisinneres den Menschen mit seiner individuellen Persönlichkeit, seinen Wünschen und Fähigkeiten. Zieht man einen zweiten Kreis darum, befindet man sich in der größeren Ebene der Organisation. Und zieht man darum wiederum einen Kreis, befindet man sich in der Ebene der Gesellschaft. Die aktuelle Diskussion läuft Gefahr, sich zu sehr auf den mittleren Kreis, die Gestaltung der Organisation, zu konzentrieren. Doch wir müssen genauso auf den einzelnen Menschen nach innen wie auch auf die größere Ebene der Gesellschaft und Politik schauen, also nach außen. Auf dieser gesellschaftlich-politischen Ebene entfaltet sich erst das revolutionäre Potenzial von New Work. Auch darüber sollten wir diskutieren, da es über einzelne Biografien und Organisationsentwicklung hinausgeht. Die Frage der gesellschaftlichen Ebene lautet schlicht: Wie wollen wir als Gesellschaft leben und arbeiten? Welche Zukunft hat das traditionelle Lohnarbeitssystem in seiner jetzigen Form? Wie stellen wir uns eine gerechte Arbeitswelt vor? Müssen wir uns der Entkopplung von Arbeitsleistung und Produktivität ganz neu stellen? Auf diese Fragen gibt es noch keine Antworten, kann es noch keine geben. Doch New Work zu denken, ohne diese Fragen zu diskutieren, ist, als ob man ein Auto mit nur zwei Rädern baut. Es ist unsinnig, vergeudet Zeit und Kraft und stiftet keinen Nutzen. Daher sollten wir die zwei großen, ursprünglichen Forderungen des New Work genauer betrachten und für unsere Gesellschaft diskutieren: den Rückbau der Lohnarbeit und die Entkopplung von Arbeit und Produktivität.

Bergmann forderte bereits in den 1980er-Jahren, das Wesen der Arbeit müsse sich grundlegend verändern, müsse als New Work die Gesellschaft umgestalten. Das System der Lohnarbeit solle drastisch zurückgefahren werden. Möglich würde dies durch eine umfassende Automatisierung im lokalen Maßstab (»Hightech-Selbstversorgung«). Ergänzend bliebe den Menschen Zeit für das Verfolgen einer persönlichen Lebensvision, ihrer Berufung (Calling). Obwohl Bergmann und die New Worker für diese Vision bereits seit mehr als 30 Jahren kämpfen, scheint erst jetzt die Zeit reif zu sein für echte, großformatige Veränderungen, nicht zuletzt dank der revolutionären Entwicklungen der Digitalisierung und Automatisierung. Auch die Politik spielt in dieser Gestaltung von New Work eine wichtige Rolle – obwohl sie der Entwicklung eher hinterherhinkt als voranschreitet.

Frithjof Bergmann begründete einst sein Verständnis von New Work mit der Sehnsucht nach einer Freiheitsvergrößerung für den Menschen. Er stellte nicht den Sinn der Arbeit selbst in Abrede, im Gegenteil. Doch das politisch-soziale Konstrukt der Lohnarbeit sah er äußerst kritisch. Das Lohnarbeitssystem sei »eine unglückselige Invasion, eine Krankheit von Anfang an. Das System litt als Ganzes von dem Moment an, da es sich zu entwickeln begann, an Schwächen, die immer schlimmer wurden […]. Es sieht so aus, als sei dieses System nun, schwer und auf komplexe Weise pathologisch, in die Phase seines endgültigen Zusammenbruchs eingetreten.«[150] Bergmann hält die 200-jährige Epoche der Lohnarbeit, die mit der Industrialisierung begann, für eine Zeit des Übergangs. Mit der Forderung nach Potenzialentfaltung des Menschen einerseits und mit den heraufziehenden revolutionären technischen Möglichkeiten andererseits sei das Lohnarbeitssystem nicht mehr zeitgemäß und stehe vor dem Zusammenbruch. Der standardisierte Vertrag von fremdbestimmter Arbeitszeit gegen Arbeitslohn werde aus verschiedensten Gründen immer öfter gebrochen: von Arbeitnehmerseite durch Ansprüche auf Flexibilität, Sinn oder das Recht auf Unerreichbarkeit, von Arbeitgeberseite ebenfalls durch Ansprüche auf Flexibilität, Werk- oder Zeitverträge und durch die globale Mobilität und Dynamik.

Dieser Zusammenbruch, diese gegenseitige Aufkündigung des »gefühlten Arbeitsvertrages« geschieht in unserer Gesellschaft nicht mit einem großen Knall, sondern als allmählicher Dammbruch, bei dem sich immer mehr und immer größere Risse bilden. Diese Risse kann man Tag für Tag besichtigen: in den steigenden Statistiken psychischer Krankheiten, im Auseinanderklaffen der sozialen Schere, in verzweifelten Arbeitskämpfen der Gewerkschaften, in der Teilzeitarbeit als Frauenphänomen, in überquellenden Bücherregalen mit Ratgebern gegen Stress, gegen Mobbing, gegen Ausbeutung, für »richtige« Bewerbungen, für die »richtige« Karriere, in glorifizierenden Berichten von Aussteigern aus dem System (»Vom Manager zum Apfelbauern«), in den niedrigen Umfragewerten zur Mitarbeiterzufriedenheit und so weiter und so fort. Lohnarbeit, so Bergmann, halte den Menschen in einem Zustand »milder Krankheit« gefangen, die montags beginne und freitags ende (heute dauert sie für manche Erwerbstätige die ganze Woche). Daher hat New Work nicht nur für den einzelnen Menschen Bedeutung und hört auch nicht bei Organisationsentwicklung auf. New Work strahlt in die ganze Gesellschaft hinein. Es erhebt die Forderung nach einer Neuordnung, einer Strukturierung der Arbeitsgesellschaft vom Menschen her. In diesem Sinne ist sie nicht nur eine humanistisch-philosophische, sondern auch eine zutiefst psychologische Perspektive. Erst mit New Work macht der Spruch vom »Menschen im Mittelpunkt« überhaupt Sinn.

Bergmann setzt den Rückbau des Lohnarbeitssystems nicht mit der Abschaffung des Kapitalismus an sich gleich; er schüttet nicht das Kind mit dem Bade aus. New Work greift nicht den Kapitalismus als solchen an, sondern dessen marktradikale, pervertierte, menschenverachtende Variante. Kapitalismus im Sinne Bergmanns bedeutet daher nicht eine Ökonomie des maximalen, sondern des minimalen Kaufens. Daher geht auch der Vorwurf der Kapitalismusschelte am Konzept des New Work vorbei. Frithjof Bergmann selbst nannte seine New-Work-Theorie den »Dritten Weg«: eine stark abgewandelte Form des heutigen Kapitalismus, mit ausgeprägten sozialen, ökologischen und ethischen Elementen. Aber wenn Lohnarbeit für unsere Gesellschaft ein konstituierendes Merkmal ist, wenn unsere Gesellschaft sich ein Dasein ohne Lohnarbeit nicht denken kann, dann wird es Zeit, die Gesellschaft und ihre prägende Kraft, die Politik, in den Blick zu nehmen.

New Work setzt auf eine abgewandelte Form des heutigen Kapitalismus

Es ist wie mit einem eingesperrten Tiger im Zoo. Dieser hat unglaublich viel Kraft, aber nach Jahren der Gewöhnung an den Käfig wird er dessen Grenzen nicht mehr überschreiten, auch wenn man den Käfig wegnimmt. Er hat die bloße Vorstellung eines Lebens außerhalb seines Käfigs verloren. Um überhaupt eine Diskussion über ein Leben mit weniger Lohnarbeit zu starten, muss man die Idee des New Work gesellschaftlich diskutieren. Gesellschaft und Politik ziehen – nach dem Individuum und der Ebene der Organisation – die großen Linien, den einflussreichen Rahmen. Die Reduzierung der Lohnarbeit, das war auch Bergmann völlig klar, ist der heikelste Punkt der New-Work-Theorie. Aus gutem Grund hört man hierzulande von den New-Work-Vertretern dazu nicht einen Ton. Auch wenn Bergmann durchaus überzeugend argumentiert, warum das Lohnarbeitssystem den Menschen krank macht und ein historischer Fehler ist, zeigt er hinsichtlich der Umsetzungschancen seines Konzepts keinerlei Naivität. New Work sei »eine fortschreitende *Mobilisierung*. Als solche existiert sie bereits in der Realität, [...] und sie hat auch eine Geschichte, eine Geschichte mit Fortschritten und Rückschlägen, mit glänzenden Momenten und misslichen Fehlern. Es ist [...] deshalb wichtig, hervorzuheben, dass wir keineswegs eine fabelhafte, brandneue Idee ins Leben setzen wollen, die uns sozusagen erst gestern Abend unter der Dusche eingefallen ist. [...] In einigen Fällen haben sie [Neue-Arbeit-Gruppen] Erstaunliches erreicht, in anderen verlief das Begonnene wieder im Sand.«[151]

Bei aller Kritik am Lohnarbeitssystem geht es nicht um das Flirten mit dem Kommunismus, um eine beliebte Kritik an Bergmanns

Philosophie und dem New-Work-Ansatz aufzugreifen. Bergmann unterstellt dem Kommunismus ein fundamentales Missverständnis: »Marx hat das *Erlebnis* der Arbeit, die eigentliche Erfahrung des Menschen, die sie mit ihren eigenen Händen und mit ihrem eigenen Kopf tun, glatt *missverstanden*. [...] Er hat mit abstrakten Begriffen theoretisiert. Wieso? Weil ihm sonst [...] hätte auffallen *müssen* [...], dass das Erlebnis, die Qualität, der Rhythmus der Arbeit *nicht* vom abstrakten Begriff des *Eigentums* bestimmt wird.«[152] Mit anderen Worten: Für das Glück des Menschen ist es nicht entscheidend, ob er Eigentum an Produktionsmitteln besitzt. Der Kommunismus hat sich am Begriff des Kapitals und des Eigentums abgearbeitet und wollte die Menschen durch Mitbesitz am »kollektiven Eigentum« zum Glück befreien. Er erkannte nicht, dass das eine mit dem anderen nichts zu tun hat. Auch an diesem historischen Irrtum ist er gescheitert.

Wie hängen Arbeit und Produktivität zusammen? Zunächst ist Bergmann zu folgen, der einen wichtigen Unterschied macht zwischen Arbeit und Arbeitsplatz: »Die Arbeit hat keine Grenzen; sie ist unendlich. Und dennoch sind Arbeitsplätze knapp. Aus welchem Grund ist das so? Was Arbeit in einen Arbeitsplatz verwandelt, ist im Wesentlichen, dass die Arbeit nicht von mir selbst bestimmt wird und ihren Ursprung nicht in mir hat. Ich werde von jemandem an- oder eingestellt. Das bedeutet, dass ich etwas leisten *muss*, was für diese andere Person einen Wert hat.«[153] Ein »Arbeitsplatz« stellt insofern eine Unterart der »Arbeit« dar. Man produziert, *muss* einen Wert produzieren, den jemand anderes bezahlt. Doch was geschieht, wenn jemand den Wert günstiger produziert? Ein Subunternehmer? Ein indisches Callcenter? Oder eine Maschine? Inzwischen beginnen wir, die Grenzen der menschlichen Rivalität um Arbeitsplätze zu verlassen und uns durch Maschinen zu ersetzen. Das bedeutet Automation: »Wenn ein Satz von Maschinen dasselbe Produkt billiger herstellen oder dieselbe Dienstleistung billiger bereitstellen könnte, dann kann und wird mein Arbeitgeber auf mich verzichten. Dann würde ich ihn mehr Geld kosten, als er ausgeben kann, und ich bringe ihm keinen Wert, sondern einen Verlust. Das ganze Bild wird noch sehr viel deutlicher, wenn man unterstreicht, dass dies alle Ebenen trifft, vom Topmanager bis hinab zur Putzhilfe.«[154]

In den letzten 15, 20 Jahren stellen Ökonomen eine deutliche Tendenz der Weltwirtschaft fest: Die Produktivität und der Umfang der menschlichen Arbeitsleistung laufen auseinander: Die Produktivität nimmt zu, die dazu notwendige Arbeitskraft nimmt ab. Die Kombination von Wohlstand und Gefälle »stellt zwei gängige, doch gegensätzliche Weltanschauungen in Frage. Eine verbreitete Sichtweise ist, dass technischer Fortschritt stets steigende Einkommen zur Folge hat. Die andere besagt, dass die Automatisierung durch den Ersatz von Menschen durch Maschinen die Löhne der Arbeitnehmer drückt. [...] Die rasche Weiterentwicklung unserer digitalen Werkzeuge schafft beispiellosen Reichtum. Es gibt aber kein wirtschaftliches Gesetz, das besagt, dass Arbeitnehmer ausnahmslos oder auch nur mehrheitlich von diesem Fortschritt profitieren.«[155] Menschen arbeiten also immer weniger und werden dafür auch noch immer schlechter bezahlt: »Produktivität und Beschäftigung [...] entwickelten sich seit dem Zweiten Weltkrieg die meiste Zeit über parallel, bis sie sich Ende der 1990er-Jahre voneinander lösten. Die Produktivität setzte ihren Aufwärtstrend fort, während die Beschäftigung zurückging. Die Beschäftigungsquote ist heute auf dem geringsten Stand seit 20 Jahren oder länger, und das Realeinkommen [...] liegt unter dem Niveau der 1990er-Jahre. Gleichzeitig verzeichneten Produktivität, BIP, Unternehmensinvestitionen und Nachsteuergewinne Rekordstände.«[156]

Die Produktivität nimmt zu, die dazu notwendige Arbeitskraft nimmt ab

Diese Diagnose hat für die Arbeitswelt dramatische Folgen. Es spricht alles dafür und nichts dagegen, dass wir für das Aufrechterhalten und das Wachstum unserer Produktivität immer weniger menschliche Arbeitskräfte benötigen. Darüber kann auch die Zunahme der Minijobs in den letzten Jahren nicht hinwegtäuschen. Unter der Voraussetzung, dass man von seiner Arbeit leben können sollte, hat das Konzept der Minijobs versagt. Und auch wenn sich die Szenarien unterscheiden: Automation und Digitalisierung bauen die Industriegesellschaft bereits jetzt in rasender Geschwindigkeit um. Der Anteil des Onlinehandels am Gesamthandel wächst rasant, schon werden Drohnen für den Transport von Päckchen und Paketen getestet. In der Landwirtschaft folgen die Fütterung und die Besamung der Nutztiere teilweise ausgeklügelten Algorithmen aufgrund von Sensorauswertungen. An der Börse werden jedes Jahr im sogenannten Hochfrequenzhandel mehr Aktien von Computern hin- und hergeschoben als von Menschen. Bald wird es selbst fahrende Autos geben. Den eigenen Gesundheitszustand wird man künftig von einem Armband ablesen können, das mit dem Server der Krankenkasse in Verbindung steht, und so weiter. Wir stehen an der Schwelle einer neuen Zeit, auch in der Arbeitswelt, und müssen uns einigen unbequemen Wahrheiten stellen. New Work hilft dabei, diese Wahrheiten in Chancen zu verwandeln.

Eine weitere Folge ist nicht weniger dramatisch: Das Gefälle zwischen Arm und Reich wird größer: »Technologie [...] begünstigt stets die höher qualifizierten Arbeitskräfte, sorgt dafür, dass mehr Ertrag auf die Eigentümer von Kapital entfällt als auf Arbeit, und verschafft den Superstars noch mehr Vorsprung vor den anderen. Alle diese Trends lassen die Schere größer werden – zwischen Beschäftigten und Arbeitslosen, zwischen hoch und minder Qualifizierten, zwischen den Superstars und dem Rest der Welt.«[157] In dieser »The-Winner-takes-it-all«-Welt werden gebildete, spezialisierte Arbeitnehmer zur knappen, gefragten Ressource und besetzen die wenigen Stellen, die man in einer automatisierten, digitalisierten Wirtschaft braucht. Der Rest läuft Gefahr, unter den Rand zu fallen (siehe die beiden Gewinner- und Verlierergruppen im vorigen Kapitel): »Das reichste Prozent der Deutschen etwa besitzt heute gut ein Drittel der Vermögen, sozialer Aufstieg ist in hohem Maße abhängig von der familiären Herkunft. [...] Dazu kommt der Wettlauf um besondere Arbeitsplätze. Es sind ja vor allem digitale Technologien, die traditionelle Industrien und Arbeitswelten in der entwickelten Welt gerade umbauen und ablösen. Doch sie werden zumindest auf absehbare Zeit vor allem den digitalen Eliten nützen. Die brauchen nur wenig Kapital und Mitarbeiter. Auf der Strecke bleiben die vielen, die keine Chance haben, einen der begehrten Jobs zu ergattern, egal, wie sehr sie sich ausbilden. Es gibt einfach nicht genug dieser Stellen.«[158]

Eine begrenzte Ausweichmöglichkeit liegt in der Drift des Arbeitsmarktes in die Zukunftsbranchen und in die Branchen hinein, die durch ihr Wesen schlecht automatisiert werden können: Biotechnologie, Kunst, Pflege, handwerkliche Medizin, Therapie, Handwerk und einige andere. Doch diese Perspektive kann nur ein Teil der Lösung sein. Qualifizierte Pflegekräfte stehen auf Knopfdruck ebenso wenig bereit wie Ärzte im ländlichen Mecklenburg-Vorpommern. Hier muss die Politik mit aller Macht daran arbeiten, die Gesellschaft von der Mitte aus zusammenzuhalten. Die Schere zwischen Arm und Reich darf nicht zu weit auseinanderklaffen. Es ist eine Gratwanderung zwischen der gesellschaftlichen Dynamik von Oben und Unten, von Arm und Reich und ihrer politischen Einhegung. Diese Gratwanderung zu bewältigen, ist Ziel und Zeichen einer sozialen Marktwirtschaft. Spätestens hier treffen sich die Prinzipien des New Work mit Kennzeichen des modernen, freiheitlichen, demokratischen Staates.

New-Work-Deal – Der Auftrag der Politik

Politik und Gesellschaft müssen sich dringend mit der fortschreitenden Entkoppelung von Arbeit und Produktivität und den Folgen (höherer Arbeitslosigkeit und Spreizung der Schere zwischen Arm und Reich) beschäftigen. In Zeiten der fragmentierten Gesellschaft und der vielfältigen Interessenskonflikte ist die Gestaltung der Arbeitswelt ein Zukunftsthema, das praktisch alle Menschen (und damit alle Wähler) anspricht. Ein einigendes Thema, bei dessen Lösung jedermann Motivation zeigen und Anteil haben sollte. Denn es geht um die Zukunft aller Menschen, in einem regionalen, einem nationalen und einem globalen Maßstab.

Dass es hier keine perfekten Lösungen geben wird, ist offensichtlich. Perfektion ist der Feind der Effizienz. Wir sollten nicht in Schönheit sterben, während uns die Zukunft der Arbeit um die Ohren fliegt. Außerdem bedeutet Perfektion Stillstand, und den gibt es in einer dynamischen, globalisierten Gesellschaft nicht mehr. Beim Thema Arbeit und New Work kann es also nicht um Perfektion gehen, schon gar nicht, wenn sich die Politik damit befasst. Politik bedeutet Gestaltung, aber auch Kompromiss. Ein Ringen, kein Feilschen. Kompromisse sind kein Zeichen von Schwäche, sondern die Verwandlung des Wunsches in das Machbare. Damit aber neben der Perfektion nicht auch die Effizienz auf der Strecke bleibt, müssen wir heute die Diskussion starten: in der Politik, in der Wirtschaft, in den Schulen und Universitäten, in den Feuilletons und Wirtschaftsmagazinen und am Stammtisch. Die politische Diskussion trägt die Kernfragen des New Work ins Herz der Gesellschaft: Wie wollen wir leben? Wie wollen wir arbeiten? Und was hält uns als Gesellschaft zusammen? Nachfolgend seien hierzu einige Ideen dargestellt.

Überarbeitung der juristischen Rahmenbedingungen. Politik hat die Macht, Recht zu setzen, das ist mit ihre vornehmste Aufgabe. Und gerade im Bereich der Arbeit wäre eine Anpassung der gesetzlichen Rahmenbedingungen dringend notwendig. Auf den Prüfstand gehören etwa das Betriebsverfassungsgesetz, das Arbeitsschutzgesetz oder das Allgemeine Gleichstellungsgesetz. Um nicht missverstanden zu werden: Es geht nicht unbedingt um eine *Lockerung* von Gesetzen, sondern um ihre *Modernisierung*. Beispielsweise war die Erweiterung des Paragrafen fünf des Arbeitsschutzgesetzes sehr sinnvoll. Seither muss eine Organisation nicht nur physikalische, biologische und chemische Gefahrenquellen für die Mitarbeitergesundheit analysieren, sondern auch psychische. In einer Zeit, in der psychische Belastungen und Krankheiten immer öfter Topplatzierungen bei den Ursachen für Fehltage einnehmen, ist das eine wichtige und sinnvolle Gesetzesergänzung. Anpassung oder »Reform« von Gesetzen bedeutet nicht zwangsläufig Liberalisierung oder Verschärfung; es ist der spezielle Fall, der den Maßstab setzt.

Was sich allerdings tatsächlich verändern muss, ist der *Geist* der Gesetzgebung. In den letzten Jahrzehnten war die Arbeitsgesetzgebung geprägt von einer mehr oder weniger durchdachten Frontenbildung: Arbeitnehmer versus Arbeitgeber. Diese aus der wilhelminischen Zeit und unter Bismarck geborene Zweiteilung trieb die politischen Parteien in zwei Lager: hier die »arbeitgebernahen« Parteien CDU, CSU und FDP, dort die »arbeitnehmernahen« Parteien SPD, Grüne und Linke. Diese Lagerbildung war bequem und funktionierte in der stabilen, weniger globalen Arbeitswelt des 20. Jahrhunderts leidlich gut. Heutzutage ist eine solche ideologische Spaltung unangemessen und bringt weder Arbeitgebern noch Arbeitnehmern Vorteile. Beide sitzen in einem Boot, sind verbunden in symbiotischer Abhängigkeit. Das sollte die Vision einer neuen Arbeitsgesetzgebung sein. Die Aufhebung der Spaltung bringt den Blick nach vorn. Genauso wie die frühere Betriebswirtschaftslehre im Grunde nur ein Win-lose-Szenario kannte, in dem es einen Gewinner und einen Verlierer geben muss, hat sich die Politik ebendiesem Gewinner-Verlierer-Szenario hingegeben und in Grabenkämpfe verstrickt. Altkanzler Gerhard Schröder beschrieb das trefflich mit dem Ausspruch, es gehe »nicht mehr um sozialdemokratische oder konservative Wirtschaftspolitik, sondern um moderne oder unmoderne«[159].

Die Spaltung zwischen Arbeitgebern und Arbeitnehmern ist heute unangemessen

Auch wenn sich die Parteien inzwischen bemühen, ihrer Arbeitspolitik ein modernes Gesicht zu geben (Frauenquote, »Arbeiten 4.0«, »Digitale Offensive« etc.), können sie das alte Frontendenken offenbar noch nicht ganz ablegen. So schrieb beispielsweise Bundesarbeitsministerin Andrea Nahles von der »Übermacht der Arbeitgeber«, vor der die Arbeitnehmer »geschützt« werden müssten.[160] Der Denkfehler liegt in der Annahme, erst aus diesem Beschütztwerden heraus könnte sich der Arbeitnehmer entwickeln und motiviert ans Werk gehen. Dieses reflexhafte Beschützen wurde »zum Markenzeichen der Linken in der Politik, und die wirkungslosen Rückzugsgefechte wurden sogar charakteristisch für die Gewerkschaften. ›Begrenzung‹ wurde zu ihrem Schlagwort: Begrenzung der Geschwindigkeit der Fließbänder, Begrenzung der Zahl der Arbeitsstunden, Begrenzung des Maßes, zu dem wir uns ausbeuten lassen. […] All dies war […] reaktiv und defensiv […].«[161]

Heutige Arbeitnehmer wollen immer weniger beschützt werden. Die Gewerkschaften als »Schutzburg« des kleinen Mannes verlieren immer mehr Mitglieder und in zukunftsweisenden Branchen wie der Informationstechnologie konnten sie sich sowieso nie durchsetzen. Außerdem rückt eine individualisierte, technisch versierte neue Generation von *Millennials* in die Betriebe ein, die eine völlig andere Vorstellung von Solidarität, Verwirklichung und Arbeit hat als ihre Vorgängergenerationen. Selbstverständlich sollte in einer Organisation Fairness herrschen und selbstverständlich liefern moderne Gesetze dafür eine wichtige Grundlage. Nur das alte Lagerdenken, hier Arbeitgeber, dort Arbeitnehmer, wird uns nicht weiterbringen. Wir brauchen neue, moderne Denkansätze und Ideen.

Gesellschaftliche und finanzielle Anerkennung der Familien- und Bürgerarbeit. Wenn wir von einer weiteren Erhöhung der Produktivität und einem schrumpfenden Bedarf an Arbeitskräften ausgehen, müssen wir neben der gängigen Lohnarbeit zwei weitere Arbeitsformen stärken: die Familienarbeit und die Bürgerarbeit, denn gerade dort gibt es noch Defizite: »Offenkundig ist, dass eine Kombination aus Teilzeitarbeit und freiwilliger Bürgerarbeit in Deutschland weniger attraktiv ist als etwa in den Niederlanden [...]. Biographien, in denen Kombinationen von Erwerbs- und Bürgerarbeit nicht zu einer ökonomischen Belastung werden, sind [...] fast nur in der gutverdienenden Mitte gegeben.«[162] In der Philosophie des New Work stehen sich Erwerbsarbeit, Familienarbeit und Bürgerarbeit gleichwertig gegenüber. Will man New Work als Leitstern moderner Gesellschaften verwirklichen, muss man erstens Bürger- und Familienarbeit finanziell und gesellschaftlich aufwerten und zweitens für eine Durchlässigkeit zwischen diesen Arbeitsformen sorgen. Diese Durchlässigkeit brauchen wir schon aufgrund des demografischen Drucks. Zu viele alte Menschen und zu wenige Pflegekräfte und -plätze sorgen dafür, dass immer mehr alte Menschen von ihren Angehörigen zu Hause gepflegt werden. Die Politik reagiert löblicherweise bereits darauf. Mit dem Pflegezeitgesetz bis hin zu einer zweijährigen »Familienpflegezeit« geht der Gesetzgeber in die richtige Richtung.[163] Diesen gesetzlichen Rahmen sollte man gemeinsam mit der Wirtschaft ausbauen und Modelle des flüssigen Wechsels von der Erwerbsarbeit in die Familienarbeit und wieder zurück vereinfachen und verwirklichen.

Der selbstverständliche Wechsel von Bürgerarbeit zur Erwerbsarbeit könnte auch den Effekt steigender Arbeitslosigkeit dämpfen: »Ein Vorurteil macht die Runde: Bürgerarbeit, so wertvoll sie ist, kann zur Verminderung der Arbeitslosigkeit nichts beitragen. Das stimmt in einem doppelten Sinn nicht: Zum einen sind es gerade Arbeitslose, die Dritten und damit sich selbst helfen. [...] Zum anderen kann Bürgerarbeit sehr wohl auch für Erwerbsarbeit qualifizieren. Vermittelt sie doch Kenntnisse und Kompetenz, die auch in Zeugnissen und Qualifikationsnachweisen dokumentiert werden können. [...] Sozialer Stolz und Anerkennung durch Bürgerarbeit können das Stigma der Arbeitslosigkeit brechen, ins Gegenteil wenden.«[164] Voraussetzung hierfür ist aber ein »Abschied vom Erwerbsarbeitsmonopol« (Ulrich Beck). Das Mindeste wäre, dass dem Einzelnen durch die Wahrnehmung von Familien- oder Bürgerarbeit keine finanziellen Nachteile entstehen, aber genau das ist oft der Fall. Es sollte beispielsweise »Arbeitslosen erlaubt werden, sich für die Bürgerarbeit zu entschließen, ohne dass dies ihren Anspruch auf Leistungen der Bundesanstalt für Arbeit gefährdet. Hier verbirgt sich die Notwendigkeit, das Arbeitsförderungsgesetz zu reformieren [...].«[165] Die automatisierte und digitalisierte Arbeitsgesellschaft der Zukunft wird weniger Menschen brauchen als jetzt – und sie sollte darauf vorbereitet sein: mit der professionellen Aufbereitung und Gleichberechtigung der drei Sphären Erwerbsarbeit, Familienarbeit und Bürgerarbeit.

Diskussion des bedingungslosen Grundeinkommens. Aus der Schere von hoher Produktivität und wenig dafür benötigter Arbeitskraft stellt sich unweigerlich die Frage: Wie wollen wir das Ergebnis der Produktivität, den finanziellen Gegenwert unserer Produkte und Dienstleistungen, verteilen? Noch allgemeiner: Wie solidarisch wollen wir sein? Dies ist in Zeiten der institutionalisierten Entsolidarisierung und der »kollektiven Individualisierung« eine schwierige Frage. Handeln wir künftig nach dem Motto »Einer für alle,

alle für einen« oder nach dem Motto »Denkt jeder an sich, ist an alle gedacht«? Auffällig ist jedenfalls, dass immer mehr Ökonomen, Philosophen und Politiker das bedingungslose Grundeinkommen bzw. die negative Einkommenssteuer ernsthaft diskutieren: »Den wenigen verbleibenden hoch qualifizierten Jobs mit herausragender Bezahlung stehen immer mehr gering bezahlte Jobs im personenbezogenen Dienstleistungsbereich gegenüber. Nur durch eine umfassende Weiterentwicklung der Sozialsysteme, beispielsweise mittels negativer Einkommenssteuer oder bedingungslosem Grundeinkommen, lassen sich die damit verbundenen gesellschaftlichen Folgen beherrschen.«[166]

Der Gedanke eines bedingungslosen Grundeinkommens zielt mitten hinein in die kapitalistische Programmierung der Gesellschaft und trifft unser Selbstverständnis von Leistung und finanzieller Belohnung ins Mark. Slogans wie »Leistung aus Leidenschaft« oder »Leistung muss sich wieder lohnen« werden damit, wenn nicht komplett hinfällig, so doch in einen fundamental anderen Kontext gestellt. Erhält sich die »Leidenschaft zur Leistung«, wenn der Haben-Reflex nicht mehr so umfangreich befriedigt wird wie bisher und man die Beute teilen muss? Enthält Leistung für den Einzelnen genug Lohnendes, auch wenn man finanziell etwas abgeben muss? Solche Fragen können eine Gesellschaft spalten. Aus diesem Grund hat das kollektive Unbewusste diese Auseinandersetzung bislang vermieden. Doch jetzt können wir das Offensichtliche, die nahe Zukunft der Spaltung zwischen Arm und Reich, nicht mehr verdrängen. Wir müssen uns nicht nur der Veränderung der Arbeitswelt stellen, sondern in einem fundamentaleren Sinne auch einer Neuverteilung des Reichtums, den wir erwirtschaften.

Ironischerweise schließt sich damit sogar die Klammer des deutschen Wirtschaftswunders. In den Wirtschaftswunderjahren teilten die Deutschen den zunehmenden Wohlstand. Man war in diesen »fetten Jahren« solidarisch. Im Zeitalter der zuerst zögerlich, dann immer gewaltsamer einsetzenden Globalisierung und Digitalisierung gelang es mehr schlecht als recht, die Klammer der Gesellschaft zusammenzuhalten. Solidarität bewies man nun in Form Tausender kleiner Initiativen, Spendenorganisationen und Stiftungen. Die Ära der NGOs (Non-Governmental Organizations) erblühte: Greenpeace, Attac, Verbraucherschutzverbände und viele andere Organisationen verfolgen jeweils ihre eigenen, kleinteiligen, durchaus ehrenwerten Zwecke. Die vielen kleinen und großen Organisationen haben ihre Berechtigung und werden diese auch künftig behalten. Sie sind Ausdruck eines erwachsenen Bürgersinns und einschränkungslos zu begrüßen. Doch das Problem der Spaltung zwischen Arm und Reich ist eine Nummer zu groß für sie. Hier müssen nationale Regierungen und supranationale Organisationen wie die Vereinten Nationen in die Bresche springen. Nur diese haben die Macht und die Ressourcen, die eventuell vor uns liegenden mageren Jahre zu gestalten: »Niemand weiß, ob Wirtschaftswachstum, wie die Welt es zu messen gelernt hat, ein normaler Zustand bleiben wird oder nicht [...]. Selbst Schwellenländer machen keine Hoffnung mehr. Lange dachten Unternehmer und Analysten, Brasilien, China, Indien könnten der westlichen Welt beim Wirtschaftswachstum helfen, weil die deren Autos und Maschinen einkaufen und weil sich dort Geld investieren lässt. Die aktuellen Wachstumszahlen dämpfen diese Hoffnung – und auch mittelfristig gibt es keine Garantie.«[167]

Magere oder fette Jahre: Auch wirtschaftliche Stärke trifft heute auf eine schwache *institutionelle* Solidarität, die die Schere zwischen Reich und Arm nicht schließen kann. In diesem Sinne sollten wir uns an die Wirtschaftswunderjahre erinnern und die damalige Solidarität wiederbeleben. Ein Mittel wäre vielleicht das bedingungslose Grundeinkommen. Dieses »hat das Zeug dazu, *die* revolutionäre Idee des 21. Jahrhunderts zu werden – genauso, wie sie sich am Ende auch als Schnapsidee erweisen könnte. Aber wie auch immer – an diesem Punkt Anstrengungen zu unternehmen, ist jedenfalls allemal besser, als den Irrsinn weiterzuführen, Arbeitsexzesse via Überstundenzuschlag jedes Jahr mit acht Milliarden Euro steuerlich zu subventionieren und dazu noch der Zeitverschwendung auf dem Weg zur Arbeit per Pendlerpauschale Vorschub zu leisten.«[168] Diesen »Irrsinn« gilt es zu überwinden: nicht nur, aber auch mit der Idee des New Work.

Die Zukunft der Arbeit – New Work als Chance für die Gesellschaft

Das soziale Netzwerk Facebook kennt den Beziehungsstatus »Es ist kompliziert«. Wenn ein Nutzer nicht klar entscheiden kann, ob er gerade Single ist, in einer Partnerschaft lebt oder irgendwo dazwischen rangiert, kann er diese Option zur Selbstbeschreibung wählen. Seine Facebook-Kontakte können dann die halb volle Flasche Grappa in seinem Profilbild besser einschätzen und sich schon mal auf ein Trosttelefonat vorbereiten.

Auch für die Wirtschaft gilt heute: Es ist kompliziert. Salopp formuliert, hängt alles mit allem zusammen. Wer soll da noch durchblicken! Am besten, so meint mancher, macht man seine Arbeit, überlässt den Arbeitsmarkt den Ökonomen und Bankern und die Politik den Politikern. Ansonsten: Daumen drücken und durch! Das klingt verführerisch, da es vom Einzelnen ein überschaubares Maß an Initiative verlangt und ihn vor dem Gefühl des Kontrollverlustes schützt. In der Klimaschutzdebatte wie auch bei anderen großen Themen drückt sich diese individuelle Hilflosigkeit in der Phrase aus: »Was kann ich kleines Würstchen schon ausrichten!« Diese Killerphrase verdeutlicht gleich zwei sehr wichtige Mechanismen: Erstens kann es schwerfallen, sich für ein konkretes Ziel zu engagieren. Oft übernimmt die Mutlosigkeit das Kommando und man scheut die Arbeit und das Risiko der Veränderung. Deshalb brauchen wir zweitens eine starke Vision, um uns zu bewegen. Derjenige, der sagt: »Was kann ich schon tun!«, sollte sich irgendwann nicht mehr dafür rechtfertigen können, nichts zu tun. Irgendwann sollte er sich rechtfertigen *müssen*, nichts zu tun. Zwischen »können« und »müssen« besteht ein gewaltiger Unterschied. Im ersten Fall weiß der Einzelne die schweigende Mehrheit hinter sich. Im zweiten Fall nicht. Bildet sich in der Gesellschaft eine kritische Masse für ein Thema, kann die kollektive Stimmung umschlagen und die Handlungsbereitschaft des Einzelnen sprunghaft ansteigen. Das haben wir schon häufiger gesehen: bei der frühen Umweltbewegung, beim Atomausstieg, in der Anti-Rauch-Bewegung, beim Datenschutz, in der Flüchtlingspolitik. Nicht alle diese Themen wurden von einer klaren Vision getrieben, aber diese Phänomene entwickelten sich entlang einer kritischen Masse in Gesellschaft und Politik. Ist diese kritische Masse in der öffentlichen Debatte erreicht, geschehen die Dinge sehr schnell.

Wie könnte eine solche Vision in der Arbeitswelt aussehen? Sie liegt sicher nicht in der Forderung, wir brauchten ein neues »Wirtschaftswunder«. Das Wirtschaftswunder war ein Kind seiner Zeit, einer Zeit der einfachen Ursache-Wirkungs-Beziehungen, der überschaubaren politischen und wirtschaftlichen Akteure, der klaren gesellschaftlichen und technologischen Struktur. Heute gilt für die Wirtschaft eben: Es ist kompliziert. Auf diese komplizierte Situation, auf diese Einbettung unserer Arbeitswelt in globale, dynamische, vernetzte Umwelten kann es keine einfache, lineare Antwort geben. Darüber hinaus bestand die »Vision« des Wirtschaftswunders selbst in dem Ziel: mehr Wohlstand für alle. Dieses Ziel hat Deutschland inzwischen zweifellos erreicht. Auch wenn es Armut gibt, soziale Härten und einen festen Sockel arbeitsloser Menschen, leben wir insgesamt auf einem für andere Länder teilweise schwindelerregend hohen Niveau. Wir haben Essen auf dem Tisch, eine technologisch hoch entwickelte Medizin, eine funktionierende Demokratie, eine freie Presse und den Rechtsstaat. Natürlich klappen die Dinge nicht immer reibungslos, es gibt Schwächen im System, es gibt Fehler, Korruption und Ungerechtigkeiten. Aber insgesamt können wir uns glücklich schätzen, zu den wohlhabendsten Ländern dieses Planeten zu gehören.

Das Kernanliegen von New Work: die *Qualität* der Arbeit für die Menschen verbessern

Das Wirtschaftswunder verhieß mehr Wohlstand für alle. Es ging vor allem um *Quantität*, um das Heben des Niveaus für viele Menschen. Dieses hohe Niveau wurde inzwischen erreicht. Wir sollten uns daher nun fragen, wie wir die *Qualität* der Arbeit für die Menschen verbessern können. Das ist das Kernanliegen von New Work, seine Vision. Eine echte Vision, kein verkleidetes Zahlenziel. Es geht nicht um zehn Prozent mehr Umsatz pro Jahr, sondern um das menschliche Glück, die persönliche Entwicklung, die »Erhobenheit«, die ein Mensch fühlen kann, wenn er sich an den richtigen Platz gestellt weiß und seine Talente entfalten kann. New Work passt daher schlecht in ein Zeitalter der Massenproduktion, das den arbeitenden Menschen nur als »Maschine mit Nahrungsbedarf« betrachtet. New Work passt in ein wahrhaft humanistisches Zeitalter, das den Wert des Menschen über sein »Humankapital« hinaus anerkennt.

Hat New Work also in unserer Zeit eine Chance? Vielleicht ist es dafür zu früh, ist New Work zu revolutionär. Wir sind getränkt von alten Managementmodellen, die nicht die Produktion, die Verwaltung, die Maschinen im Dienste des Menschen sehen, sondern umgekehrt. Im Industriezeitalter dient der arbeitende Mensch der Maschine, die wiederum massenhaft Produkte anfertigt. Erst allmählich, mit der heraufdämmernden Automatisierung und Robotisierung, haben wir die Chance, diese Dynamik in großem Stil umzukehren.

Wenn die Maschine dem Menschen dient, bedeutet das nicht automatisch, dass Menschen nicht mehr arbeiten. Arbeit an sich ist, wie auch der New-Work-Begründer Frithjof Bergmann feststellte, »unendlich«. Es wird immer Arbeit geben. Nur das Kontingent an Arbeits*plätzen* ist begrenzt. Daher nehmen Maschinen nicht automatisch Menschen die Arbeit weg. Es wird immer Arbeit geben, die getan werden muss, allerdings andere Arbeit als im Industriezeitalter. Es werden neue Berufsbilder entstehen, neue Qualifikationen, neue Bildungswege. Menschen werden vielleicht weniger arbeiten, dafür aber länger. Oder sie werden längere Pausen machen, in denen sie Angehörige pflegen oder mit einem Bildungsgeld ein Studium beginnen. Die Möglichkeiten sind vielfältig. Wenn wir optimistisch bleiben und die Chancen der Automatisierung mit einer fairen Verteilung der Produktivität koppeln, können wir zum nächsten Quantensprung in der Arbeitswelt ansetzen: vom Industriezeitalter in die Postmoderne, von der Dominanz der Fabrikmaschine zur Dominanz der menschlichen Kreativität, von der Öffnung der Schere zwischen Arm und Reich hin zur Schließung dieser Schere, von eingefahrenen, unflexiblen Bildungs- und Karrierewegen hin zu vielfältigen Möglichkeiten, von der korsetthaften Drei-Phasen-

Biografie des Industriezeitalters (Ausbildung, Arbeit, Rente) hin zu individuellen Mosaik-Lebensläufen.

Wird das reibungslos vonstattengehen? Sicher nicht. Wir stehen am Anfang dieser Entwicklung und beginnen erst, die wichtigen Debatten zu führen. Es gibt Tagungen, Netzwerkgruppen und auch einige Organisationen, die als »Brückenköpfe der neuen Zeit« bereits Elemente der New-Work-Philosophie ausprobieren und anwenden. Eine breite Akzeptanz oder gar Durchdringung der Arbeitswelt ist das natürlich noch nicht. Doch New-Work-Vertreter, Denker, Wissenschaftler und Unternehmer eint die Hoffnung und das Bestreben, eine menschliche Arbeitswelt zu schaffen: mit weniger berufsbedingten Krankheiten, höherer Kreativität und Produktivität, einer tiefen intellektuellen und emotionalen Befriedigung und mehr Gerechtigkeit und Fairness.

Ist das naiv? Stellen wir die Gegenfrage: Sollen wir es *nicht* versuchen? Soll man die Anstrengungen und Erkenntnisse von Intellektuellen, Politikern, Arbeitspsychologen und anderen ignorieren und weitermachen wie bisher? *Das* wäre naiv, rückwärtsgewandt und nicht zuletzt unproduktiv. New Work ist die Vision einer postmodernen, menschlichen Arbeitswelt. Sie leugnet nicht die Notwendigkeit eines maßvollen Kapitalismus, stellt Teile davon jedoch radikal infrage. Damit geht sie den steinigen Weg jeder Idee, die sich durchsetzen will. Diesen Weg hat kein Geringerer als Mahatma Gandhi treffend beschrieben: »Zuerst ignorieren sie dich, dann lachen sie über dich, dann bekämpfen sie dich und dann gewinnst du.« Gandhi befreite Indien schließlich von der britischen Fremdherrschaft – mit einer Revolution des zivilen Ungehorsams. Machen wir uns genauso auf den Weg – mit einer »Revolution der zivilen Kreativität«. Probieren wir New Work aus, diskutieren wir, streiten wir. Setzen wir New Work gemeinsam um, beerdigen wir Fehlschläge und feiern wir unsere Erfolge. Damit wir irgendwann sagen können: »Arbeit – die schönste Nebensache der Welt!«

Zusammenfassung

New Work hat über den individuellen und den organisatorischen Aspekt hinaus enorme gesellschaftliche Auswirkungen. Es beansprucht, das kapitalistische System und die Arbeitswelt in menschenfreundlicher Art zu verändern. Daher ist die Politik aufgefordert, sich mit dem Konzept von New Work und seinen Folgen für Wirtschaft und Gesellschaft zu befassen.

Die gesellschaftliche Frage betrifft einerseits die Zukunft des Lohnarbeitssystems und andererseits die gerechte Verteilung der gesellschaftlich erarbeiteten Produktivität. Beide Fragen werden durch die Entwicklung des Arbeitsmarktes, den demografischen Wandel und die gegenläufige Bewegung von Produktivität und benötigter Arbeitskraft immer drängender.

New Work strebt eine Veränderung des kapitalistischen Systems vor allem durch den Rückbau der Lohnarbeit an und distanziert sich klar vom Kommunismus. Es strebt eine Wirtschaft des minimalen Kaufens an und ist damit der Postwachstumsökonomie verwandt. Der Kapitalismus als Grundlage eines globalen Wirtschaftssystems wird grundsätzlich akzeptiert.

In der Zukunft der Arbeit werden weniger Menschen eine höhere Produktivität erwirtschaften. Gleichzeitig klafft global die Schere zwischen Arm und Reich weiter auseinander. Beide Faktoren verstärken sich gegenseitig und können von der Wirtschaft allein nicht bewältigt werden. Hier muss die Politik eine breite gesellschaftliche Debatte anstoßen und führen.

Die Politik sollte die Chance nutzen, diese wichtigen Themen frühzeitig zu adressieren und ihre gesetzgeberische Macht zu nutzen. Möglichkeiten liegen etwa in einer Überarbeitung der Arbeitsgesetze, in einer gesellschaftlichen und finanziellen Anerkennung von Familien- und Bürgerarbeit oder in einer Diskussion des bedingungslosen Grundeinkommens.

New Work als politische Kraft sollte auf eine kritische Masse für dieses Thema hinarbeiten, auf ein wachsendes gesellschaftliches Bewusstsein. Vorbilder sind hier die Anti-Atomkraft-Bewegung, die Datenschutzdebatte oder die Flüchtlingspolitik.

New Work verspricht kein zweites Wirtschaftswunder. Während es damals um die quantitative Zunahme von Arbeit und Wohlstand ging, steht heute, im Zeitalter der Automation und der Digitalisierung, die Qualität von Arbeit und Leben im Vordergrund. Dieser Gedanke ist in seiner Konsequenz revolutionär und benötigt zu seiner Verwirklichung Zeit, Überzeugung, Mut und Kreativität.

Anmerkungen

1 Vgl. http://www.songlyrics.com/fehlfarben/ein-jahr-lyrics/
2 Vgl. http://www.bundespraesident.de/SharedDocs/Reden/DE/Roman-Herzog/Reden/1997/04/19970426_Rede.html
3 Vgl. https://webforms.ey.com/Publication/vwLUAssets/EY_Studentenstudie_2014_-_Branchen/$FILE/EY-Studentenstudie-2014-Branchen.pdf
4 Vgl. http://www.spiegel.de/netzwelt/netzpolitik/sascha-lobos-kolumne-zum-tag-der-arbeit-am-1-mai-a-830734.html
5 Vgl. https://de.wikipedia.org/wiki/Exportweltmeister
6 Vgl. https://www.siemens.com/innovation/de/home/pictures-of-the-future/forschung-und-management/innovationsmanagement-patente.html
7 Vgl. http://www.euractiv.de/sections/finanzen-und-wirtschaft/aussenhandel-der-ehemalige-exportweltmeister-deutschland-erholt
8 Vgl. http://www.bundespraesident.de/SharedDocs/Reden/DE/Roman-Herzog/Reden/1997/04/19970426_Rede.html
9 Vgl. http://www.bmas.de/SharedDocs/Downloads/DE/PDF-Publikationen-DinA4/gruenbuch-arbeiten-vier-null.pdf
10 Das Originalzitat von Hugo lautet: »On résiste à l'invasion des armées; on ne résiste pas à l'invasion des idées.« – »Man kann der Invasion von Armeen Widerstand leisten, aber keiner Invasion von Ideen.« Vgl. Hugo, Victor: Histoire d'un crime – Déposition d'un Témoin. Verlag Calmann Lévy, 1878, S. 600
11 Väth, Markus: Feierabend hab ich, wenn ich tot bin. Warum wir im Burnout versinken. GABAL, 2011, S. 116ff.
12 Vgl. http://www.zeit.de/politik/deutschland/2014-08/nahles-will-anti-stress-verordnung
13 Vgl. https://www.jurion.de/Gesetze/ArbSchG/5

14 Vgl. http://www.kai.iao.fraunhofer.de/
15 Vgl. http://www.bibb.de/de/21762.php
16 Vgl. https://www.ing-diba.de/imperia/md/content/pw/content/ueber_uns/presse/pdf/ing_diba_economic_research_die_roboter_kommen.pdf
17 Vgl. http://www.zeit.de/zeit-magazin/2015/29/smartphone-seymour-projects-menthal-leben-offline
18 Vgl. Carr, Nicholas: Wer bin ich, wenn ich online bin ... und was macht mein Gehirn solange? Wie das Internet unser Denken verändert. Blessing, 2010
19 Vgl. http://www.bptk.de/uploads/media/20140128_BPtK-Studie_zur_Arbeits-und_Erwerbsunfaehigkeit_2013_1.pdf
20 Vgl. https://en.wikipedia.org/wiki/9_to_5_%28Sheena_Easton_song%29
21 Bundesanstalt für Arbeitsschutz und Arbeitsmedizin: Stressreport 2012
22 Vgl. http://www.sueddeutsche.de/karriere/arbeitszeit-in-eu-laendern-deutsche-arbeitnehmer-leisten-die-meisten-ueberstunden-1.2120233
23 Vgl. http://www.zeit.de/entdecken/2015-12/social-media-depression-facebook-twitter
24 Ebenda
25 Vgl. https://de.wikipedia.org/wiki/Subjektivierung#Arbeits-_und_Industriesoziologie
26 Vgl. http://www.presseportal.de/pm/13588/3078741
27 Vgl. http://www.zeit.de/wirtschaft/2015-06/work-life-balance-geregelte-arbeitszeit-feierabend
28 Vgl. http://www.manager-magazin.de/unternehmen/karriere/arbeit-muss-keinen-spass-machen-a-1034984.html
29 Varoufakis, Yanis: Time for change. Wie ich meiner Tochter die Wirtschaft erkläre. Hanser, 2015, S. 32f.
30 Schein, Edgar: Organisationskultur. EHP, 2003, S. 62
31 Vgl. http://www.humanresourcesmanager.de/ressorts/artikel/personaler-vergesst-euer-menschenbild-nicht-1876907173
32 Bergmann, Frithjof: Neue Arbeit, Neue Kultur. Arbor Verlag, 2004, S. 107
33 Vgl. https://de.wikipedia.org/wiki/X-Y-Theorie
34 Vgl. Bergmann, Frithjof: Neue Arbeit, Neue Kultur. Arbor Verlag, 2004, S. 315

35 Vgl. http://www.humanresourcesmanager.de/ressorts/artikel/management-ist-tot-799822547
36 Seifert, Hartmut: Anforderungen an eine innovative Arbeitszeitpolitik. In: Hoffmann, Reiner; Bogedan, Claudia (Hrsg.): Arbeit der Zukunft. Möglichkeiten nutzen – Grenzen setzen. Campus, 2015, S. 314
37 Bergmann, Frithjof: Neue Arbeit, Neue Kultur. Arbor Verlag, 2004, S. 12
38 Ebenda, S. 13 ff.
39 Vgl. Bauer, Joachim: Arbeit. Warum sie uns glücklich oder krank macht. Heyne, 2015, S. 73
40 Han, Byung-Chul: Müdigkeitsgesellschaft. Matthes & Seitz, 2010, S. 20
41 Ebenda, S. 56 f.
42 Sloterdijk, Peter: Du musst dein Leben ändern. Suhrkamp, 2011, S. 47
43 Bauer, Joachim: Arbeit. Warum sie uns glücklich oder krank macht. Heyne, 2015, S. 202
44 Lotter, Wolf: Mehr Faulheit wagen! In: brand eins, Ausgabe 08/2015, S. 39
45 Neues Testament, Evangelium nach Matthäus 6,25
46 Lafargue, Paul: Das Recht auf Faulheit, Anaconda, 2015, S. 22
47 Ebenda, S. 52
48 Beck, Ulrich: Schöne neue Arbeitswelt. Suhrkamp 2007, S. 37
49 Ebenda, S. 163
50 Ebenda, S. 52
51 Vgl. https://www.ing-diba.de/pdf/ueber-uns/presse/publikationen/ing-diba-economic research die roboter-kommen.pdf
52 Beck, Ulrich: Schöne neue Arbeitswelt. Suhrkamp 2007, S. 187 f.
53 Boulin, Jean-Yves: Zeiten der Stadt: Eine zentrale Herausforderung für die Gewerkschaften. In: Hoffmann, Reiner; Bogedan, Claudia (Hrsg.): Arbeit der Zukunft. Campus, 2015, S. 449
54 Sauer, Dieter: Die organisatorische Revolution. VSA, 2013, S. 16
55 Bauer, Joachim: Arbeit. Warum sie uns glücklich oder krank macht. Heyne, 2015, S. 14 f.
56 Ebenda, S. 16
57 Väth, Markus: Cooldown. Die Zukunft der Arbeit und wie wir sie meistern. GABAL, 2013, S. 259 f.

58 Frankl, Viktor: Das Leiden am sinnlosen Leben. Herder, 2009, S. 70 f.

59 Ebenda, S. 75

60 Vgl. http://www.psy.lmu.de/soz/studium/downloads_folien/ws_09_10/muf_09_10/fischer_mcgregor.pdf

61 Ebenda

62 Kugele, Jürgen: Werde, der du bist! Der Ruf der Wüste im beruflichen Alltag. In: Hänsel, Markus; Matzenauer, Anna (Hrsg.): Ich arbeite, also bin ich? Sinnsuche und Sinnkrise im beruflichen Alltag. Vandenhoeck & Ruprecht, 2009, S. 132 f.

63 Vgl. Bergmann, Frithjof: Neue Arbeit, Neue Kultur. Arbor Verlag, 2004, S. 343

64 Antonovsky, Anton: Salutogenese. Zur Entmystifizierung von Gesundheit. dgvt-Verlag, 1997, S. 36

65 Seligman, Martin: Der Glücksfaktor. Warum Optimisten länger leben. Bastei Lübbe, 2002, S. 37

66 Väth, Markus: Feierabend hab ich, wenn ich tot bin. Warum wir im Burnout versinken. GABAL, 2011, S. 16

67 Ebenda, S. 17

68 Renz, Ulrich: Die Tyrannei der Arbeit. Ludwig, 2013, S. 128

69 Ebenda, S. 128

70 Weber, Max: Die Protestantische Ethik und der Geist des Kapitalismus. Hofenberg, 2015, S. 166

71 Renz, Ulrich: Die Tyrannei der Arbeit. Ludwig, 2013, S. 138

72 Ebenda, S. 132

73 Sauer, Dieter: Die organisatorische Revolution. VSA, 2013, S. 27

74 Hohr, Klaus: Sinnvolles Arbeiten in einer globalisierten Welt. In: Hänsel, Markus; Matzenauer, Anna (Hrsg.): Ich arbeite, also bin ich? Sinnsuche und Sinnkrise im beruflichen Alltag. Vandenhoek & Ruprecht, 2009, S. 37

75 Renz, Ulrich: Die Tyrannei der Arbeit. Ludwig, 2013, S. 150

76 Vgl. Väth, Markus: Feierabend hab ich, wenn ich tot bin. Warum wir im Burnout versinken. GABAL, 2011

77 Renz, Ulrich: Die Tyrannei der Arbeit. Ludwig, 2013, S. 45

78 Gottschall, Karin; Voß, Günter (Hrsg.): Entgrenzung von Arbeit und Leben. Zum Wandel der Beziehung von Erwerbstätigkeit und Privatsphäre im Alltag. Rainer Hampp, 2005, S. 12

79 Vgl. Voß, Günter: Die Entgrenzung von Arbeit und Arbeitskraft. Eine subjektorientierte Interpretation des Wandels der Arbeit. In:

Mitteilungen aus der Arbeitsmarkt- und Berufsforschung, 1998, Ausgabe 3/98, S. 473–487

80 De Botton, Alain: Freuden und Mühen der Arbeit. Fischer, 2012, S. 346f.

81 Ebenda, S. 110

82 Sennett, Richard: Die Kultur des neuen Kapitalismus. Berlin Verlag, 2005, S. 100

83 Vgl. DeMarco, Tom: Spielräume. Projektmanagement jenseits von Burn-out, Stress und Effizienzwahn. Hanser, 2001, S. 23f.

84 Funk, Rainer: Der »entgrenzte« Mensch. Wirkungen und Risiken des modernen Entgrenzungsstrebens in sozialpsychologischer Sicht. Vortragsskript zum 4. Fachforum Soziale Arbeit, Stuttgart, 2011, S. 8

85 Verduyn, Philippe et al.: Passive Facebook usage undermines affective well-being: Experimental and longitudinal evidence. Journal of Experimental Psychology: General, Vol. 144(2), 2015, S. 480–488

86 Funk, Rainer: Der »entgrenzte« Mensch. Wirkungen und Risiken des modernen Entgrenzungsstrebens in sozialpsychologischer Sicht. Vortragsskript zum 4. Fachforum Soziale Arbeit, Stuttgart, 2011, S. 4

87 Voß, Günter: Die Entgrenzung von Arbeit und Arbeitskraft. Eine subjektorientierte Interpretation des Wandels der Arbeit. In: Mitteilungen aus der Arbeitsmarkt- und Berufsforschung, 1998, Ausgabe 3/98, S. 483

88 Sauer, Dieter: Die organisatorische Revolution. VSA, 2013, S. 22

89 Voß, Günter: Die Entgrenzung von Arbeit und Arbeitskraft. Eine subjektorientierte Interpretation des Wandels der Arbeit. In: Mitteilungen aus der Arbeitsmarkt- und Berufsforschung, 1998, Ausgabe 3/98, S. 479

90 Sauer, Dieter: Die organisatorische Revolution. VSA, 2013, S. 34

91 Boes, Andreas et al.: Zwischen Empowerment und digitalem Fließband: Das Unternehmen der Zukunft in der digitalen Gesellschaft. In: Sattelberger, Thomas; Welpe, Isabell; Boes, Andreas (Hrsg.): Das demokratische Unternehmen. Neue Arbeits- und Führungskulturen im Zeitalter digitaler Wirtschaft. Haufe, 2015, S. 59

92 Sauer, Dieter: Die organisatorische Revolution. VSA, 2013, S. 17

93 Boes, Andreas et al.: Zwischen Empowerment und digitalem

Fließband: Das Unternehmen der Zukunft in der digitalen Gesellschaft. In: Sattelberger, Thomas; Welpe, Isabell; Boes, Andreas (Hrsg.): Das demokratische Unternehmen. Neue Arbeits- und Führungskulturen im Zeitalter digitaler Wirtschaft. Haufe, 2015, S. 68

94 Bergmann, Frithjof: Neue Arbeit, Neue Kultur. Arbor Verlag, 2004, S. 396

95 Vgl. Kuhlmann, Martin; Schumann, Michael: Digitalisierung fordert Demokratisierung der Arbeitswelt heraus. In: Hoffmann, Reiner; Bogedan, Claudia (Hrsg.): Die Zukunft der Arbeit. Campus, 2015, S. 122–140

96 Platon: Werke, Übersetzung und Kommentar. Band III/4: Phaidros. Vandenhoek & Ruprecht, 1997, S. 61

97 Vgl. http://www.computerbild.de/artikel/cb-News-Internet-Amazon-eBook-Autoren-12020072.html

98 Väth, Markus: Feierabend hab ich, wenn ich tot bin. Warum wir im Burnout versinken. GABAL, 2011, S. 100f.

99 Väth, Markus: Cooldown. Die Zukunft der Arbeit und wie wir sie meistern. GABAL, 2013, S. 42

100 Carr, Nicholas: Wer bin ich, wenn ich online bin ... Karl Blessing, 2010, S. 28

101 Ebenda, S. 107

102 Erbeldinger, Jürgen: Freiwilligkeit und 180 Tage Arbeitszeit. In: Sattelberger, Thomas; Welpe, Isabell; Boes, Andreas (Hrsg.): Das demokratische Unternehmen. Neue Arbeits- und Führungskulturen im Zeitalter digitaler Wirtschaft. Haufe, 2015, S. 182

103 Kamp, Mads: Democracy in Organizations – for leaders, members and employees? In: Sattelberger, Thomas; Welpe, Isabell; Boes, Andreas (Hrsg.): Das demokratische Unternehmen. Neue Arbeits- und Führungskulturen im Zeitalter digitaler Wirtschaft. Haufe, 2015, S. 202

104 Erbeldinger, Jürgen: Freiwilligkeit und 180 Tage Arbeitszeit. In: Sattelberger, Thomas; Welpe, Isabell; Boes, Andreas (Hrsg.): Das demokratische Unternehmen. Neue Arbeits- und Führungskulturen im Zeitalter digitaler Wirtschaft. Haufe, 2015, S. 183

105 Vgl. http://www.business-wissen.de/artikel/eigenverantwortliche-mitarbeiter-selbstmotivation-durch-mehr-macht-im-unternehmen/

106 Bergmann, Frithjof: Neue Arbeit, Neue Kultur. Arbor Verlag, 2004, S. 194

107 Ebenda, S. 177

108 Vgl. http://de.statista.com/statistik/daten/studie/76211/umfrage/scheidungsquote-von-1960-bis-2008/

109 Matthäus 16,26

110 Vgl. http://www.buchmarkt.de/content/54843-lesetipp-die-deutsche-esoterikbranche-boomt-.htm

111 Bergmann, Frithjof: Neue Arbeit, Neue Kultur. Arbor Verlag, 2004, S. 326

112 Ebenda, S. 326

113 Ebenda, S. 343f.

114 Ebenda, S. 328

115 Ebenda, S. 343

116 Vgl. http://www.zeit.de/wirtschaft/2015-11/arbeitszeit-spd-andrea-nahles

117 Vgl. http://www.zeit.de/2014/53/studienabbrecher-studium-hochschule-hochschulpakt

118 Vgl. Wetzel, Detlef: Arbeit 4.0. Herder, 2015, S. 72

119 Frankl, Viktor: Das Leiden am sinnlosen Leben. Herder, 2009, S. 13

120 Randstad Arbeitsbarometer Q2/2015, vgl. http://www.presse-portal.de/pm/13588/3078741

121 Vgl. https://de.wikipedia.org/wiki/Maslowsche_Bed%C3%BCrfnishierarchie

122 Vgl. https://de.wikipedia.org/wiki/David_McClelland

123 Senge, Peter: Die Fünfte Disziplin. Klett-Cotta, 1990, S. 173ff.

124 Kühl, Stefan: Wenn die Affen den Zoo regieren. Campus, 2015, S. 141

125 Vgl. ebenda, S. 39–48

126 Vgl. ebenda, S. 142–152

127 Ebenda, S. 149

128 Schleicher, Andreas: The case for 21st-century learning. Vgl. https://www.oecd.org/general/thecasefor21st-centurylearning.htm

129 Ebenda

130 Wagner, Anja C.; Wintermann, Ole: Die Rolle der (Weiter-)Bildung bei der Vorbereitung auf Arbeiten 4.0. In: Proklamation Zukunft der Arbeit. Bertelsmann Stiftung, 2015, S. 29

131 Ebenda

132 Voß, Günter: Die Entgrenzung von Arbeit und Arbeitskraft. Eine

subjektorientierte Interpretation des Wandels der Arbeit. In: Mitteilungen aus der Arbeitsmarkt- und Berufsforschung, 1998, Ausgabe 3/98, S. 483f.

133 Ebenda, S. 484

134 OECD: The definition and selection of key competencies. Executive Summary. Vgl. https://www.oecd.org/pisa/35070367.pdf, S. 4

135 Ebenda

136 Ebenda, S. 7

137 Ebenda, S. 6

138 Ebenda, S. 8

139 Vgl. Väth, Markus: Cooldown. Die Zukunft der Arbeit und wie wir sie meistern. GABAL, 2013

140 Vgl. http://www.bosbach.mobi/2015/11/19/warum-in-die-f-nicht-beginnt/

141 Vgl. iga-Report 20: Motive und Hemmnisse für Betriebliches Gesundheitsmanagement (BGM), S. 11

142 Vgl. http://www.bosbach.mobi/2015/11/19/warum-in-die-f-nicht-beginnt/

143 Vgl. https://www.linkedin.com/pulse/new-work-auf-irrwegen-eine-polemik-gegen-visionen-ursula-vranken

144 Vgl. http://worthaus.org/mediathek/das-leben-als-exodus-3-6-1/

145 Rifkin, Jeremy: Die Dritte Industrielle Revolution. Fischer, 2014, S. 276f.

146 Schein, Edgar: Organisationskultur. EHP, 2003, S. 13

147 Drucker, Peter F.: Die fünf entscheidenden Fragen des Managements. Wiley-VCH, 2009, S. 41

148 Vgl. http://www.zeit.de/wirtschaft/2015-01/arbeitsmarkt-eu-deutschland

149 Studie der ING-Diba: Die Roboter kommen. 2015, S. 2f.

150 Bergmann, Frithjof: Neue Arbeit, Neue Kultur. Arbor Verlag, 2004, S. 82

151 Ebenda, S. 122f.

152 Ebenda, S. 154

153 Ebenda, S. 107f.

154 Ebenda, S. 109

155 Brynjolfsson, Erik; McAfee, Andrew: The Second Machine Age. Plassen, 2014, S. 157

156 Ebenda, S. 200

157 Ebenda, S. 203

158 Pletter, Roman: Mehr ist nicht! In: DIE ZEIT, Nr. 32/2015, 06.08.2015, S. 22

159 Vgl. http://www.spiegel.de/spiegel/print/d-9220186.html

160 Nahles, Andrea: Sozialstaatliche Rahmenbedingungen und politische Perspektiven. In: Sattelberger, Thomas; Welpe, Isabell; Boes, Andreas (Hrsg.): Das demokratische Unternehmen. Neue Arbeits- und Führungskulturen im Zeitalter digitaler Wirtschaft. Haufe, 2015

161 Bergmann, Frithjof: Neue Arbeit, Neue Kultur. Arbor Verlag, 2004, S. 61f.

162 Beck, Ulrich: Schöne neue Arbeitswelt. Suhrkamp, 2007, S. 190

163 Vgl. https://www.pflegeversicherung.net/pflegezeit

164 Beck, Ulrich: Schöne neue Arbeitswelt. Suhrkamp, 2007, S. 189

165 Ebenda, S. 190

166 Schneidewind, Uwe: Umwelt und Nachhaltigkeit als Transformationsriemen für die Arbeit der Zukunft. In: Hoffmann, Reiner; Bogedan, Claudia (Hrsg.): Die Zukunft der Arbeit. Campus, 2015, S. 202

167 Pletter, Roman: Mehr ist nicht! In: DIE ZEIT, Nr. 32/2015, 06.08.2015, S. 22

168 Renz, Ulrich: Die Tyrannei der Arbeit. Ludwig, 2013, S. 252f.

Literaturhinweise

Bauer, Joachim: Arbeit. Warum sie uns glücklich oder krank macht. Heyne, 2015.
Beck, Ulrich: Schöne neue Arbeitswelt. Suhrkamp, 2007.
Bergmann, Frithjof: Neue Arbeit, Neue Kultur. Arbor Verlag, 2004.
brand eins Wirtschaftsmagazin: Macht blau! – Schwerpunkt Faulheit. Heft 08/2015.
Brynjolfsson, Erik; McAfee, Andrew: The Second Machine Age. Wie die nächste digitale Revolution unser aller Leben verändern wird. Plassen, 2014.
Carr, Nicholas: Wer bin ich, wenn ich online bin … Karl Blessing, 2010.
De Botton, Alain: Freuden und Mühen der Arbeit. Fischer, 2012.
Han, Byung-Chul: Müdigkeitsgesellschaft. Matthes & Seitz, 2010.
Hänsel, Markus; Matzenauer, Anna (Hrsg.): Ich arbeite, also bin ich? Sinnsuche und Sinnkrise im beruflichen Alltag. Vandenhoeck & Ruprecht, 2009.
Hoffmann, Reiner; Bogedan, Claudia (Hrsg.): Arbeit der Zukunft. Möglichkeiten nutzen – Grenzen setzen. Campus, 2015.
Jünger, Ernst: Der Arbeiter. Herrschaft und Gestalt. Klett-Cotta, 1982.
Kühl, Stefan: Wenn die Affen den Zoo regieren. Die Tücken der flachen Hierarchien. Campus, 2015.
Renz, Ulrich: Die Tyrannei der Arbeit. Wie wir die Herrschaft über unser Leben zurückgewinnen. Ludwig, 2013.
Rifkin, Jeremy: Das Ende der Arbeit und ihre Zukunft. Fischer Taschenbuch, 2005.
Rifkin, Jeremy: Die Dritte Industrielle Revolution. Fischer, 2011.
Sattelberger, Thomas; Welpe, Isabell; Boes, Andreas (Hrsg.): Das demokratische Unternehmen. Neue Arbeits- und Führungskulturen im Zeitalter digitaler Wirtschaft. Haufe, 2015.

Sauer, Dieter: Die organisatorische Revolution. Umbrüche in der Arbeitswelt – Ursachen, Auswirkungen und arbeitspolitische Antworten. VSA, 2013.

Schein, Edgar H.: Organisationskultur. EHP, 2003.

Sennett, Richard: Die Kultur des neuen Kapitalismus. Berlin Verlag, 2005.

Varoufakis, Yanis: Time for change. Wie ich meiner Tochter die Wirtschaft erkläre. Hanser, 2015.

Wetzel, Detlef: Arbeit 4.0. Was Beschäftigte und Unternehmen verändern müssen. Herder, 2015.

Register

Über den Autor

Der Psychologe Markus Väth ist Redner, Autor und Inhaber der Beratungsfirma MENSCH & CHANCE in Nürnberg. Hier begleitet er Menschen und Unternehmen – von der Non-Profit-Organisation bis zum Weltkonzern – bei den Themen New Work, Führung und Kultur. Er gilt als renommierter Burn-out-Experte und als Verfechter einer neuen Arbeitskultur.

Markus Väth arbeitete zunächst bei einem Bildungsträger als therapeutische Lehrgangsleitung. Er wechselte zu einem IT-Konzern und war dort erst als Personaler, dann als Business Analyst und Projektleiter tätig. 2005 gründete er das Beratungsunternehmen MENSCH & CHANCE und arbeitet seitdem als selbstständiger Coach, Berater und Redner.

Die Kolumne von Markus Väth zu New Work sowie weitere Informationen zu seinen Vorträgen finden Sie unter www.markusvaeth.com.

Die Homepage von MENSCH & CHANCE mit Angeboten zu Coaching, Training und Beratung finden Sie unter www.mensch-chance.de.

Social-Media-Links

https://www.facebook.com/markus.vaeth
https://twitter.com/MarkusVaeth
https://www.youtube.com/user/MarkusVaeth1
https://www.xing.com/profile/Markus_Vaeth